周 期 表

10	11	12	13	14	15	16	17	18
								4.003 $_2$He ヘリウム $1s^2$
			10.81 $_5$B ホウ素 [He]$2s^22p^1$	12.01 $_6$C 炭素 [He]$2s^22p^2$	14.01 $_7$N 窒素 [He]$2s^22p^3$	16.00 $_8$O 酸素 [He]$2s^22p^4$	19.00 $_9$F フッ素 [He]$2s^22p^5$	20.18 $_{10}$Ne ネオン [He]$2s^22p^6$
			26.98 $_{13}$Al アルミニウム [Ne]$3s^23p^1$	28.09 $_{14}$Si ケイ素 [Ne]$3s^23p^2$	30.97 $_{15}$P リン [Ne]$3s^23p^3$	32.07 $_{16}$S 硫黄 [Ne]$3s^23p^4$	35.45 $_{17}$Cl 塩素 [Ne]$3s^23p^5$	39.95 $_{18}$Ar アルゴン [Ne]$3s^23p^6$
58.69 $_{28}$Ni ニッケル [Ar]$3d^84s^2$	63.55 $_{29}$Cu 銅 [Ar]$3d^{10}4s^1$	65.38 $_{30}$Zn 亜鉛 [Ar]$3d^{10}4s^2$	69.72 $_{31}$Ga ガリウム [Ar]$3d^{10}4s^24p^1$	72.63 $_{32}$Ge ゲルマニウム [Ar]$3d^{10}4s^24p^2$	74.92 $_{33}$As ヒ素 [Ar]$3d^{10}4s^24p^3$	78.96 $_{34}$Se セレン [Ar]$3d^{10}4s^24p^4$	79.90 $_{35}$Br 臭素 [Ar]$3d^{10}4s^24p^5$	83.80 $_{36}$Kr クリプトン [Ar]$3d^{10}4s^24p^6$
106.4 $_{46}$Pd パラジウム [Kr]$4d^{10}$	107.9 $_{47}$Ag 銀 [Kr]$4d^{10}5s^1$	112.4 $_{48}$Cd カドミウム [Kr]$4d^{10}5s^2$	114.8 $_{49}$In インジウム [Kr]$4d^{10}5s^25p^1$	118.7 $_{50}$Sn スズ [Kr]$4d^{10}5s^25p^2$	121.8 $_{51}$Sb アンチモン [Kr]$4d^{10}5s^25p^3$	127.6 $_{52}$Te テルル [Kr]$4d^{10}5s^25p^4$	126.9 $_{53}$I ヨウ素 [Kr]$4d^{10}5s^25p^5$	131.3 $_{54}$Xe キセノン [Kr]$4d^{10}5s^25p^6$
195.1 $_{78}$Pt 白金 [Xe]$4f^{14}5d^96s^1$	197.0 $_{79}$Au 金 [Xe]$4f^{14}5d^{10}6s^1$	200.6 $_{80}$Hg 水銀 [Xe]$4f^{14}5d^{10}6s^2$	204.4 $_{81}$Tl タリウム [Xe]$4f^{14}5d^{10}6s^26p^1$	207.2 $_{82}$Pb 鉛 [Xe]$4f^{14}5d^{10}6s^26p^2$	209.0 $_{83}$Bi ビスマス [Xe]$4f^{14}5d^{10}6s^26p^3$	(210) $_{84}$Po ポロニウム [Xe]$4f^{14}5d^{10}6s^26p^4$	(210) $_{85}$At アスタチン [Xe]$4f^{14}5d^{10}6s^26p^5$	(222) $_{86}$Rn ラドン [Xe]$4f^{14}5d^{10}6s^26p^6$
(281) $_{110}$Ds ダームスタチウム [Rn]$5f^{14}6d^97s^2$	(280) $_{111}$Rg レントゲニウム [Rn]$5f^{14}6d^97s^2$	(285) $_{112}$Cn コペルニシウム [Rn]$5f^{14}6d^{10}7s^2$	(284) $_{113}$Nh ニホニウム [Rn]$5f^{14}6d^{10}7s^27p^1$	(289) $_{114}$Fl フレロビウム [Rn]$5f^{14}6d^{10}7s^27p^2$	(288) $_{115}$Mc モスコビウム [Rn]$5f^{14}6d^{10}7s^27p^3$	(293) $_{116}$Lv リバモリウム [Rn]$5f^{14}6d^{10}7s^27p^4$	(293) $_{117}$Ts テネシン [Rn]$5f^{14}6d^{10}7s^27p^5$	(294) $_{118}$Og オガネソン [Rn]$5f^{14}6d^{10}7s^27p^6$
			ホウ素族	炭素族	窒素族	カルコゲン	ハロゲン	貴ガス

（12 族元素は遷移金属元素に含まれることもある）

157.3 $_{64}$Gd ガドリニウム [Xe]$4f^75d^16s^2$	158.9 $_{65}$Tb テルビウム [Xe]$4f^96s^2$	162.5 $_{66}$Dy ジスプロシウム [Xe]$4f^{10}6s^2$	164.9 $_{67}$Ho ホルミウム [Xe]$4f^{11}6s^2$	167.3 $_{68}$Er エルビウム [Xe]$4f^{12}6s^2$	168.9 $_{69}$Tm ツリウム [Xe]$4f^{13}6s^2$	173.1 $_{70}$Yb イッテルビウム [Xe]$4f^{14}6s^2$	175.0 $_{71}$Lu ルテチウム [Xe]$4f^{14}5d^16s^2$
(247) $_{96}$Cm キュリウム [Rn]$5f^76d^17s^2$	(247) $_{97}$Bk バークリウム [Rn]$5f^97s^2$	(252) $_{98}$Cf カリホルニウム [Rn]$5f^{10}7s^2$	(252) $_{99}$Es アインスタイニウム [Rn]$5f^{11}7s^2$	(257) $_{100}$Fm フェルミウム [Rn]$5f^{12}7s^2$	(258) $_{101}$Md メンデレビウム [Rn]$5f^{13}7s^2$	(259) $_{102}$No ノーベリウム [Rn]$5f^{14}7s^2$	(262) $_{103}$Lr ローレンシウム [Rn]$5f^{14}6d^17s^2$

物質・材料をまなぶ

化学

Basic Chemistry for
Understanding Materials

◈

山口佳隆・伊藤 卓 共著

裳 華 房

Basic Chemistry for Understanding Materials

by

Yoshitaka YAMAGUCHI
Takashi ITO

SHOKABO

TOKYO

まえがき

　自然科学の数多くの分野のなかで，「化学」はわれわれの日々の生活に最も密接にかかわる分野といえよう。それは，人間をはじめとする生命体はもちろんのこと，日常，身の回りにある諸々の物体など，いずれもその元をたどれば最終的に元素（原子）に行きつき，元素（原子）の様々な形での存在様式を知ることで，その性質を理解することができるからである。高等学校で学ぶ「化学」をもとに，大学で学ぶ基礎化学を視野に入れながら物質の本質を見極めることを目指して本書を作成した。

　本書では，自然科学のなかでの化学の役割を知ったうえで，物質の根源である原子についてその本質をまず学ぶ。その後，ナノからミクロ，そしてマクロへと視点を広げて物質の性質の理解を深め，そのうえで物質をいかにして作るかを化学的に探究する。そうした知識の上に立って，身近な材料として用いられている物質，さらには生命体・生態系を構成する物質について理解を深める。そして現在の人間生活にとって喫緊の課題である環境問題に対する化学の役割を学ぶ。

　著者らは，有機金属化学を専門とし，教育・研究に携わってきた。有機金属化学は無機化学のみならず有機化学や高分子化学と深いかかわりをもつ化学分野の一つであり，この分野の発展は現在のわれわれの生活を支えるために役立っている新規材料の開発につながっている。これらの経緯などについては最終章に取り上げている。

　本書は一般化学の教科書であるが，著者らの思い入れから多少の分野の偏りは否めないかもしれない。しかし，化学は物質を作り出すことができる学問であり，その物質を深く学ぶことは，自然科学の発展に大きく貢献できると考えている。

　本書を通して，「化学」という学問が私たちの日常の生活にいかに密接にかかわっているかを認識し，身の回りにある物質の本質を理解するために役立てていただきたい。さらには，これらを理解したうえで，新しい物質・材料の創成に挑戦する人が増えることを期待する。

　本書の出版に当たっては長い歳月を要することになりました。この間，裳華房の小島敏照氏をはじめ，企画・編集部の皆さまに多大なご助力をいただきました。特に小島氏には適切なご指摘やご助言，忍耐強い励ましをいただきました。同氏無くしては本書を仕上げることはできなかったと思います。ここに改めて深謝の意を表します。

2020 年 10 月

山口　佳隆・伊藤　　卓

目　次

序　章　化学と物質・材料

0.1　化学の進歩が人間生活にもたらしたもの …………1
0.2　科学技術の中での化学の果たす役割 …………… 2
0.3　材料の過去と今 −発展する化学− ……………… 3
章　末　問　題 ………………………………………… 4

第1章　物質の根源：粒子の概念

1.1　物質の成り立ち −粒子の概念とは− ………… 5
1.2　原　子 ………………………………………… 6
1.3　元　素 ………………………………………… 8
1.4　周　期　表 ……………………………………… 9
1.5　イオンと電荷 ………………………………… 10
章　末　問　題 …………………………………… 13

第2章　物質の根源：軌道の概念

2.1　軌　道 …………………………………………… 14
　2.1.1　軌道の種類と形 ………………………… 14
　2.1.2　原子の電子配置 ………………………… 16
2.2　軌道の混成 …………………………………… 19
　2.2.1　原子軌道を利用した分子の構築の試み … 19
　2.2.2　軌道の混成：sp^3 混成軌道 ………… 20
　2.2.3　sp^2 混成軌道と sp 混成軌道 ……… 21
章　末　問　題 …………………………………… 23

第3章　ナノからミクロへ：原子と原子をつなぐ化学結合

3.1　化学結合 ……………………………………… 24
3.2　イオン結合 …………………………………… 24
3.3　共有結合 ……………………………………… 26
　3.3.1　単　結　合 ………………………………… 26
　3.3.2　二　重　結　合 …………………………… 27
　3.3.3　三　重　結　合 …………………………… 29
3.4　結合の極性と電気陰性度 …………………… 29
3.5　金属結合 ……………………………………… 30
3.6　ナノの世界 …………………………………… 31
章　末　問　題 …………………………………… 33

第4章　ミクロからマクロへ：分子の構造と分子間の相互作用

4.1　様々な分子の形 ……………………………… 34
　4.1.1　分子の書き表し方 ……………………… 34
　4.1.2　異　性　体 ………………………………… 36
　4.1.3　メソ化合物 ……………………………… 39
　4.1.4　ラ　セ　ミ　体 …………………………… 40
4.2　分子間に働く力：水素結合 ………………… 41
4.3　酸と塩基 ……………………………………… 43
　4.3.1　酸と塩基の定義 ………………………… 43
　4.3.2　酸と塩基の強さ ………………………… 44
4.4　多様な物質 …………………………………… 45
章　末　問　題 …………………………………… 48

第 5 章　物 質 の 性 質

5.1　物質の三態と状態図 ・・・・・・・・・・・・・・・ 49

5.1.1　物質の三態：固体・液体・気体 ・・・・・・ 49

5.1.2　物質の状態図 ・・・・・・・・・・・・・・・・・・・ 50

5.1.3　プラズマ ・・・・・・・・・・・・・・・・・・・・・・・ 52

5.2　光と色：電子の励起 ・・・・・・・・・・・・・・・ 52

5.3　電気伝導性：電子の移動（電子の流れ）・・・・・・・・ 54

5.4　酸化と還元：電子の授受 ・・・・・・・・・・ 55

5.4.1　酸化還元反応 ・・・・・・・・・・・・・・・・・・ 55

5.4.2　原子の酸化数と有機化合物の酸化と還元 ・・・ 57

章 末 問 題 ・・・・・・・・・・・・・・・・・・・・・・・・・ 59

第 6 章　物質を作る：物質合成デザイン

6.1　有機反応の種類：結合の開裂と形成 ・・・・・・・・・ 60

6.1.1　有機反応の種類 ・・・・・・・・・・・・・・・ 60

6.1.2　結合の開裂と形成における電子の流れ ・・・ 61

6.2　有機反応における電子の働き：

　　　電子の流れ図を用いた有機反応 ・・・ 62

6.2.1　付加反応 ・・・・・・・・・・・・・・・・・・・・・・ 62

6.2.2　脱離反応 ・・・・・・・・・・・・・・・・・・・・・・ 64

6.2.3　置換反応 ・・・・・・・・・・・・・・・・・・・・・・ 65

6.3　ベンゼン環の反応 ・・・・・・・・・・・・・・・・・ 66

6.3.1　芳香族求電子置換反応 ・・・・・・・・・・・ 66

6.3.2　芳香族求電子置換反応における

　　　　　　　　　配向性と反応性 ・・・・ 67

6.4　カルボニル基をもつ化合物の反応 ・・・ 69

6.4.1　求核試薬によるカルボニル炭素への攻撃 ・・・ 69

6.4.2　塩基による酸性プロトンの引き抜き ・・・ 70

6.5　グリーンケミストリー ・・・・・・・・・・・・・ 71

章 末 問 題 ・・・・・・・・・・・・・・・・・・・・・・・・・ 73

第 7 章　物質を作る：化学平衡と反応速度

7.1　化 学 反 応 式 ・・・・・・・・・・・・・・・・・・・・・・ 74

7.2　化 学 反 応 ・・・・・・・・・・・・・・・・・・・・・・・ 75

7.3　化 学 平 衡 ・・・・・・・・・・・・・・・・・・・・・・・ 77

7.4　反 応 速 度 ・・・・・・・・・・・・・・・・・・・・・・・ 80

7.4.1　エネルギー図 ・・・・・・・・・・・・・・・・・・ 80

7.4.2　速 度 論 ・・・・・・・・・・・・・・・・・・・・・・ 81

7.5　触 媒 作 用 ・・・・・・・・・・・・・・・・・・・・・・・ 83

章 末 問 題 ・・・・・・・・・・・・・・・・・・・・・・・・・ 85

第 8 章　物 質 の 種 類

8.1　単体から構成される物質の種類 ・・・・・・・・・ 86

8.1.1　金 属 ・・・・・・・・・・・・・・・・・・・・・・・・ 86

8.1.2　同 素 体 ・・・・・・・・・・・・・・・・・・・・・・ 86

8.2　無機固体物質の種類 ・・・・・・・・・・・・・・・ 87

8.2.1　セラミックスの種類 ・・・・・・・・・・・・・ 87

8.2.2　様々な無機固体物質 ・・・・・・・・・・・・・ 89

8.3　有機化合物の種類 ・・・・・・・・・・・・・・・・・ 89

8.3.1　炭化水素 ・・・・・・・・・・・・・・・・・・・・・ 90

8.3.2　炭素－ハロゲンおよび酸素間に

　　　　　σ 結合をもつ化合物 ・・・・・・ 90

8.3.3　炭素－酸素間に二重結合をもつ化合物 ・・・ 92

8.3.4　窒素を含む有機化合物 ・・・・・・・・・・・ 93

8.4　高分子化合物の種類 ・・・・・・・・・・・・・・・ 94

章 末 問 題 ・・・・・・・・・・・・・・・・・・・・・・・・・ 97

第9章　物質と材料

9.1　金属・セラミックス・高分子材料の主な性質 … 98
9.2　金属材料 ……………………………………… 99
　9.2.1　金属の性質：イオン化傾向 ……………… 99
　9.2.2　材料としての鉄 ………………………… 100
　9.2.3　汎用金属元素の材料と貴金属元素の材料 … 101
9.3　セラミックス材料 …………………………… 102
　9.3.1　窒化ホウ素 ……………………………… 102
　9.3.2　炭化ケイ素 ……………………………… 103

9.3.3　炭化ホウ素 ……………………………… 103
9.4　高分子材料 …………………………………… 104
　9.4.1　逐次重合反応で合成される
　　　　　　　　　　　高分子化合物 … 104
　9.4.2　高分子化合物の構造と物性の関係 ……… 106
　9.4.3　製品としての高分子材料 ……………… 107
9.5　複合材料とハイブリッド材料 ……………… 108
章末問題 ……………………………………………… 109

第10章　生命体を構成する物質

10.1　炭水化物 …………………………………… 110
　10.1.1　単糖 …………………………………… 110
　10.1.2　二糖 …………………………………… 114
　10.1.3　多糖 …………………………………… 115
10.2　アミノ酸とタンパク質 …………………… 116
　10.2.1　アミノ酸 ……………………………… 117
　10.2.2　タンパク質 …………………………… 119

10.2.3　生体に重要なタンパク質 ……………… 121
10.3　脂質 ………………………………………… 121
　10.3.1　加水分解される脂質 ………………… 121
　10.3.2　加水分解されない脂質：ビタミン …… 122
　10.3.3　加水分解されない脂質：ステロイド …… 123
章末問題 ……………………………………………… 125

第11章　生態系を構成する物質

11.1　物質としての水 …………………………… 126
　11.1.1　水の分子構造と電子状態 …………… 126
　11.1.2　水の性質 ……………………………… 127
　11.1.3　私たちの生活と水との関係 ………… 128
11.2　大気を構成する物質 ……………………… 129
　11.2.1　大気を構成する物質：窒素と酸素 …… 129

11.2.2　窒素分子と酸素分子：等核二原子分子 …… 130
11.2.3　酸素と窒素の分子軌道エネルギー準位図
　　　　　　　　　　　　　　　　　　　 132
11.3　地球を構成する物質 ……………………… 135
章末問題 ……………………………………………… 137

第12章　環境と物質

12.1　物質の安全性 ……………………………… 138
　12.1.1　プラスチック材料 …………………… 138
　12.1.2　ダイオキシンとポリ塩化ビフェニル …… 140
12.2　環境汚染物質 ……………………………… 140
　12.2.1　酸性雨の原因物質 …………………… 140
　12.2.2　オゾン層を破壊する物質 …………… 142

12.2.3　地球温暖化に影響を与える物質：
　　　　　　　　　　　　温室効果ガス …… 143
12.3　放射性物質 ………………………………… 144
　12.3.1　放射性同位体の種類と崩壊 ………… 144
　12.3.2　放射性同位体の寿命：半減期 ……… 146
章末問題 ……………………………………………… 149

第 13 章　材料の役割と変遷

13.1　総合的な化学の力を修得するために ………… 150

13.2　チーグラー‐ナッタ触媒の発見と
　　　　　　　　導電性高分子材料 …… 151

13.2.1　チーグラー‐ナッタ触媒の発見と
　　　　　　ポリオレフィンの合成 …… 151

13.2.2　導電性高分子化合物 ………… 153

13.3　有機合成に革新をもたらした金属錯体触媒 … 155

13.3.1　不斉触媒反応：キラルな化合物を作り分ける
　　　　　　 …………………………… 155

13.3.2　オレフィンメタセシス：
　　　　　　炭素と炭素の二重結合が組み換わる …… 158

13.3.3　クロスカップリング反応：
　　　　　　炭素と炭素の結合を作る革新的技術 …… 159

13.4　元素戦略 ……………………………… 161

13.5　材料の過去・現在・そして未来 ………… 162

章末問題 ……………………………………… 164

章末問題解答 ………………… 165

索　引 ……………………………… 175

Drop-in

科学と化学　4

新元素発見 −113 番の元素 ニホニウム Nh−　13

ボーア原子モデルと量子力学　22

超分子　33

ステレオ図　47

フリーズドライ　58

有機化学と無機化学の分類　72

アボガドロ定数　84

乾燥剤としてのシリカゲル　96

ナイロン 66 の発見　109

ヘモグロビンと一酸化炭素　125

窒素固定 −ハーバー‐ボッシュ法−　137

水銀　148

ポリアセチレン薄膜の開発秘話　154

セレンディピティ　164

序 章 化学と物質・材料

　自然界にあるものや自然現象を対象とする学問を自然科学といい，自然科学には，物理学，化学，生物学，地球科学，医学などの分野がある。中でも化学は，物質の創成からその構造や性質，そして物質間の反応を研究する分野である。すなわち，物質がどのような元素を用いて，どのように結合を形成し，どのような性質を示すのか，そして物質間での反応がどのように進行し新たな物質（化合物）を与えるのかを研究する分野である。物質を中心に据えた化学は，自然科学の中でも中心的な学問であるといえる。この序章では化学の役割について概説する。

0.1 化学の進歩が人間生活にもたらしたもの

　「**化学物質**」という言葉から何を連想するだろうか。「危険で人体に有害なもの」というマイナスのイメージをもっている人が多いのではないだろうか。しかし，私たちが普段から利用している身の回りにあるいろいろな製品は，すべて化学物質から構成されている。天然から得られる物質（天然物）でも人工的に作り出した物質（人工物）でも，すべての物質は元素から構成された化学物質なのである。

　化学は物質を対象とする学問である。化学の力により合成された新たな物質は，私たちの生活を快適で豊かなものにしてくれた。例えば，プラスチックと呼ばれる物質が存在しなかったとしたら，どのような不便さが考えられるだろうか。極端な例かもしれないが，身近なプラスチックであるレジ袋がなければ，スーパーマーケットやコンビニエンスストアでの買い物に不便さを感じるのではないだろうか*1。また，プラスチックは軽量で丈夫な素材であることから，古くから絶縁体*2 として利用されてきた。絶縁体としてプラスチックの代わりになるような材料を思いつくことは容易ではないであろう。逆に，プラスチックは電気を通さないものという常識を打ち破る発明，すなわち導電性プラスチックの発明は，比重の大きな金属を用いなくてはならなかった電子機器類の軽量化に多大なる貢献をしている。そのほかにも，新たな物質を作り出すことができる化学の進歩が人類にもたらした恩恵は数えきれない。

　その一方で，新たな製品を合成する際には，必ずといっていいほど同時に副生成物を生じることになる。副生成物の危険性，すなわち人体や環境に及ぼす影響を検証せず，また有害物質を除去することなく自然界に放出することは，私たちの生活環境だけでなく人体にも重大な影響を及ぼしかねないことから，大きな関心が払われている。化学の発展により，豊かで快適な生活を送ることができるようになった半面，見過ごすことができない多くの環境問題を引き起こしていることも事実である。しかし，これら

*1　環境保全の観点から，プラスチック製品であるレジ袋の使用を控えることやペットボトルのリサイクルが推奨されている。

*2　絶縁体とは，電気あるいは熱を通しにくい性質をもつ物質の総称である。

の環境問題を解決できるのも化学の力であることに間違いはない。持続可能な安心・安全な環境を維持し続けるためにも，化学が担う役割はますます重要になっている。

0.2 科学技術の中での化学の果たす役割

　科学技術の変遷を振り返ると，戦後の昭和30年代は原子力や合成化学，エレクトロニクスなどの技術・産業分野に注目が集まり，急速な技術革新による新技術の登場で直ちに社会の変化を生むことに主眼が置かれた。その後，海外からの技術導入だけではなく，自主技術の開発，新技術や改良技術の開発に力が注がれ，その結果，日本の科学技術は世界に通用するまでに発展を遂げた。昭和から平成，令和へと時代は移り，この30年の間に半導体や材料科学，生命科学，さらには通信技術などを中心に据えた先端科学に基づく革新的技術の開発が展開されている[*3]。

　科学技術の変遷に注目すると，「化学」という言葉は影を潜めているように感じるかもしれない。しかし，半導体や通信技術を支えるために必要な材料は，化学によって作り出されたものである。天然から抽出された化合物が，ある病気の治療薬となることが明らかにされれば，化学者はその化合物の構造を明らかにするとともに合成に挑戦する。さらに，より効果的な医薬品を開発するために，その誘導体の合成を検討するだろう。すなわち，化学は「影を潜めている」のではなく，様々な科学技術の中に「拡散されている（あるいは　包含されている）」というべきかもしれない。これは，先に述べた物理学や生物学，医学[*4]などにおいて，化学の果たす役割が大きくなっていることを意味している。こうしたことからも，化学は自然科学の中で中核を担う学問である。

　化学に限らず，自然科学の分野では物質が研究対象になることは明らかである。化学の役割は，その物質を分子レベルで解明することである。すなわち，どの元素を用いてどのような結合を形成し，その結果，創り上げられた物質がどのような構造でどのような性質を示すのか，さらにはどのような反応性を示すのかに注目して研究を行う。元素の組合せを変えることにより電気的な特性が大きく変化するかもしれない。元素の種類やその結合様式を変えることで治療薬としての効能が大きく向上するかもしれない。化学は物質を通して，物理学や生物学，医学などの諸分野と連携を深め発展していくことで，不可能を可能にする技術の開発につながるのである。

[*3] 日本の科学技術の特徴や科学技術発展のための施策などをまとめたものを**科学技術白書**（White Paper on Science and Technology）という。白書では，科学技術の今後のあり方や，科学技術をどのように社会に役立てていくかなどが論じられている。白書は文部科学省のホームページから閲覧できる。

[*4] 医学は自然科学ではなく応用科学に含める場合もあるが，本書では自然科学の一分野とする。

0.3 材料の過去と今 －発展する化学－

　材料（物質）の研究開発はものづくりの原点であるといえよう。化学の知識をもとにして，様々な物質が合成され，その構造や機能の研究が新しい材料の開発につながる。これらの研究で対象とする物質には，半導体材料やセラミックス，燃料電池や超伝導材料，磁性材料などの無機化学をベースとする材料や，機能性有機材料や高分子材料などの有機化学をベースにした材料がある。さらに，医療分野で使われる人工の骨や血管などの生体材料まで幅広い。

　これらの新たな材料を作り出すためには，新たな合成手法の開発も重要な研究対象である。例えば，エチレン[*5]の重合で合成されるポリエチレンは，1930年代に，高温・高圧にしたエチレンに酸素などのラジカル種を触媒として用いる方法により合成された。合成されたポリエチレンは柔らかくて透明な物性を示すものであった。その後，遷移金属元素を触媒として用い，常温・常圧下での新しい合成法が開発され，この方法により合成されたポリエチレンは硬くて不透明な物性を示した。これらの物性の違いはポリエチレンの構造に起因するものである[*6]。このように，物質の合成においては，原子・分子レベルでの制御を可能にする新たな合成法が開発され，その結果，これまでには見られなかった特異な物性をもつ化合物が合成できるようになった。

　新たな化合物を作り出すために，新たな反応の方法論を確立する必要がある一方で，合成した化合物の同定を行うために，分析技術や分析装置の発展も重要な役割を担っている。例えば，有機化合物の同定においては，質量分析法，赤外分光法，紫外可視分光法，核磁気共鳴分光法，そして単結晶X線構造解析法などを挙げることができる。時代とともにこれらの装置の改良が行われ，非常に少ないサンプル量であってもその測定が可能になり，さらに測定時間の短縮なども実現されている。また，合成した物質の性質を明らかにすることにもこれらの分析装置が利用されている。化合物の合成法の開発のみならず，分析装置の発展もまた化学の研究推進に大きく貢献している。

[*5] IUPAC命名法ではエテン（3.3.2項参照）。

[*6] 遷移金属元素を触媒として用いたポリエチレンの合成については，第13章13.2.1項で紹介する。

Drop-in　科学と化学

　科学は英語で science（サイエンス）という。これはラテン語の scientia に由来し，「知識」という意味である。そのため，科学とは，対象を認識し，観察し，理解し，解釈し，記述する一連の行為のことを指す。その対象が「自然」であれば，これらの行為は「自然科学」という名称になる。

　自然科学の中の一分野である化学は，物質を構成する原子・分子に着目し，その構造や性質，反応性を研究する分野である。化学は英語で chemistry（ケミストリー）といい，アラビア語の alchemy（アルケミー）に由来する。アルケミーとは錬金術と訳されるように，物質の変化を意味する言葉である。「変化」はすなわち「化ける」ことなので「化学」というわけである。ちなみに，chemistry には「（二人の間の）相性，親和力」という意味もある。私たちの実生活においても，周りの人々との "chemistry" を大事にすることが肝要かもしれない。

章末問題

0.1 現代社会における化学の役割について考えを述べよ。

0.2 化学の発展がわれわれの日常の生活に変化を及ぼしてきたことについて考えを述べよ。

0.3 身の回りの物質の中で，それがないと生活するうえで困難を生ずる物質を挙げよ。

0.4 環境問題において化学の果たす役割について考えを述べよ。

0.5 これからの社会生活のうえで化学に期待することを考察せよ。

第1章 物質の根源：粒子の概念

本章は高等学校の化学の授業で最初に学んだ内容であるが，復習を兼ねて学びなおすことから始めよう。物質を構成している基本粒子を原子といい，物質を構成する基本的な成分を表す概念を元素という。元素を表す記号のことを元素記号といい，元素を原子番号の順に並べたものを周期表という。本章では物質を構成している粒子の概念についてその基礎的事項を学ぶ。特に，各原子の性質を決定づけるうえで重要な電子について注目してほしい。

1.1 物質の成り立ち－粒子の概念とは－

私たちの身の回りにある物質の一つとして，例えば紙を考えてみよう。紙といっても新聞紙からコピー用紙，板紙やダンボール紙など様々な種類があるが，そのどれをとっても木材を原料とするパルプ繊維から製造される。そのパルプ繊維の主成分が**セルロース**[*1] という化学物質である。それではセルロースとは何か。植物の木質や表皮の細胞を構成する主成分であるセルロースは繊維素とも呼ばれ，$(C_6H_{10}O_5)_n$ の化学式で示される多糖類の一つである。実際には**図1.1** に示す構造の骨格をもつ高分子化合物であるが，炭素と水素，そして酸素の三種の原子が一定の組合せで規則正しく結合することで，紙としての性質の原点を形作っている。

セルロース　cellulose
[*1] セルロースについては第10章 10.1.3 項を参照のこと。

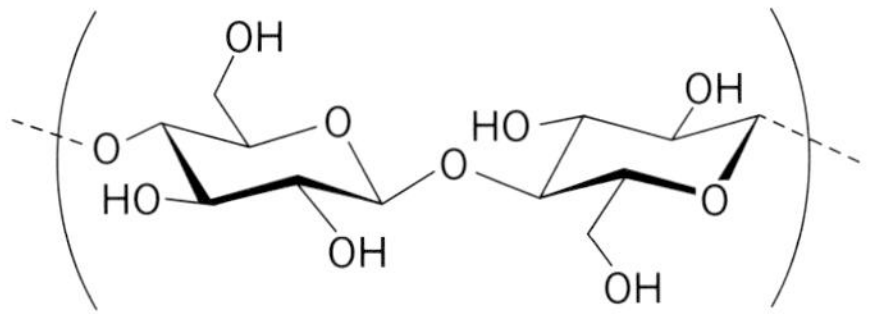

図1.1 セルロースの化学式

こうした原子と原子の間の結合は，各々の原子がもつ原子核と電子との相互作用で形成されて，物質の化学的性質を備える最小単位である分子を構成する。分子には，水素分子のように二つの水素原子が 0.074 nm（＝ 74 pm）[*2] の距離で結合しているごく小さいものから，上記のセルロースなどの天然化合物，さらには人工的に合成された高分子化合物であるポリエチレンのような巨大なものまで，極めて多種多様なものが存在する。このことからわかるように，原子は物質を構成する最小単位，根源となる「粒」であり，その組合せにより構成される諸々の分子，そして分子の集合体である物質もすべてその「粒」の延長線上にある。

[*2] 1 nm $= 10^{-9}$ m
　　 1 pm $= 10^{-12}$ m
（その他の SI 接頭語については裏見返し参照。）

「物質の科学」と位置付けられる「化学」を学ぶに当たって，まずその根源となる粒子である原子について理解し，それが様々な形で結合を形成して，目に見え，手で触れることのできる「物質（材料）」になるプロセスを学ぶことが重要である（**図1.2**）。

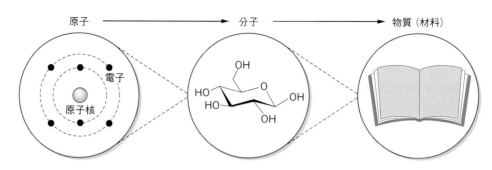

図 1.2　原子から分子，そして物質

1.2　原　子

原子　atom

ドルトン　Dalton, J.

元素　element

分子　molecule

原子核　atomic nucleus

電子　electron

陽子　proton

中性子　neutron

核子　nucleon

素粒子　elementary particle

クォーク　quark

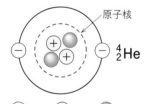

図 1.3　ヘリウム原子の構造
　　　　　模式図

単原子分子
monoatomic molecule

*3　厳密には炭素の同位体の一
つ ^{12}C の質量を 12.000 とする。

原子量　atomic weight

原子番号　atomic number

質量数　mass number

　物質構成要素の最小単位，根源粒子としての**原子**の概念は，19 世紀のはじめにドルトンによって提唱された。ドルトンは当時の科学的手法を駆使して，物質の究極粒子である原子を仮定することで，**元素**の概念と，それらの結合で作られる複合原子（今でいう**分子**）との関係を明示した。ここではまず，その原子の成り立ちと性質・機能について考えよう。

　英語の atom がギリシャ語の「これ以上分割できないもの」を語源としていることからもわかるように，原子はドルトンの時代に究極粒子と位置付けられていたが，その後の研究の進展に伴って原子を構成する要素が明らかにされ，原子はさらに極小の粒子である**原子核**と**電子**から成り立っていることがわかった。さらに原子核は正の電荷をもつ**陽子**と電荷をもたない**中性子**からなり，その周りを回る負の電荷をもった電子との間で正と負の電荷が相殺され，原子としては電気的中性が保たれる。また，**核子**と呼ばれる陽子と中性子は，それ以上分割のできない**素粒子**（**クォーク**）から構成されている。

　典型的な原子の一つとしてヘリウム原子 He を取り上げて，その構造を模式的に描くと**図 1.3** のようになる。ヘリウムの原子核には 2 個の陽子と同数の中性子が含まれ，その周りを 2 個の電子が取り囲んで電気的に中性の安定な**単原子分子**を形成している。電子の質量は 9.1095×10^{-28} g と非常に小さいため，原子の質量はその原子に含まれる陽子と中性子の質量の和でほぼ決まる。ヘリウムの場合には 2 個の陽子と 2 個の中性子によってその質量は 6.647×10^{-24} g であり，炭素の質量を 12.000 としたときの相対質量[*3]，すなわち**原子量**（無次元量）は 4.003 となる。互いにその数が等しい陽子と電子の数はその原子に固有のものであることから，その数を**原子番号**とする。ヘリウムの場合にはその数は 2 であり，**質量数**（陽子と中性子の数の和）4 と合わせて，図 1.3 の右に示すように書き表される。

　「陽子の数と中性子の数が同じ」と上で述べたが，厳密には，ある特定の原子について，互いに等しい数の陽子と中性子をもつもののほかに，陽子

の数と異なる数の中性子をもつものも少量ながら存在する。これらは**同位体**と呼ばれ、ヘリウムの場合には安定な同位体[*4]として ^{4}He（相対質量は4.003）が 99.9998% と ^{3}He（相対質量は 3.016）が 0.0002% 存在する。そのほかに ^{6}He や ^{8}He も短寿命の放射性同位体としてその存在が確認されている。なお、原子番号 1 の水素は、原子核が陽子一つのみで構成されている（中性子はゼロ）ことから、^{1}H と表記され**プロトン**[*5] と呼ばれる。この同位体が 99.985% に対して、中性子 1 個の同位体 ^{2}H（**重水素**と呼ばれる）は0.015% と、中性子数ゼロの同位体が主である。これに加えて、非常に微量ながら中性子 2 個の ^{3}H（**三重水素**）も存在する[*6]。

　電子は原子核中の陽子の数と同数であり、陽子の 1/1836 の質量とたいへん軽い。しかし、化合物の形や結合、性質などにおいて、電子は非常に重要な役割を演じることになる。次にその電子について見ていくことにしよう。

　電子は原子核の周りの円（もしくは楕円）軌道（**電子殻**）の上を回る。電子殻は、内側から K 殻、L 殻、M 殻と名付けられる多重構造で、それぞれ 2 個、8 個、18 個までの電子が収納される。電子の数が 2 個のヘリウムの場合には、K 殻が電子で満たされた状態になる。原子核を円の中心にして球体の**電子軌道**を模式的に多層の円で表したものが**ボーアの原子モデル**と呼ばれ、その原子の主として電子的な性質を簡潔に表すものとしてよく用いられる。原子と原子の結合を考える場合、最も外側の殻に存在する電子が重要な役割を果たすことになる。ヘリウムは最外殻である K 殻に最大限収容できる電子（2 個）が存在しており、そのため、ほかの原子と結合することはできない。18 族元素（周期表で一番右の縦に並んだ元素）はそれだけで（単原子分子として）安定に存在することができる。

　ボーアの原子モデルは、原子核を中心とした円軌道を電子が運動しているというものである（**図 1.4**）。このモデルによれば、原子の中の電子は、ある決まったエネルギーをもつ状態だけが許される。このことは、電子がもつエネルギーは不連続であることを示している。この不連続になることを**量子化**といい、電子がある特定の円軌道だけを運動しているのではないことが明らかにされている。すなわち、電子は粒子性と同時に波動性をもつことが明らかにされ、これらを同時にもつ系を記述するには**量子力学**を用いる必要がある。

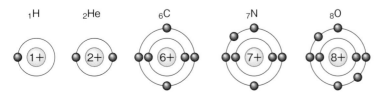

図 1.4　ボーアの原子モデル（水素 H，ヘリウム He，炭素 C，窒素 N，酸素 O について例示）

同位体　isotope

[*4]　安定同位体は、放射線を出さず半永久的に変化せずに存在する同位体であり、放射性同位体は放射線を出してほかの元素や状態に変化する同位体である。

プロトン　proton

[*5]　^{1}H は自然界に最も多く存在する水素の同位体である。原子核が陽子一つのみで構成されていることから、プロチウム（protium）とも呼ばれるが、この名称はめったに使われない。陽子のことをプロトンと呼ぶが、水素原子から電子を取り去った H^+ もまたプロトンと呼ぶ。

重水素　deuterium

三重水素　tritium

[*6]　同位体に似た用語として**同素体**（allotrope）がある。同素体については次節 側注 10 を参照のこと。

電子殻　electron shell

電子軌道　electron orbital

ボーア　Bohr, N.

ボーアの原子モデル　Bohr's model

量子化　quantization

量子力学　quantum mechanics

量子力学によれば，ある時刻において，電子がどこに存在するかを決めることはできず，電子が存在する位置は確率によってしか表すことができないのである。つまり，一定の軌道を周回するような電子は考えられず，電子が存在する空間は原子核を取り囲む雲のような形で表現される。この

軌道（オービタル） orbital

雲を**軌道（オービタル）**と呼び，第 2 章で詳しく述べる。化合物の性質などを理解するためには，電子を理解することが重要であり，ボーアのモデルは原子核の周りに存在する電子の数を理解するうえで重要なモデルである。

1.3　元　素

前節では，ヘリウムを例に挙げて原子の成り立ちについて説明した。天然には存在しない極めて短寿命のものも含めて，現在までに多くの種類の原子が知られており，身の回りの物質のすべては，この原子が根源となって組み立てられている。原子番号 1 番の水素から 92 番のウランまでは自然界に存在するが，93 番のネプツニウム（Np）以降は人工的に作り出されたものである[*7]。

*7　原子番号 43 番のテクネチウム（Tc）は自然界には安定に存在しない，人工的に作られた最初の元素であり，放射性同位体である。このように，半減期が短いことやある元素の崩壊によって生成するなどの理由から，人工元素とみなされるものがある。これらの例を挙げておく。アスタチン（$_{85}$At），フランシウム（$_{87}$Fr），アクチニウム（$_{89}$Ac），プロトアクチニウム（$_{91}$Pa）。

このように，粒子としての原子はその組成も明らかとなり，構造的な概念（物質を構成する具体的要素）として確立されている。その一方で，物質の根源粒子として，その物質の特性を決定する概念（性質を包括する抽象的概念）が**元素**である。陽子の数が異なる原子の種類を分類するのに，特性の違う物質の根源を示す概念として元素という言葉が用いられる。つまり，物質を作っている基本的な成分が元素であるといえる。したがって，前節で記した，陽子の数が同じで中性子の数が異なる同位体は互いに質量数の異なる原子であるが，これらは一つの元素に包含される。一つの元素の同位体は，互いに化学的性質は類似しているものの，分子振動のような原子核が関係する運動や，核分裂・核融合のような原子核のかかわる反応では，同位体によってそれぞれ異なる挙動を示す。

元素 element

現在その存在が確認されている 118 種の元素には各々，固有の元素名と対応する**元素記号**が国際的に定められている。数学を学ぶ際の数字や演算記号（＋，−，×，÷ など）と同じように，この元素記号は物質を化学として取り扱う場合の言語に相当するものであり，その記号が包含する原子番号（すなわち陽子数であり電子数でもある）や質量数などの様々な情報とともに，化学の基礎として極めて重要である。

元素記号 symbol of elements

貴ガス[*8]元素に分類されるヘリウム He，ネオン Ne，アルゴン Ar，クリプトン Kr，キセノン Xe，ラドン Rn は価電子（第 3 章の側注 3（p. 24）参照）がゼロであるため，ほかの原子と結合することなくそれ自体で安定な元素である[*9]。また，酸素 O や水素 H，窒素 N などは同一原子どうしで

貴ガス noble gas
*8　不活性ガスと呼ばれることもある。また，貴ガスは**希ガス**（rare gas）とも表記される。

*9　キセノンについては，フッ化物や酸化物などの化合物が知られている。

結合を形成してわれわれに身近な物質である O_2，H_2，N_2 など安定な「分子」を作り，炭素 C や硫黄 S なども同じように一種類の元素のみから安定な純物質を形成する[10]。これらに対して日本語では，物質の構成成分を表す概念としての「元素」と区別して「**単体**」という言葉を当てている。一方で，身の回りの多くの物質は，互いに異なる二種類以上の元素が化学的に結合して生成する「化合物」がその構成要素を形作っている。

1.4 周 期 表

　各々の元素がもつ固有の値の一つである原子番号を小さいものから順に並べていくと，一定の周期性があることがわかる。別の見方をすれば，例えばリチウム，ナトリウム，カリウムなどの元素群，あるいは塩素，臭素，ヨウ素などの元素群のように，互いに化学的性質の類似した集団があることに気がつく。19 世紀の中葉に，こうした事実を経験的に感知したメンデレーエフをはじめとする当時の科学者は，**元素の周期律**の概念を打ち出した。その後，物理的手法により上記のような原子構造の解明が進むに従い，元素の周期性の原理的裏付けがなされ，今ではある特定の元素の性質を知るためにも，また，未発見の元素の予測に当たっても極めて重要な役割を演じている**周期表**ができあがることになる。

　周期表は，元素を原子番号の順に並べたもので，横の列を**周期**，縦の列を**族**という。現在一般に使われている周期表は長周期型と呼ばれるもので，周期は第 1 周期から第 7 周期まで，族は 1 族から 18 族までとしてまとめられている。長周期型の周期表は，d 軌道[11] に電子が収容されることを考慮したものである。

　元素の種類は**典型元素**[12] と**遷移金属元素**に大別される。典型元素は 1，2 族と 12 〜 18 族の元素を指す[13]。水素以外の 1 族元素は**アルカリ金属**といい，ベリリウムとマグネシウムを除く 2 族元素は**アルカリ土類金属**と呼ばれる。17 族元素は**ハロゲン**，18 族元素は**貴ガス**と呼ばれる。一方，遷移金属元素は 3 〜 11 族の元素である。

　周期表のなかでの各元素の位置付けは，その元素のもつ電子の数，すなわち原子番号とそれが収納されている電子軌道に深くかかわる。電子の数の増加に伴って，電子は原子核に近い軌道から順に満たされていく。K 殻に 2 個の電子が入ると，次には L 殻に 3 個目から 10 個目までが収容される。11 個目から 18 個目までは M 殻へと，順次外側に向かって電子が広がっていく。本書の表見返しに掲げてある周期表において，第 1 周期は K 殻に対応して電子 1 個の水素 $_1$H と 2 個のヘリウム $_2$He のみであるが，第 2 周期では L 殻に三つ目の電子が納まる 3 個の電子をもつリチウム $_3$Li から始まって，L 殻の 8 個分が満たされる原子番号 10 のネオン $_{10}$Ne までの

[10] ここで，同位体に似た用語として**同素体**がある。同素体とは，同一元素の単体のうち，原子の配列（結晶構造）や結合様式が異なる原子どうしの関係を指す。同素体は互いに同じ元素から構成されるが，化学的・物理的性質が異なる。炭素や硫黄の同素体が知られており，これについては 5.3 節ならびに 8.1.2 項で紹介する。

単体 simple substance

メンデレーエフ Mendelejev, D.

元素の周期律
　periodic low of elements

周期表 periodic table

周期 period

族 group

[11] d 軌道については，第 2 章および 5.2 節で紹介する。

典型元素 typical element
[12] 主要族元素（main group element）とも呼ばれる。

遷移金属元素
　transition metal element

[13] 12 族元素を遷移金属元素とみなす場合もあるが，本書では典型元素に分類する。

アルカリ金属 alkaline metal

アルカリ土類金属
　alkaline earth metal

ハロゲン halogen

貴ガス noble gas

8元素が並ぶ。第3周期も同じように，L殻までの10個の電子が収容された外側に，M殻を満たしつつ原子番号11のナトリウム $_{11}$Na から $_{18}$Ar アルゴンまで8元素が並ぶが，第4周期になると，M殻の残りの10電子分に加えてN殻の8電子分，すなわちカリウム $_{19}$K からクリプトン $_{36}$Kr までの18元素が並ぶ。以後，この18元素ごとの繰返しで周期番号が増えていくことになる。

　ここで，第4周期の元素に対して，M殻とN殻に電子が収容されることは奇異に感じるかもしれない。この点については2.1.2項で詳しく述べる。このようにして現在，存在が確認されている118種の元素を順番に並べていったとき，その元素の属する族（縦の列）ごとに元素としての共通の物理的・化学的性質が発現するというのが周期表のもつ意味である。

　ところで，前節で記したように，元素は物質の根源粒子として，その物質の特性を決定する概念であり，化学を語る場合の根幹をなす。したがって，この元素の名前，そして元素記号は万国共通のものであることが必須である。こうした国際共通語は **IUPAC**（国際純正および応用化学連合）[*14] で決められる。現時点で確認されている118種の元素のなかで，原子番号 113[*15], 115, 117, 118 の元素については，2015年に IUPAC により正式に認められ，元素記号も確定された[*16]。

ナトリウム　sodium

1.5　イオンと電荷

　すでに述べたように，一つの原子は，中心にある原子核とそれを取り囲む複数の電子（負電荷をもつ）から構成されている。原子核のなかには複数の陽子（正電荷をもつ）とそれと同数の中性子があり，その陽子の数と電子の数が等しいことから原子全体の電気的な中性が保たれている[*17]。

　例えば，**ナトリウム** Na 原子について考えてみよう。ナトリウムの電子配置を模式的に描くと**図1.5左**のようになる。周期表で1族に属し原子番号11のナトリウム原子は，11個の電子をもつことで原子としての中性を保っているが，その電子は内側から順に，K殻に2個，L殻に8個，そしてM殻に1個収納されている。このうちK殻とL殻はそれぞれ収納できる許容数の上限まで満たされているが，M殻には1個だけしか収納されていない。周期表の族番号の1に対応するこの1個の電子（図中濃い青丸で

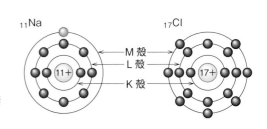

図1.5　ナトリウムと塩素の電子配置

示してある）は，これをなんらかの形で失うと満杯のK，L殻だけとなって安定な**閉殻構造**をとることになる。この理由から，Na原子は容易に電子を失い，原子自体は＋1価のイオン構造をとりやすい性質をもつことになる。

　これとは対照的に，ナトリウムと同じく周期表の第3周期にあってその右端寄りの17族に属する塩素原子の電子配置は，**図1.5右**に示すようにM殻に7個の電子が入っている。M殻の電子の収納数は18であるが，8個まで収容されると次の9個目はN殻に入る。すなわち，M殻は8個のところでエネルギー的に一つの境目をもっている。そこで塩素原子の場合には，もともともっている17個の電子に対して，外からもう一つ加わるとCl⁻となってエネルギー的に安定な－1価のイオン構造をとることになる。

$$_{11}\text{Na} - \text{e}^- \longrightarrow {}_{11}\text{Na}^+$$

$$_{17}\text{Cl} + \text{e}^- \longrightarrow {}_{17}\text{Cl}^-$$

　ナトリウムを例にして示したように，本来その原子がもっている最外殻の電子を1個放出して1価の陽イオンになるために必要なエネルギーを**第一イオン化エネルギー**と呼び，その大きさは周期表の1族から18族元素に向けて一般に増加する[18]傾向にある。またその逆に，塩素の場合のように，最外殻の電子軌道に1個の電子を受け取って1価の陰イオンになるときに放出されるエネルギーを**電子親和力**と呼び，周期表の右から左に向けて順次小さくなっていく[19]ことが理解される。ここにも周期表で表現される元素の周期性を読み取ることができる。原子番号に対するイオン化エネルギーの変化のグラフを**図1.6**に，電子親和力の変化のグラフを**図1.7**に示す。また，電子親和力に似た元素の性質を表す尺度として**電気陰性度**がある。電気陰性度は原子が電子を引き付ける尺度であるが，これについては3.4節で説明する。

　これらのイオンが結合してできる化合物，すなわち**塩化ナトリウム** NaCl について考えてみよう。Naから1個の電子が放出されることによりNa⁺

閉殻構造　closed shell

第一イオン化エネルギー
　first ionization energy

*18　すなわち，周期表で左から右に向けて次第に電子を失いにくくなる。

電子親和力　electron affinity

*19　すなわち，周期表で右から左に向けて次第に電子を失いやすくなる。

電気陰性度　electronegativity

塩化ナトリウム　sodium chloride

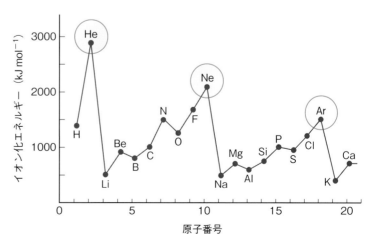

図1.6　原子番号に対するイオン化エネルギーの変化
　同じ周期では原子番号が大きくなるとイオン化エネルギーが増加する傾向があるが，同じ族で比較すると，周期が大きくなるほどイオン化エネルギーは小さくなる。

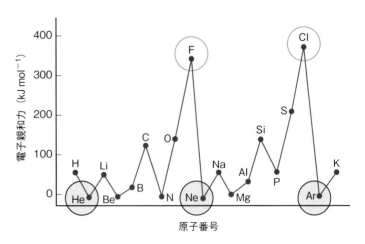

図1.7 原子番号に対する電子親和力の変化

になる。この放出された1個の電子がClに収容されることによりCl⁻となる（**図1.8**）。Na⁺もCl⁻も最外殻には8個の電子をもつことになる。このように，原子の最外殻の電子数が8個になるとき，化合物やイオンが安定に存在するという経験則がある。これを**オクテット則**という。Na⁺およびCl⁻はいずれもオクテット則を満たすイオンであり，安定に存在することができる。正の電荷を帯びたNa⁺と負の電荷を帯びたCl⁻は，静電的な引力（**クーロン力**という）が働くことにより，塩化ナトリウムを形成することができる[20]。

オクテット則 octet rule

クーロン力 Coulomb's force

＊20 塩化ナトリウムの結合については3.2節で紹介する。

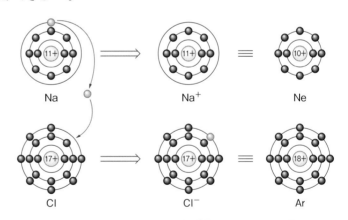

図1.8 ナトリウムイオンと塩化物イオンの電子配置

マグネシウム magnesium

　もう一つ例を示すことにしよう。周期表でNaの右隣の元素は**マグネシウム** Mgである。右隣に位置するということは，MgはNaに比べ陽子も電子もそれぞれ1個だけ多いということである。そのため，MgはM殻（最外殻）に2個の電子を有する。ここで，Mgイオンがオクテット則を満足するためには二つの電子を放出する必要がある。一つ目の電子の放出に必要なエネルギーは第一イオン化エネルギー，二つ目の電子の放出に必要なエネルギーは第二イオン化エネルギーと呼び区別する。2族の元素は二つの

電子を放出することで安定なオクテット則を満たすイオンになる（これを2価の陽イオンと呼ぶ）。マグネシウムもまた，塩素と結合して塩化マグネシウム $MgCl_2$ と呼ばれる化合物を形成する。ここでは電気的に中性な化合物となるよう，Mg 1 個に対して 2 個の Cl が結合することにより塩化マグネシウムを形成するのである。それぞれの原子の電子配置を見極めることにより，どのような組成の化合物を形成するかをある程度見積もることができる。

Drop-in　新元素発見 −113 番の元素 ニホニウム Nh−

新しい元素が発見できたからといって，その発見が私たちの生活にすぐに結び付くというものではない。しかし，化学（物質）の根幹をなすものが元素であることから，新しい元素の発見は国際的にも注目を集めている研究である。

2012 年，日本の研究チームが 113 番の新元素を発見した。この元素はアメリカとロシアの合同研究チームも発見を主張していたが，日本の研究者らの地道な努力により日本チームに軍配が上がり，113 番元素は「ニホニウム（nihonium）」と命名された。

約 100 年前，小川正孝博士（東北大学）が 43 番元素を発見したとして，その元素を「ニッポニウム」と名付けた。しかしそれは 43 番元素ではなく，周期表でその下に位置する 75 番元素（レニウム）であることがその後判明し，この名称が日の目を見ることはなかった。しかし 1 世紀の時を経て，日本発の元素が周期表に加わることになった。これからも新しい元素が作り出されることが期待される。

章末問題

1.1 元素周期表の特徴を挙げ，化学における周期表の重要性を考察せよ。

1.2 元素周期表から得ることができる情報についてできるだけ数多く挙げよ。

1.3 物質を構成する根源となる「原子」と「元素」について，その意味するところの違いを述べよ。

1.4 次の元素の電子配置をボーアの原子モデルで示せ。

　　(a) フッ素 $_9F$　　(b) マグネシウム $_{12}Mg$　　(c) リン $_{15}P$

1.5 次の元素がイオンになるとき，安定に存在することができると考えられるイオンを答えよ。

　　(a) フッ素 $_9F$　　(b) マグネシウム $_{12}Mg$　　(c) カリウム $_{19}K$

1.6 三種類の貴ガス（He, Ne, Ar）において，原子番号が増加するに伴いイオン化エネルギーが減少する理由を説明せよ。

第2章 物質の根源：軌道の概念

原子は原子核とその周りに存在する電子から成り立っている。原子核の周りに存在する電子が"糊（のり）"の役割を果たすことで，原子と原子の間に結合が形成され物質が形作られる。電子が存在する空間を殻というが，殻の中でも電子が存在する確率の高い空間を軌道（オービタル）といい，球形のs軌道や亜鈴形のp軌道などがある。これらの軌道に存在する電子を用いて結合を形成することが，三次元的な分子構造の形成に重要な役割を果たしている。本章ではこの軌道について学んでいこう。

2.1 軌 道

2.1.1 軌道の種類と形

第1章では，固有の原子がもつ電子は，原子核の周りにあるK殻，L殻，M殻 … と名付けられる軌道を，それぞれが収容できる電子の数に応じて内側から順に埋めていくことを示した。これをわかりやすく模式的に示したのが図1.4（p.7）のようなボーア原子モデルである。

ボーアモデルでは，電子はこの円形もしくは楕円形の軌道の上を回っているように見えるが，その後の量子力学の進展により，実際には電子はこのような線形の軌道の上を回っているのではなく，原子核をとりまく空間のなかで，電子の存在確率の高い場所を三次元的に運動しているものと理解されるようになってきた。

この解釈を導入すると，ボーアモデルにおける一番内側のK殻は球形の**s軌道**[*1]に相当し，このs軌道に水素の場合には1個，ヘリウムでは2個の電子が存在している。ボーアモデルではその一つ外側のL殻は，電子軌道論的には一つのs軌道（実際には2s軌道）と三つの**p軌道**（2p軌道）から構成され，それぞれの軌道に最大2個，合計8個の電子が収容される。三つのp軌道はそれぞれp_x, p_y, p_zと名付けられ，直交するx, y, z軸の方向に亜鈴形に広がっている。

次に，M殻ではやはり3s軌道と3p軌道で8個の電子，それにさらに10個の電子を収容できるクローバー形の**d軌道**（3d軌道）五つが加わって，合計18個分の電子の軌道に分割される。そしてN殻では，4s，4p，4d軌道に加えて，新たに14個の電子を収容する七つの軌道からなる**f軌道**が登場して合計32個の電子が入る。**図2.1**にs軌道，p軌道，d軌道の形状を示す。

量子力学的原子構造論によれば，原子核の周りを回る電子の状態は**主量子数**n，**方位量子数**l，**磁気量子数**m，**スピン量子数**sの四種類の量子数で規定される（**表2.1**）。ここで主量子数nは1から始まる正の整数で，それぞれ上記のK（$n=1$），L（$n=2$），M（$n=3$），N（$n=4$）… 殻に相当す

s軌道 s orbital
*1 実際には，一番内側のs軌道という意味で1s軌道と名付けられる。

p軌道 p orbital

d軌道 d orbital

f軌道 f orbital

主量子数
 principal quantum number

方位量子数
 azimuthal quantum number

磁気量子数
 magnetic quantum number

スピン量子数
 spin quantum number

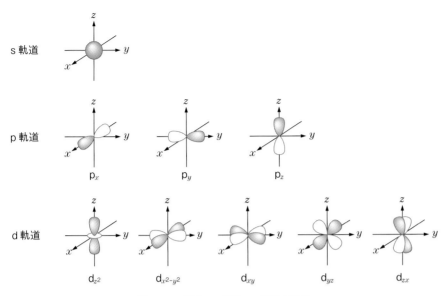

図2.1 s軌道，p軌道，d軌道の形状

表2.1 四種類の量子数

名称	記号	可能な数値
主量子数	n	$1, 2, 3, \cdots$
方位量子数	l	$0, 1, 2, 3, \cdots, n-1$
磁気量子数	m	$0, \pm 1, \pm 2, \cdots, \pm l$
スピン量子数	s	$+\dfrac{1}{2}, -\dfrac{1}{2}$

るものである。電子の広がりを決めるもので，その数が増すほど広がりは大きい。

軌道の形を決める方位量子数は，主量子数より1少ない整数，$l = 0, 1, 2, 3, \cdots, n-1$ があり，これらが上記の軌道の記号 s, p, d, f, … に対応する。磁気量子数 m は $+l \sim 0 \sim -l$ の整数値をとり，スピン量子数は $s = +1/2$ と $-1/2$ の二つの値をとる。この四種類の量子数で規定されるどれか一つの状態は，ある特定の電子1個のみが対応する。主量子数 n が同じ電子殻では s＜p＜d＜f の順にエネルギー準位が高くなる。それぞれの主量子数ごとに s 軌道には2個までの電子が入るが，この二つは互いに異なるスピン量子数，すなわち互いに逆向きのスピンをもつ。p 軌道の6個も，p_x, p_y, p_z 軌道の各々に2個ずつ入る電子は互いに逆向きのスピンをもち，d 軌道の10個分の電子も同様である。

以上のことから，「一つの軌道には，電子は最大2個まで収容される」ということになる。このルールに従って，各原子がもつ電子の各軌道に納まる順番が決まる。電子がどの軌道にどのように収容されているかを**電子配置**といい，各原子の電子配置を一覧にしたものが**表2.2**である。特定の原子がどのような電子殻に入り，その最外殻に相当する軌道が何かということが，その原子の化学的性質，特に分子を形成するために必要な結合の生

電子配置 electron configuration

表 2.2　原子の電子配置

原子番号	元素	殻 K	L		M			N			
		軌道 1s	2s	2p	3s	3p	3d	4s	4p	4d	4f
1	H	1									
2	He	2									
3	Li	2	1								
4	Be	2	2								
5	B	2	2	1							
6	C	2	2	2							
7	N	2	2	3							
8	O	2	2	4							
9	F	2	2	5							
10	Ne	2	2	6							
11	Na	2	2	6	1						
12	Mg	2	2	6	2						
13	Al	2	2	6	2	1					
14	Si	2	2	6	2	2					
15	P	2	2	6	2	3					
16	S	2	2	6	2	4					
17	Cl	2	2	6	2	5					
18	Ar	2	2	6	2	6					
19	K	2	2	6	2	6		1			
20	Ca	2	2	6	2	6		2			
21	Sc	2	2	6	2	6	1	2			
22	Ti	2	2	6	2	6	2	2			
23	V	2	2	6	2	6	3	2			
24	Cr	2	2	6	2	6	5	1			
25	Mn	2	2	6	2	6	5	2			
26	Fe	2	2	6	2	6	6	2			
27	Co	2	2	6	2	6	7	2			
28	Ni	2	2	6	2	6	8	2			
29	Cu	2	2	6	2	6	10	1			
30	Zn	2	2	6	2	6	10	2			
31	Ga	2	2	6	2	6	10	2	1		
32	Ge	2	2	6	2	6	10	2	2		
33	As	2	2	6	2	6	10	2	3		
34	Se	2	2	6	2	6	10	2	4		
35	Br	2	2	6	2	6	10	2	5		
36	Kr	2	2	6	2	6	10	2	6		

以下，第 5 周期以降は省略。

成に大きな影響を与える。

2.1.2　原子の電子配置

　Li から Ne について，原子の電子配置を見ていくことにしよう。これらの原子は，K 殻の 1s 軌道にはすでに 2 個の電子が収容されており，L 殻の 2s および 2p 軌道に電子が収容されていくことになる。Li では，$1s^2 2s^1$ と記載される。ここで，軌道の名前の右肩の上付きの数字はその軌道に収容されている電子数を表す。Be では $1s^2 2s^2$ となり，2s 軌道が充填された状態をとる。その後は 2p 軌道に順次電子が収容され，Ne では $1s^2 2s^2 2p^6$

となり，2p 軌道まですべての軌道が電子で充填された形となる。

　先に，s 軌道には 2 個の電子が収容され，この二つは互いに異なるスピン量子数，すなわち互いに逆向きのスピンをもつことを述べた。これを**パウリの排他原理**という。s 軌道は球形の一つの軌道しかないので，上下のスピン（電子）は一通りの収容方法しかない。一方，p 軌道はエネルギー準位の等しい三つの軌道が存在している。これらの p 軌道にはどのようにスピン（電子）が収容されるのであろうか。これに対しては**フントの規則（法則）**が適用される。フントの規則とは，「電子は許される限りスピンを同じ向きに揃えて軌道に収容される」というものである。窒素と酸素を例にして，電子の収容方法を見てみよう（**図 2.2**）。

パウリ　Pauli, W.

パウリの排他原理
　Pauli exclusion principle

フント　Hund, F.

フントの規則（法則）
　Hund's rules（laws）

N：[He] 2s^2 2p^3

[誤]

O：[He] 2s^2 2p^4

図 2.2　パウリの排他原理と
　　　　　フントの規則

　窒素の基底状態の電子配置は [He] 2s^2 2p^3 である[*2]。ここでフントの規則を当てはめると，窒素の 2p 軌道に収容されている三つの電子は，三つの p 軌道にスピンを上向きにして一つずつ収容されることになる。一方，酸素は周期表で窒素の右隣に位置する元素であるから，基底状態の電子配置は [He] 2s^2 2p^4 で，2p 軌道の四つ目の電子は下向きのスピンとなり，上向きのスピンと対となって一つの p 軌道に収容される。

　1.5 節で述べたように，イオン化エネルギーは，最も高い**エネルギー準位**に収容されている電子を原子から取り出すために必要なエネルギーである。Li から Ne へと原子番号が大きくなるにつれて，イオン化エネルギーは増加する傾向がある。これは，原子核のもつ電荷が増大し，電子との間に働くクーロン力（静電的な引力）が増大するためである。He から Li，そして Ne から Na のところで，イオン化エネルギーは激減する。これは新しい電子殻に電子が一つ入った状況であり，この電子が放出されることにより安定な貴ガスと同じ電子配置になるからである。

　ここで，第 2 周期の元素についてもう少し詳しく見てみることにしよう。Li から Ne へと原子番号が大きくなるにつれてイオン化エネルギーは増大しているが，単調に増加している訳ではない。イオン化エネルギーの周期的な変化を表したグラフ（図 1.6；p.11）をよく見てみると，Be から B，さらに N から O になるときに，イオン化エネルギーの減少が見られる。この理由はどのように考えればよいだろうか。Be では 2s 軌道に二つの電子が収容されているのに対し，B では 2s 軌道に加え，エネルギー準位の高い

*2　この表記は，途中までの電子配置は [　] 内に示された元素と同じであることを示し，最外殻に対応する軌道の電子配置のみを記載する。この記述方法を用いることで，必要な電子配置を素早く認識することが可能となる。

エネルギー準位　energy level

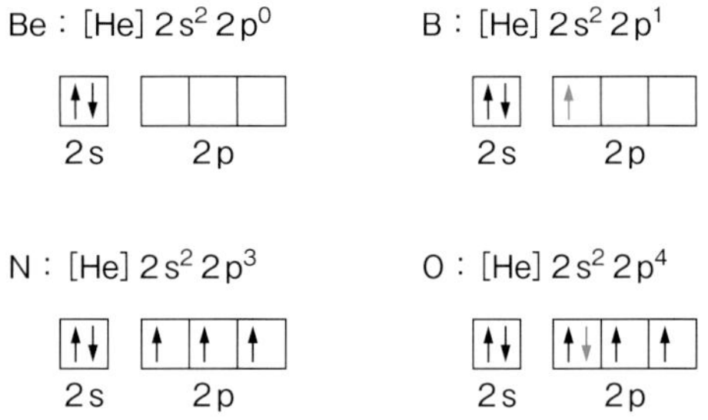

Be：[He] 2s² 2p⁰　　　B：[He] 2s² 2p¹

| ↑↓ | | | | | ↑↓ | ↑ | | |
| 2s | 2p | | | | 2s | 2p | | |

N：[He] 2s² 2p³　　　O：[He] 2s² 2p⁴

図 2.3　Be と B，N と O の電子配置

| ↑↓ | ↑ | ↑ | ↑ | | ↑↓ | ↑↓ | ↑ | ↑ |
| 2s | 2p | | | | 2s | 2p | | |

2p 軌道に電子が一つ収容されている。その結果，B の方が Be に比べて電子を放出しやすくなり，イオン化エネルギーが減少したと考えることができる（**図 2.3 上**）。

　N と O の場合には，いずれも 2p 軌道に収容されている電子が対象となる。ここで，N は三つの p 軌道に対して一つずつ電子が収容されているのに対し，O では一つの p 軌道において電子が対になった状態をとる。そのため，電子間の反発が大きくなることから，O では電子が放出されやすくなり，イオン化エネルギーが減少したと考えることができる（**図 2.3 下**）。

　イオン化エネルギーについて，Be と B，N と O の一例を取り上げたにすぎないが，一つの電子の増減で元素の性質に大きな影響を与えることを実感してもらえるのではないだろうか。化学物質を理解するためには，構成している原子に含まれている電子に対して大きな注意を払う必要がある。

　前節でも述べたように，第 4 周期になると M 殻の残りの 10 電子分に加えて N 殻の 8 電子分，すなわちカリウム ₁₉K からクリプトン ₃₆Kr までの 18 元素が並ぶ。以後，この 18 元素ごとの繰返しで周期番号が増えていくことになる。ここで，第 4 周期の元素に対して，M 殻と N 殻に電子が収容されることを説明したが，この点について次にもう少し詳しく説明しよう*3。

*3　表 2.2 を参照されたい。

　第 3 周期までの元素は，1s 軌道から電子が収容され，順に 2s，2p，3s，そして 3p 軌道に電子が収容される。しかし，第 4 周期の元素である K を見ると，3p 軌道の次は 3d 軌道ではなく 4s 軌道に電子が一つ収容されている。Ca でも二つ目の電子は 4s 軌道に収容される。さらに電子が一つ増えた Sc になったところで，3d 軌道に電子が収容されている。3d 軌道および 4s 軌道が満たされたのち 4p 軌道に電子が収容されるようになる（Ga 以降の原子）。つまり，第 4 周期では 4s 軌道 → 3d 軌道 → 4p 軌道の順に電子が収容されている。これは軌道が主量子数 n の順番通りに現れなくなっていることを示している。すなわち，軌道のエネルギー準位に逆転が起こっているのである。

　詳細は省略するが，この理由は，3d 軌道に対して，4s 軌道はより原子核付近に進入することができるからである。電子が収容される軌道の順序

は，$1s \rightarrow 2s \rightarrow 2p \rightarrow 3s \rightarrow 3p \rightarrow 4s \rightarrow 3d \rightarrow 4p \rightarrow 5s \rightarrow 4d \rightarrow 5p \rightarrow$ $6s \rightarrow 4f \rightarrow 5d \cdots$ となり，これを**積み上げ原理**と呼ぶ（**構成原理**とも呼ばれる）。順番が逆転しているところを覚える必要はなく，**図2.4** に示したように 1s 軌道から斜めにたどっていくと各軌道のエネルギー準位となる。

2.2 軌道の混成

2.2.1 原子軌道を利用した分子の構築の試み

上記のように，s, p, d, f などの方位量子数が軌道の形を決める。図2.1 に示したように s 軌道が球形，p 軌道が亜鈴形，d 軌道がクローバー形をしているので，例えば，結合にかかわる電子，すなわち原子価状態にかかわる電子がこれらの中のどの軌道に収納されているかによって，分子を形成する際の結合の性質や方向が決まることになる。

私たちの生活になくてはならない**水**（H_2O）は，高校の化学でもおなじみの分子である。どの教科書を見ても，折れ曲がった構造の図が載っている。なぜ H_2O は折れ曲がり構造をとるのであろうか。O の基底状態の電子配置は $[He]\, 2s^2\, 2p^4$ であることは先にも述べた。xyz 軸方向に張り出した三つの p 軌道に四つの電子が収容されている。ここに二つの H がそれぞれ 1 電子ずつを O の二つの p 軌道（p_y と p_z 軌道）に提供することにより H_2O 分子を形成したと考えよう（**図2.5**）。O の p 軌道のなかで電子が詰まっていない，言い換えると，水素の電子を受け入れることができる p 軌道は p_y と p_z 軌道である。ここに H を結合させてみると，結合角 H-O-H は 90° となる。90° に折れ曲がった水分子は，これまで教科書などで見慣れた水分子の構造とはいくぶん異なる感じを受けるのではないだろうか[*4]。

同様の考え方を，最も単純な炭化水素化合物（有機化合物）である**メタン** CH_4 に適用してみよう（**図2.6**）。C の基底状態の電子配置は $[He]\, 2s^2\, 2p^2$ である。2p 軌道に 4 電子分の空きがあるので，ここに H の電子を入れる

積み上げ原理（構成原理）
Aufbau principle または
building-up principle

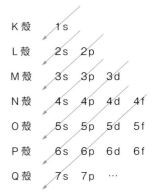

K 殻 　1s

L 殻 　2s　2p

M 殻 　3s　3p　3d

N 殻 　4s　4p　4d　4f

O 殻 　5s　5p　5d　5f

P 殻 　6s　6p　6d　6f

Q 殻 　7s　7p　…

図2.4 軌道のエネルギー準位（模式図）

水 water

*4 90° の結合角をもつ水分子には違和感を覚えるであろう。実際の結合角は，次節で説明する四面体型構造に見られる 109.5° に近い値を示す。

メタン methane

O：$[He]\, 2s^2\, 2p^4$

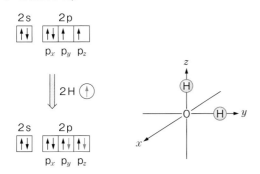

図2.5 酸素の空 p 軌道に水素の電子を供与することにより形成した水分子

C：$[He]\, 2s^2\, 2p^2$

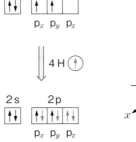
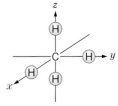

図2.6 炭素の空 p 軌道に水素の電子を供与することにより形成したメタン分子

ことでメタン分子を作ったとする。その形はどうなるであろうか。この場合，p_x 軌道と p_y 軌道を使って二つの水素が結合し，p_z 軌道には上下に二つの水素が結合した分子を作ることになる。何とも変な形のメタンができあがってしまった。メタン分子は本来，正四面体型構造をもつはずである。いったいどうすれば四面体型構造を有するメタン分子を作ることができるのであろうか。2p軌道だけで考えたのでは説明がつかないこの疑問に答えるために，各軌道のもつエネルギーの平均化といえる「軌道の混成」という概念が生まれてくる。

2.2.2 軌道の混成：sp³ 混成軌道

混成軌道　hybrid orbital

炭素は最外殻に四つの電子をもつ原子であることから，この四つの電子を結合に用いることで4本の手をもつ化合物群を形成することができる。ここで，軌道を混ぜ合わせて新たな軌道が形成される**混成軌道**の概念が生まれた。一つの2s軌道と三つの2p軌道，すなわち四つの軌道を混ぜ合わせてできた新しい軌道は，いずれも等価で四つの方向をもつ軌道となる。炭素の周りに四つの軌道を張り出してみると，いくつかの形を描くことができる。その例を**図2.7**に示した。

これら以外にも考えうる構造があるかもしれないが，今はこの二つのみを考えることにしよう。軌道の混成を各軌道のもつエネルギーの平均化と考えた場合，より対称性の高い構造になることが予測されるからである。一つ目は四面体型構造で，これは立方体の重心に炭素を配置し，直行する四つの頂点（上下，各2個ずつ）に水素を配置したときの構造である[*5]。二つ目は正方形型の構造である。四面体型と正方形型の構造を比較してみると，四面体型構造では炭素を挟んだ結合角は109.5°であるのに対し，正方形型では90°である。立体的な要因を考えた場合，正方形型の構造に比べ，四面体型構造の方が結合角が広く安定な形である。そのため，一つの2s軌

図 2.7　メタンの立体構造：
　　　　四面体型（上）と
　　　　正方形型（下）

*5　下図のような構造をイメージされたい。

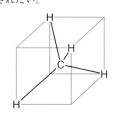

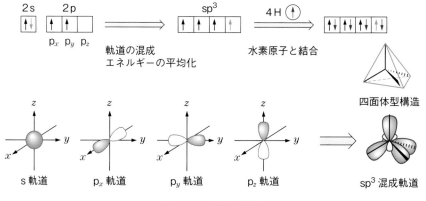

C：[He] 2s² 2p²

軌道の混成
エネルギーの平均化

水素原子と結合

四面体型構造

s軌道　　　p$_x$軌道　　　p$_y$軌道　　　p$_z$軌道　　　sp³混成軌道

図 2.8　sp³ 混成軌道

道と三つの 2p 軌道が混ぜ合わされて **sp³ 混成軌道**（四つの等価な軌道）を形成すると，その構造は立体的に最も安定な形である四面体型構造となるのである（**図 2.8**）。

sp³ 混成軌道は，周期表で炭素に続く窒素原子 N でも，また酸素原子 O でも重要な役割を果たす。窒素の場合には $2s^2$ と $2p^3$ の 5 個の電子が sp³ 混成軌道に収納されるので，四方向に向かうどれか一つには 2 個の電子が対となって収納される。このような電子対を**非共有電子対**という[*6]。その結果，一番単純な窒素化合物である**アンモニア** NH_3 は，四面体の三つの頂点に水素原子が結合し，残りの一つの頂点に非共有電子対が存在する。酸素原子の場合にも同様にして二つの頂点がそれぞれ非共有電子対で占められ，水 H_2O の場合には四面体の二つの頂点に水素原子が結合した形をとる。

非共有電子対は 2 個の電子間の相互の反発のためにかさ高く，その結果としてアンモニアにおける H-N-H 結合角，水の H-O-H 結合角はいずれも正四面体構造の 109.5° よりも小さくなって，それぞれ 106.7°，104.5° となっている（**図 2.9**）。これを**原子価殻電子対反発則**[*7]（VSEPR 則）と呼び，典型元素化合物の立体構造の予測に有効な方法である。このように，非共有電子対が分子構造に大きな影響を与えており，ひいては電子は分子の構造において大きな影響を与えるのである。

sp³ 混成軌道
　sp³ hybrid orbital

非共有電子対
　unshared electron pair

[*6]　あるいは**孤立電子対**（lone pair）という。

アンモニア　ammonia

原子価殻電子対反発則　valence shell electron pair repulsion rule

[*7]　共有電子対は原子核に挟まれている。一方，非共有電子対は，その一方に原子核が存在していない。このため非共有電子対は，共有電子対に比べ空間的に広い場所を占めることになる。これが，非共有電子対が立体的にかさ高くなる要因である。原子価殻電子対反発則における反発の相対的な大きさは，非共有電子対間の反発 ＞ 非共有電子対と共有電子対の間の反発 ＞ 共有電子対間の反発 となる。

N：[He] $2s^2 2p^3$（アンモニア）　　　　　　　　　　O：[He] $2s^2 2p^4$（水）

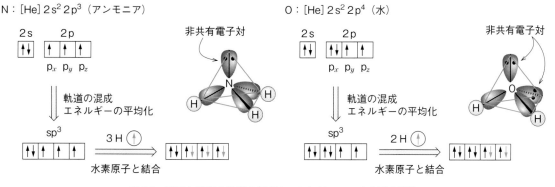

図 2.9 窒素と酸素の軌道の混成と，アンモニア，水分子の構造

2.2.3　sp² 混成軌道と sp 混成軌道

sp³ 混成軌道のほかに，分子の形や結合方法にかかわる重要な混成軌道として **sp² 混成軌道**と **sp 混成軌道**がある。これらについても炭素原子を例にして考えてみよう。

sp² 混成軌道は，炭素と炭素の間が二重結合で結ばれる場合に見られる軌道の形である。先に述べた sp³ 混成軌道から類推すると，sp² 混成軌道は一つの 2s 軌道と二つの 2p 軌道が混ざり合うことにより形成される。すなわち，三つの軌道を混ぜ合わせてできる平均化された三つの軌道の形を考

sp² 混成軌道　sp² hybrid orbital

sp 混成軌道　sp hybrid orbital

第2章

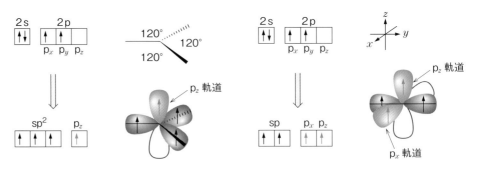

図2.10　炭素のsp²混成軌道　　　　　　　図2.11　炭素のsp混成軌道

えればよい。最も立体反発の少ない形をとることから，平面三角形の頂点を向いた軌道となることが容易に想像できるであろう。$2s$軌道と$2p_x$および$2p_y$軌道から作られるsp²混成軌道はxy平面上に存在し，120°の角度で三方向に広がった形をとる。ここで，混成に参加しなかった$2p_z$軌道は，sp²混成軌道に対して垂直に突き刺さるような格好で存在している。炭素はもともと四つの価電子を有しているので，三つのsp²混成軌道に一つずつ電子が収容され，混成に参加しなかった$2p_z$軌道に四つ目の電子が収容された状態をとっている（**図2.10**）[8]。

＊8　第3章 図3.6 (p.27) および図3.7 (p.28) 参照。

次に，炭素－炭素間に三重結合をもつ化合物にみられるsp混成軌道では，$2s$軌道と$2p_y$軌道が混成軌道を形成する。ここで$2p_y$軌道を混成に用いたのは，次章で説明するアルキン分子の構造を描きやすくするためである。二つの軌道を混成させてできる二つの軌道は，互いに180°の角度でy軸上に存在する軌道となる。このsp混成軌道がy軸上に存在し，混成に参加しなかった$2p_x$軌道と$2p_z$軌道がそれぞれx軸，z軸上に存在し，これら四つの軌道に一つずつ電子が収容されている（**図2.11**）[9]。

＊9　第3章 図3.9 (p.29) 参照。

典型元素では，s軌道とp軌道に加え，混成軌道（sp³,sp²,sp）に含まれる電子がかかわることにより，様々な原子と結合を形成することで化合物を構築する。さらに遷移金属では，d軌道の電子を用いて金属を含む化合物（金属錯体）を形成する。それらについては，次章で詳しく見ていくことにしよう。

Drop-in　ボーア原子モデルと量子力学

　ボーアの原子モデルは，太陽の周りを惑星が運動するように，電子が原子核の周りの一定の軌道を周回運動するというものである。しかし，ボーアモデルでは説明できない新たな現象が確認されるに伴い，量子力学を用いた説明がなされるようになった。量子力学では，数学的な記述により様々な現象が説明できる。本質を理解するためには数学的な解釈が必要であることはいうまでもない。しかし，本質を追求するあまり化学（物質）の理解が困難になるような，すなわち「木を見て森を見ず」では元も子もない。物質の化学的性質を理解するためには，周期表に親近感をもち，化合物の三次元構造をイメージしながら物質の性質を学ぶことが肝要である。

章末問題

2.1 次の元素の基底状態での電子配置を示せ。

　　　(a) ベリリウム $_4$Be 　　(b) フッ素 $_9$F 　　(c) アルミニウム $_{13}$Al 　　(d) 鉄 $_{26}$Fe

2.2 パウリの排他原理とフントの規則について，それぞれの意味を答えよ。

2.3 メタン CH_4 は平面正方形ではなく四面体型構造をもつ。この理由を説明せよ。

2.4 sp^2 混成軌道と sp 混成軌道のそれぞれについて，その特徴を説明せよ。

2.5 メタン，アンモニア，水のそれぞれについて，その構造の特徴とほかとの相違点を説明せよ。

第2章

第3章

ナノからミクロへ：原子と原子をつなぐ化学結合

物質を構成する複数の原子を結びつけている結合のことを化学結合という。非常に小さな粒である原子が化学結合することにより様々な物質となり，私たちの生活に欠かすことのできない物質（材料）となる。化学結合は，結合にかかわる原子の種類に応じて，イオン結合や共有結合，金属結合などに分類される。本章では化学結合について学ぶとともに，元素の電気陰性度に起因する結合における電子の偏り，すなわち極性についても学ぶことにしよう。さらに，化学結合が繰り返されることで作り出される大きな分子についても紹介する。

3.1 化学結合

第1章の冒頭で，原子は物質を構成する最小単位，根源となる「粒」であることを述べた。その組合せでできる諸々の分子，そして分子の集合体である物質もすべてその「粒」の延長線上にあるとした。半径が 0.07〜0.3 nm（70〜300 pm）程度，重さも 10^{-24} g 程度のサイズの「粒」が集合して，実際に目に見える形をもった「物質」を構成するためには，個々の原子が相互に結合を形成していくことが必要である。原子のもつ電子と原子核との間の電気的な引力・斥力[*1]によって成り立つこうした「化学結合」は，結合にかかわる原子の状況に応じて，**イオン結合**，**共有結合**，**金属結合**などに分類される。

周期表の右の端，18族に属するヘリウム He，ネオン Ne，アルゴン Ar，クリプトン Kr などは，元素のなかでは例外的にそれ自身が安定に存在する。貴ガス元素と呼ばれるこれらの元素の電子配置は，表見返しの周期表に示したように，$_2$He では $1s^2$，$_{10}$Ne では $1s^2 2s^2 2p^6$，$_{18}$Ar では $1s^2 2s^2 2p^6 3s^2 3p^6$，$_{36}$Kr では $1s^2 2s^2 2p^6 3s^2 3p^6 3d^{10} 4s^2 4p^6$ と，それぞれ最外殻にある s 軌道と p 軌道がすべて 8 個（He では 1s 軌道に 2 個）の電子で満たされた状態になっているのが特徴である。これら 8 個の電子の組をオクテットと呼ぶが[*2]，18 族元素以外の原子では，最外殻にある s 軌道と p 軌道には 8 個の電子より少ない状態（H では 1s 軌道に 2 個の電子より少ない状態），すなわちオクテット構造を満たさない状態にあって，これらが原子間で化学結合を形成する際の主役を果たすことになる。

3.2 イオン結合

1.5 節で，周期表第 3 周期の左端，1 族に位置するナトリウム Na と，右端から 2 番目，17 族の塩素 Cl を例に挙げて，イオンどうしが結合してできる塩化ナトリウム NaCl を紹介した。最外殻の電子を**価電子**[*3]と呼び，

*1 引き合う力を引力というのに対し，反発し合う力を斥力という。

化学結合 chemical bond

イオン結合 ionic bond

共有結合 covalent bond

金属結合 metallic bond

*2 1.5 節を参照されたい。

価電子 valence electron
*3 価電子とは，原子内の最外殻の電子殻に存在する電子である。ただし，最外殻電子がちょうどその最外殻の最大収容数の場合や最外殻電子が 8 個の場合，価電子の数は 0 とする。価電子数が 0 でないとき，すなわちオクテット構造を満たしていない場合，価電子はその元素の化学的性質や化学結合に深くかかわることになる。

ナトリウムと塩素は，最外殻の s 軌道および p 軌道で構成される電子軌道にそれぞれ 1 個および 7 個の電子（価電子）をもつことから，前者は陽イオンになりやすく，後者は陰イオンになりやすい。すなわち，ナトリウムの場合には，最外殻の電子を 1 個失うことで残りの電子はオクテット構造をとることになり，電子状態としては安定化するものの，原子核の陽子の数は変わらないので，全体としては差し引き ＋1 価 となって安定な陽イオン Na^+ を生じる。一方，塩素の場合には，最外殻に電子を 1 個補うことで最外殻はオクテット構造を満たすことになり，原子全体としては −1 価の安定な陰イオン Cl^- を生じることになる。

　このように，陽イオンになりやすい（すなわちイオン化エネルギーの小さい）ナトリウムと，陰イオンになりやすい（すなわち電子親和力の大きい）塩素の二つの原子が互いに接近すると，両者の間で電子の授受が行われ，その結果生じるナトリウム陽イオン Na^+ と塩化物陰イオン Cl^- の間の静電的な力による結合，すなわち**イオン結合**が形成される。この様子をボーアの原子モデルで示すと**図3.1** のようになる。

イオン結合 ionic bond

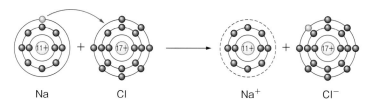

Na　　　Cl　　　　　Na^+　　　Cl^-

図3.1 塩化ナトリウムのイオン結合

　こうした二種類の原子に基づくイオン結合は，実際には多数個のイオン間で行われ，ナトリウム陽イオンと塩化物陰イオンとが交互に規則正しく配列した形の塩化ナトリウムの**イオン結晶**を形成する。**図3.2** に示した単位格子の図からわかるように，1 個の塩化物陰イオンを 6 個のナトリウム陽イオンが取り囲む形をとり，結晶全体としては強い結合となる。

　イオン結晶について塩化ナトリウムを例に挙げて説明したが，一般に，アルカリ金属元素と呼ばれる周期表の 1 族に属する元素は陽イオンになりやすく，ハロゲン元素と呼ばれる 17 族元素群は陰イオンになりやすいことから，これら相互の間のいろいろな組合せで塩化ナトリウムに類するイオン結晶を形成する。また，2 族のマグネシウムやカルシウムなどでは，最外殻の 2 個の電子を失って 2 価の陽イオン，Mg^{2+} や Ca^{2+} を生じることから，2 個の 1 価陰イオンもしくは 1 個の 2 価陰イオンとの間でイオン結晶，例えば $MgCl_2$ や MgO，CaS などを形成する。こうしたイオン結合をもつ物質は一般に**塩**（えん）と呼ばれる。これらは分子とは異なり，構成元素の種類とその原子の数を整数比で表した**組成式**をもって表現される。また，構成イオンとしてはこれら単原子イオンのほかに，OH^-，NO_3^-，SO_4^{2-}，

イオン結晶 ionic crystal

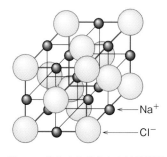

Na^+
Cl^-

図3.2 塩化ナトリウムの結晶格子

塩 salt

組成式 composition formula

CO_3^{2-}, NH_4^+ などの多原子イオンもあり，それらを含めて身の回りには多様なイオン結晶が存在する。

3.3　共 有 結 合

　周期表を眺めてみると，左寄りの族に属する元素は最外殻の電子を放出して安定な閉殻構造（オクテット構造）の陽イオンになりやすいのに対して，18族の貴ガス元素を除く右寄りの族の元素は，電子を受け入れて陰イオンになりやすい。そのため，これらの元素は相互の間のイオン結合によってイオン結晶を形成することを前節で述べた。それに対して周期表の中央付近の族に属する元素は，自身が最外殻にもつ電子1個と，相手となる原子のもつ電子1個と，合わせて2個の電子を二原子間で共有することで結合を形成する。これを**共有結合**と呼ぶ。電子を1個しかもたない水素Hは，共有結合を形成する典型的な元素の一つである。

共有結合　covalent bond

3.3.1　単 結 合

　最も単純な共有結合化合物である水素分子 H_2 を考えよう（**図3.3**）。

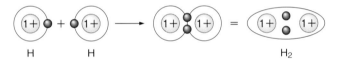

図 3.3　共有結合による水素分子の生成

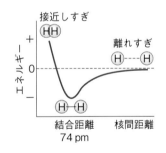

図 3.4　核間距離とエネルギーの関係

*4　2.2.2項を参照されたい。

*5　ルイス構造，または点電子構造。原子の価電子（最外殻電子）を点で書き表す表記法。

単結合　single bond

*6　2s軌道に2個の電子と2p軌道に2個の電子。

　1s軌道に1個の電子をもつ水素原子が2個，互いに接近すると，一方の水素の電子と他方の水素の原子核の間で電気的引力が作用して引き合う。一方，それぞれの原子がもつ電子の負電荷どうし，原子核の正電荷どうしでは斥力が働くので，この二つの力の合成で，エネルギー最小の条件が達成されるまで両原子は接近する。この状態で両原子の電子軌道は融合して，二つの電子はその軌道に均等に包含されることになる（**図3.4**）。その結果，互いに電子を共有することで，形式的にはそれぞれの原子が1s軌道を満杯とする2個分の電子をもって安定化することになる。ここで結合に使われる1対の電子を共有電子対と呼び*4，“：”で表される。水素分子の場合はH：Hと記される*5。また，このような二つの電子で構成される共有結合，すなわち**単結合**を“−”（価標）で表すことから，水素分子についてはH−Hの表記も用いられる。

　次に，炭素を含む最も簡単な分子の一つであるメタン CH_4 における共有結合を考えてみよう。2.2節で記したように，最外殻に四つの電子*6をもつ炭素が，四つの水素を相手に等価な結合を形成するために，炭素は sp^3 型の混成軌道（図2.8；p.20）をとる必要がある。正四面体の各頂点方向に

広がる炭素の sp^3 混成軌道の各々の頂点に含まれる各 1 個の電子と，一つの水素原子がもつ電子 1 個とで共有電子対を構成して，1 個の共有結合を形成する。これが四つの頂点で繰り返されて CH_4 ができあがる。共有電子対を用いると**図 3.5 a** のように，価標を用いると**図 3.5 b** のように記される。図 2.9（p.21）で示した窒素や酸素のかかわる sp^3 混成軌道についても，それぞれ，図 3.5 の **c, d** や **e, f** のように表される。

図 3.5 の **c** や **e** では，非共有電子対が窒素の上に 1 対，酸素の上に 2 対存在しているのがわかる。アンモニア分子 NH_3 や水分子 H_2O では，N もしくは O と H の間のそれぞれ三つおよび二つの共有結合に加えて，一つおよび二つの非共有電子対がある。したがって，自身で電子をもたない H^+（プロトン）がこれに接近すると，窒素もしくは酸素上の非共有電子対を用いてプロトンとの間に結合を生じて，それぞれアンモニウムイオン NH_4^+ およびオキソニウムイオン H_3O^+ [*7] を生ずる（下の二式）。

$$
H-\overset{\underset{\displaystyle H}{|}}{\underset{\underset{\displaystyle H}{|}}{N}}: + H^+ \longrightarrow \left[H-\overset{\underset{\displaystyle H}{|}}{\underset{\underset{\displaystyle H}{|}}{N}}\rightarrow H \right]^+ \qquad H-\overset{\underset{\displaystyle H}{|}}{\ddot{O}}: + H^+ \longrightarrow \left[H-\overset{\underset{\displaystyle H}{|}}{\ddot{O}}\rightarrow H \right]^+
$$

非共有電子対を供与してできる結合，すなわち一方的な電子の流れによる結合を**配位結合**と呼び，ほかの結合と区別する必要がある場合は矢印（→）で表す。しかしながら，実際のアンモニウムイオンやオキソニウムイオンでは，N−H あるいは O−H 結合はいずれも等価な結合であり，配位結合とほかの結合を区別することはできない。

3.3.2 二 重 結 合

2.2 節で述べたように，sp^2 混成軌道は原子間の**二重結合**形成にかかわる。炭素の場合には，図 2.10（p.22）に示すように，互いに 120° の角度で平面上で三方向に広がる sp^2 混成軌道に収納されている 3 個の電子が，それぞれ相手の原子との共有結合（**σ 結合**）に使われる。この平面に垂直に立つ p 軌道上に含まれる 1 個の電子は，同じ方向に立つ別の原子の p 軌道との間で **π 結合**を形成する（**図 3.6**）。ここで σ 結合は，σ 対称性をもつ結合を意味し，結合軸を中心に 180° 回転しても分子軌道の符号は変わらない。π 結合は，π 対称性をもつ結合を意味するが，180° 回転したときに ＋ から − に 1 回だけ符号が変わる。

右段（図・用語）:

$$
\begin{array}{ccc}
H & H & H \\
H:C:H & H:N:H & H:O: \\
H & H & H \\
\mathbf{a} & \mathbf{c} & \mathbf{e}
\end{array}
$$

$$
\begin{array}{ccc}
H & H & H \\
| & | & | \\
H-C-H & H-N: & H-O: \\
| & | & | \\
H & H & H \\
\mathbf{b} & \mathbf{d} & \mathbf{f}
\end{array}
$$

図 3.5 メタン，アンモニア，水の分子表記

*7 H_3O^+ と表される陽イオンをヒドロニウムイオンという。オキソニウムイオンは三つの化学結合をもつ酸素の陽イオンの総称である。

配位結合 coordinate bond または dative bond

二重結合 double bond

σ 結合 sigma bond

π 結合 pi bond

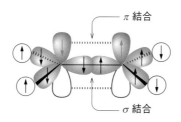

図 3.6 sp^2 混成軌道による二重結合の形成（エチレン）

エチレン　ethylene
*8　IUPAC 命名法では**エテン**
(ethene)。

*9　脂肪族炭化水素に分類され
る**アルカン**(alkane) は炭素−炭
素 σ 結合だけをもつ化合物であ
る。エチレン（エテン）は最も単
純な**アルケン**(alkene) であり，
炭素−炭素二重結合をもつ。**アル
キン**(alkyne) は炭素−炭素三重
結合をもつ化合物である (8.3.1 項
など参照)。

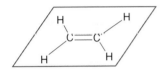

図3.7　エチレン分子の平面構造

*10　酸素も sp^2 混成軌道をも
つ。

ベンゼン　benzene

　sp^2 混成軌道をもつ炭素の最も単純な分子として**エチレン***8 ($CH_2 =$
CH_2) を考えた場合*9，片方の炭素については，二つの水素ともう一つの
炭素の間に sp^2 混成軌道を用いて三方向に σ 結合が形成され，p 軌道の電
子はもう一つの炭素の p 軌道の電子とともに π 結合を形成する。この一つ
の σ 結合と π 結合とで炭素−炭素間の二重結合が形成されることになる。
2.2 節で記したように，sp^3 炭素が四面体構造の中心に位置づけられるのに
対して，sp^2 炭素から出る一つの二重結合と二つの単結合は互いに 120° の
角度をもって平面上に伸びている。したがって，二つの sp^2 炭素からなる
エチレン分子を構成する六つの原子はすべて同一平面上に存在しているこ
とになる（**図3.7**）。また，炭素−炭素間の二重結合の結合距離は 134 pm
と，単結合の 154 pm に比べて短い。
　このような二重結合は炭素−炭素間だけではなく，例えばカルボニル基
のように炭素−酸素間でも見られるが，この場合の炭素原子もやはり sp^2
混成をとり，酸素原子の p 軌道との間で σ 結合を形成し，炭素上の残りの
p 軌道と酸素の p 軌道との間で π 結合が形成される*10。
　次に，正六角形の六つの頂点に炭素が位置し，炭素−炭素間に単結合と
二重結合を交互に有する**ベンゼン**を考えよう（**図3.8**）。ベンゼンは C_6H_6 の
組成式をもつ化合物で，六つの炭素と六つの水素は同一平面上に存在する。
ベンゼンを書き表す方法（略記法）として二種類の書き方が用いられる。一
方は単結合と二重結合が交互に配置したものであり，他方は六角形の中に
"○"を書く方法である。後者の略記法が用いられる理由について混成軌道
を用いて考えてみよう。

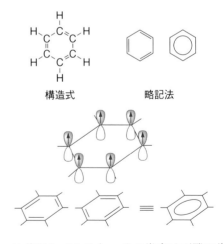

図3.8　ベンゼンの結合様式

　6 個の炭素のうち，どれか一つに着目してみると，その炭素は両隣の炭
素との間で二重結合と単結合，さらに水素との単結合を形成している。こ
れはエチレン分子で見た一方の炭素に似ている。すなわち，この炭素は sp^2
混成軌道をとっているのである。ほかの五つの炭素を見ても，いずれも sp^2
混成軌道を有する。そこで，sp^2 混成している炭素を六角形の頂点に配置

してみると，六角形の平面に対して，直行する形で混成に参加しなかった 6 個の p 軌道が存在する[*11]。この 6 個の p 軌道が π 結合を形成する場合，二通りの書き方（結合形成）が可能であり，これら二つは等価な関係となる。そのため，どちらの構造でもよいことから "○" を用いて π 結合を表記しているのである。

　ここで，二重結合が交代することは π 電子が移動していることを表しており，これを**共鳴**と呼ぶ。ベンゼンではこのような共鳴構造の寄与があることから，炭素−炭素結合距離は 140 pm であり，炭素−炭素単結合（154 pm）と炭素−炭素二重結合（134 pm）の中間的な値をとることになる。また，ベンゼンの π 結合はエチレンやアセチレンの π 結合とは異なる反応性を示す。この違いはベンゼンにおける π 電子の共鳴に起因するものである[*12]。

3.3.3　三重結合

　C_2H_2 の組成式をもつ**アセチレン**[*13] では，二つの炭素原子はそれぞれ図 2.11（p.22）に示す sp 混成軌道で H−C−C−H を結ぶ σ 結合を形成する。そして互いに直交する残りの二つの p 軌道が二つの炭素どうしの間で重なり合うことで二つの π 結合が形成され，結果として炭素−炭素間は**三重結合**となり，分子全体は直線状の構造をとることになる（**図3.9**）。炭素−炭素間の三重結合の結合距離は 120 pm と，二重結合よりもさらに短い。

3.4　結合の極性と電気陰性度

　前節で記したように，各々の原子から一つずつ電子を出し合って，その電子の負電荷と相手原子の正に荷電した原子核との間の電気的引力に基づく結合力で二つの原子が結ばれるのが共有結合である。例として取り上げた水素分子では，二つの水素原子が出し合う 1 対の電子を共有して H_2 という水素分子を形成する。この場合，共有結合で結ばれる二つの原子はまったく同等なので，共有される 1 対の電子に偏りはなく，二つの水素原子からみて相対的に同じ位置を占めることになる。エタン C_2H_6 や，さらに炭素鎖の長い炭化水素における炭素−炭素間の単結合も，結合を挟む二つの炭素の間には電気的な差異はほとんどないので，結合に関係する電子対に位置的な大きな偏りはない。

　一方，互いに異なる原子の間の共有結合として，炭素と塩素の間の共有結合について考えてみよう。炭素の sp[3] 混成軌道の一つの電子と，塩素から供出される一つの電子とを共有して形成される共有結合では，その電子対は電子受容能の大きい塩素の方に偏って存在する。共有結合に使われる電子対を引き寄せる力は元素により異なり，電子受容能が大きい元素の側

[*11]　図 3.8 では sp[2] 混成軌道は省略したが，炭素と炭素，炭素と水素の σ 結合を形成するのに使われている。

共鳴　resonance

[*12]　6.3 節を参照のこと。

アセチレン　acetylene
[*13]　IUPAC 命名法では**エチン**（ethyne）。

三重結合　triple bond

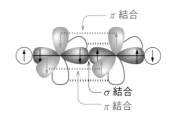

図 3.9　アセチレン分子の直線構造

表3.1　ポーリングおよびオールレッド-ロコウの電気陰性度

	1	2	3	4	5	6	7	8	9	10	11	12	13	14	15	16	17	18
1	H 2.20 2.20																	He 5.50
2	Li 0.98 0.97	Be 1.57 1.47											B 2.04 2.01	C 2.55 2.50	N 3.04 3.07	O 3.44 3.50	F 3.98 4.10	Ne 4.84
3	Na 0.93 1.01	Mg 1.31 1.23											Al 1.61 1.47	Si 1.90 1.74	P 2.19 2.06	S 2.58 2.06	Cl 3.16 2.83	Ar 3.20
4	K 0.82 0.91	Ca 1.00 1.04	Sc 1.36 1.20	Ti 1.54 1.32	V 1.63 1.45	Cr 1.66 1.56	Mn 1.55 1.60	Fe 1.83 1.64	Co 1.88 1.70	Ni 1.91 1.75	Cu 2.00 1.75	Zn 1.65 1.66	Ga 1.81 1.82	Ge 2.01 2.02	As 2.18 2.20	Se 2.55 2.48	Br 3.0 2.74	Kr 2.94
5	Rb 0.82 0.89	Sr 0.95 0.99	Y 1.22 1.11	Zr 1.33 1.22	Nb 1.60 1.23	Mo 2.16 1.30	Tc 1.90 1.36	Ru 2.20 1.42	Rh 2.28 1.45	Pd 2.20 1.35	Ag 1.93 1.42	Cd 1.69 1.46	In 1.78 1.49	Sn 1.96 1.72	Sb 2.05 1.82	Te 2.10 2.01	I 2.66 2.21	Xe 2.66 2.40
6	Cs 0.79 0.86	Ba 0.89 0.97	La 1.10 1.08	Hf 1.30 1.23	Ta 1.50 1.33	W 2.36 1.40	Re 1.90 1.46	Os 2.20 1.52	Ir 2.20 1.55	Pt 2.28 1.44	Au 2.54 1.42	Hg 2.00 1.44	Tl 2.04 1.44	Pb 2.33 1.55	Bi 2.02 1.67	Po 2.00 1.76	At 2.20 1.90	Rn 2.06
7	Fr 0.70 0.86	Ra 0.90 0.97	Ac 1.10 1.00															

上段はポーリング（Pauling, L.）の値，下段はオールレッド（Allred, A.）-ロコウ（Rochow, E.）の値

電気陰性度　electronegativity

極性　polarity

H−H　　H−CH₃　H₃C−CH₃

H∶H　　H∶CH₃　H₃C∶CH₃

$\overset{\delta+}{H}−\overset{\delta-}{Cl}$　　$\overset{\delta+}{H_3C}−\overset{\delta-}{Cl}$

H∶C̈l∶　　H₃C∶C̈l∶

図 3.10　結合の極性
　電荷の偏りを δ＋, δ−の記号で表す（詳しくは 11.1.1 項参照）。

分極　polarization

に偏ることになる。共有結合において電子を引き寄せる度合いは**電気陰性度**と呼ばれ，元素に固有のものである。一般に周期表の右に行くほど，そして上に行くほどその元素の電子受容能力，すなわち電気陰性度は大きくなる。**表3.1** に元素の電気陰性度を示しておく。

　このような原子間の結合の電気的な偏りは**極性**という言葉で表現される。分子全体として見たとき，例えば**図3.10** の水素分子やメタン，エタンなどは無極性分子，塩化水素やクロロメタンのように**分極**の程度の大きな結合を有するものは極性分子と呼ばれ，極性分子は，ほかの試薬による攻撃などに対して，構成する二つの原子は互いに異なる反応性を示すことになる。

　塩化水素は大きな極性を示すが（図 3.10），この水素が，さらに電気陰性度の小さいナトリウムに変わるとその極性はさらに増して，共有結合は成り立たず，結果として 3.2 節に記したイオン結合を形成することになる。

3.5　金 属 結 合

　原子が互いに結合して，様々な物質を形成することを述べてきた。二つの電子を共有してそれらが原子間の糊として働く共有結合は，種々の有機化合物を構成するための根源をなすものである。その対極に位置づけられる，塩化ナトリウムに代表されるイオン結合は，正負の原子イオンどうしの静電引力によって物質の構成のための役割を演じている。

　物質としてはこれらのほかに，例えば鉄や金などのように，原子の単体がそのまま目に見え手にもつことのできるサイズになる，一般に金属（固体）と呼ばれるものもある。極めて小さい粒子である原子が集合して，このような目に見える実体があり強度もある物質を構成するためには，多数の原子どうしが結びつくことが必要である。この場合の結合は**金属結合**と呼ばれ，金属原子の最外殻電子を放出した陽イオンが規則正しく配列し，放出された電子（**自由電子**と呼ばれる）が，その周りにあるすべての陽イオンの間を動き回って，静電引力に基づく結合を形成して金属としての固体（金属結晶）を形作る役割を果たしている。金属結合における自由電子の存在は，電気伝導性や熱伝導度などに見られる金属の特性に深くかかわるものである[*14]。鉄や金のほかに，銅やアルミニウム，銀，白金など，身の回りに見られる金属は，どれもこのような形の金属結合で結びつけられた無数の原子の集合体として成り立っている。

　こうしてできた金属結晶は，その配列の仕方によって図**3.11** に示すような，**体心立方格子**，**面心立方格子**，**六方最密構造**の三種の**結晶格子**に分類される。

金属結合　metallic bond

自由電子　free electron

[*14]　8.1節，9.2節を参照のこと。

第3章

体心立方格子
　body-centered cubic lattice

面心立方格子
　face-centered cubic lattice

六方最密構造
　hexagonal close-packed structure

結晶格子　crystal lattice

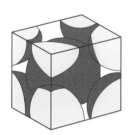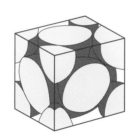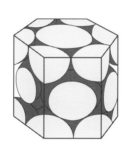

図**3.11**　結晶の単位格子：左から，体心立方格子，面心立方格子，六方最密構造

3.6　ナ　ノ　の　世　界

　上述のように，二つの水素原子 H が共有結合で結ばれて水素分子 H_2 を形成する。同じように，一つの炭素原子と四つの水素原子からはメタン CH_4 が形成される。分子とは，このように原子が複数個の共有結合で結ばれてできる物質の最小単位であり，その大きさは構成原子の種類と数に依存し，一番小さい水素分子から，身の回りの水をはじめ，目で見て手にもつこともできるペットボトルのような高分子化合物まで広範にわたる。例外としては，**単原子分子**と呼ばれる一群がある。これは，ヘリウム He やアルゴン Ar，ネオン Ne など，周期表の 18 族に属する貴ガスと呼ばれる元素群である。これらは 1.3 節に記したように価電子数がゼロで，それ自体で安定な元素であり，単原子状態で物質としての分子を形成する。飛行船に用いられるヘリウムガスや，電球に封入されているアルゴンガスなどは，い

単原子分子
　monoatomic molecule

ずれも単原子で物質としての機能を発現している。

　炭素 ^{12}C の質量を 12.000 としたときの，ある原子の相対質量の数値をその原子の**原子量**と定義することを 1.2 節に示した。複数の原子が結合してできる分子においては，その分子を構成する原子の原子量の総和を**分子量**と定義する。例えば，水素分子 H_2 の分子量は 1.0 ＋ 1.0 ＝ 2.0，水 H_2O の場合には 1.0 × 2 ＋ 16.0 ＝ 18.0 となる。それに対して，例えば塩化ナトリウムのようなイオン性の化合物や，鉄のような金属では，その物質の構成単位が分子ではないので，その物質の質量を表すのに，組成式に含まれる原子の原子量の総和，すなわち**式量**を用いる。したがって，塩化ナトリウム NaCl の式量は 23.0 ＋ 35.5 ＝ 58.5 であり，鉄の式量は 55.85 となる[*15]。

　分子量にしても式量にしても，これらはその分子なり物質なりの質量に関係する相対的な数値である。実際には膨大な数のこれらの粒子が集合して物質を構成している。その粒子の一定の数（$6.02 × 10^{23}$ 個：**アボガドロ数**[*16]と呼ばれる）をひとまとめにした数値を**物質量**（単位は**モル mol**）という言葉を用いて表す[*17]。粒子一つの重さは構成する原子に依存するので，各物質の 1 mol の重量は構成する原子に応じて固有の値，すなわち分子量の値をとることになる。例えば 1 mol の水素分子の質量は 2.0 g，水では 18.0 g ということになる。

　分子としての最小粒子に相当する分子量 2 の水素分子 H_2 の H－H 原子間距離は 74 pm であり，分子量 32 の酸素分子 O_2 の O－O 原子間距離は 121 pm である。図 2.9（p.21）にその形を示した水分子は，96 pm の結合距離をもつ二つの O－H 結合が互いに 104.5° の角度でつながっている。最も単純な有機化合物であるメタン分子 CH_4 は，109 pm の原子間距離をもつ C－H 結合が，中心の炭素原子から正四面体の頂点に向けて張り出した形をとっている。エタン C_2H_6 になると，154 pm の C－C 結合を中心にそれぞれの炭素に三つの水素が結合した形をとり，さらに炭素が増えていけば，骨格を成す C－C 炭素鎖は自由に折れ曲がるために，全体として球のような形で分子の大きさが炭素数に応じて増大していく。それが数万，数十万のレベルになると，その分子の大きさはナノの世界からミクロへ，そしてさらには手にもつことのできる実体のある可視的な物体，すなわち高分子化合物へと変貌していくことになる。

　上に記したように，例えばおよそ 0.2 nm（200 pm）の大きさの水の分子が $6 × 10^{23}$ 個集まると 1 mol，すなわち 18.0 g の水となって，人間が目で見ることも手にすることもできるスケールとなる。水素分子にしても酸素分子にしても，$6 × 10^{23}$ 個集まると，無色の気体なので目には見えないが，それぞれ 2.0 g，32.0 g のガスとして固有の性質を発現する。

　一方，**高分子化合物**（ポリマー）は，一般に構造単位のもととなる簡単な**低分子化合物**（モノマーあるいは**単量体**）が共有結合で連続的につながる

原子量 atomic weight

分子量 molecular weight

式量 formula weight

[*15] 各元素の原子量は表見返しの周期表を参照。

アボガドロ数
 Avogadro's number
[*16] アボガドロ数にちなんで，10月23日は「化学の日」，その日を含む月曜日から日曜日までの1週間は「化学週間」と制定されている（第7章「Drop-in」参照）。

物質量 amount of substance

[*17] 1 mol 当たりのアボガドロ数 $6.02 × 10^{23}$ mol^{-1} を**アボガドロ定数**（Avogadro's constant；記号は N_A）という（第7章「Drop-in」参照）。

高分子化合物
 polymer compound または
 macromolecule
ポリマー polymer

低分子化合物
 small molecule
モノマー（単量体） monomer

ことによって生成する，分子量が1万以上のものを指す。高分子化合物は有機高分子と無機高分子に分類でき，さらにそれぞれ，天然から得られる天然高分子と，合成することにより得られる合成高分子がある。1 nm にも満たない分子が多数，結合することにより高分子化合物となり，われわれの生活に密着した材料として広く利用されている[*18]。

低分子化合物や高分子化合物だけでなく，これらの中間に位置するような化合物もまた，有用な物質としてわれわれの生活を支えている[*19]。

[*18] 9.4 節参照。

[*19] 500 ～ 2000 程度の分子量をもつ化合物を中分子と呼ぶことがある。これらの分子量をもつ化合物を医薬品として利用する研究が行われている。

第3章

Drop-in 超 分 子

共有結合の組合せでできている分子どうしが，例えば配位結合や水素結合 (4.2 節参照) のような，共有結合よりも弱い結合で相互に集合を保って形成される化合物群に対して，「**超分子** (supramolecule)」という言葉が用いられる。クラウンエーテルやシクロデキストリンなどが代表例で，これらを構成する原子の一部または官能基との分子間相互作用によって，別の分子やイオンを内包する能力を有することから，「ホスト・ゲスト」分子 (化合物) とも呼ばれ，様々な機能を発現する分子群として多くの研究が展開されている。

クラウンエーテルはエチレン鎖 ($-CH_2CH_2-$) を介して複数の酸素を有する環状のポリエーテルの総称であり，その名称は分子構造が王冠に似ていることに由来する。各化合物は「x-クラウン-y-エーテル」と呼ばれ，x は環を構成する原子数，y は環に含まれる酸素原子の数である。しばしば最後の

12-クラウン-4

15-クラウン-5

18-クラウン-6

「エーテル」は省略される。

クラウンエーテルは環の空孔サイズに合う金属イオンを包摂する。例えば，12-クラウン-4 は Li^+ を，15-クラウン-5 は Na^+，そして 18-クラウン-6 は K^+ を選択的に包摂する。クラウンエーテルは，有機溶媒に対するアルカリ金属塩の溶解性の向上に利用されるなど，有機合成においてその有用性が明らかにされている。この功績に対し，1987 年にクラム (Cram, D. J.)，レーン (Lehn, J.-M.)，ペダーセン (Pedersen, C. J.) の三氏にノーベル化学賞が授与された。

章 末 問 題

3.1 化学結合について，共有結合とイオン結合それぞれの特徴を述べよ。

3.2 原子間で化学結合を形成する際に重要な役割を果たすものは何か答えよ。

3.3 次の分子に可能な分子式はどのようなものか，「？」に当てはまる数字を答えよ。

 (a) $MgBr_?$ (b) $AlCl_?$ (c) $KBr_?$ (d) $CH_2Cl_?$ (e) $NH_?^+$

3.4 物質量を表すのに用いられる分子量と式量について，その違いを述べよ。

3.5 金属結合の特徴を述べよ。

3.6 sp^2 炭素を有する化合物と，sp 炭素を有する化合物それぞれの例を挙げよ。

ミクロからマクロへ：
分子の構造と分子間の相互作用

水素分子や酸素分子のように，二つの原子から構成される分子は直線構造を有するが，多くの原子から構成された分子は二次元構造，さらには三次元構造をとる。単純なものから複雑な分子まで，様々な化合物が知られている。元素記号を用いて書き表された分子の表示法にはいくつかのルールがある。このルールに従えば，世界中の誰もがその分子を正確に理解することができる。本章では，様々な分子を表記する方法を学ぶとともに，分子と分子の間に働く力についても学んでいこう。

4.1　様々な分子の形

4.1.1　分子の書き表し方

元素単体からなる化合物から様々な元素を用いた大きな化合物まで，世の中にはたくさんの物質が存在している。これらの化合物を元素記号を用いて書き表したものを**化学式**[*1] というが，化学式の中にもいくつかの表記方法がある。物質を書き表す化学式について見ていこう。

分子式は，その分子を構成する原子の種類とその数を表した化学式であり，一般に C，H の順に元素記号を並べ，これ以外の原子はアルファベット順に並べたものである。分子式で書き表した物質の構成元素の数が，より簡単な整数値で書き表すことができたとする。この化学式を**組成式**という。有機化合物では，**官能基**と呼ばれる，化合物の特性に関係する原子団により分類される。どのような官能基をもつかによって，その有機化合物の性質や反応性に類似点を見出すことができるからである。このように，炭化水素基と官能基の組合せで表現された化学式を**示性式**という。

さらにより細かく表記するため，原子と原子の結合を価標 "−" を用いて表した化学式を**構造式**という。酢酸を例にそれぞれの化学式を示すと**表 4.1** のようになる。

化学式　chemical formula

[*1]　原子の価電子（最外殻の電子）を点で書き表した化学構造式を**ルイス構造**（Lewis structure）式，あるいは**点電子構造**（electron-dot structure）式という。ルイス構造式の電子（点）を価標に書き換えることにより構造式となる。

分子式　molecular formula

組成式　composition formula

官能基　functional group

示性式　rational formula

構造式　constitutional formula

表 4.1　酢酸の化学式

分子式	組成式	示性式	構造式
$C_2H_4O_2$	CH_2O	CH_3COOH	$\begin{array}{c}\quad H\ O \\ \quad |\ \ || \\ H-C-C-O-H \\ \quad | \\ \quad H \end{array}$

比較的少ない元素から構成される化合物は，分子式を用いることでどのような化合物であるかを理解することができる。しかし，有機化合物においては，先にも述べたように，どのような官能基をもつかによって化合物の性質を判断する。そのため，示性式や構造式を用いた表記法が使われることが多い。

また，構造式において，水素との結合における価標を省略して簡略化し

表4.2 構造式の書き表し方

	構造式	簡略化した構造式

酢酸	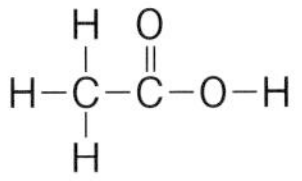 H O
	  | ‖
	H–C–C–O–H
	  |
	  H
		O
		&#8214;
		H₃C–C–OH

エタノール	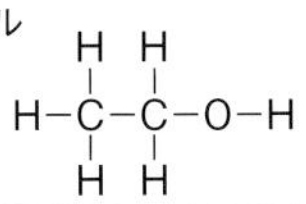 H H | | H–C–C–O–H | | H H	H₃C–CH₂–OH

た構造式もよく用いられる。酢酸とエタノールの例を**表4.2**に示す。酢酸はカルボン酸と呼ばれる化合物の一つでカルボキシ基（−COOH）をもち，アルコールの仲間であるエタノールはヒドロキシ基（−OH）をもつ化合物である。簡略化した構造式においても，これらの化合物の特徴（官能基）がはっきりとわかるように記されているのである[*2]。

　無機化合物，有機化合物にかかわらず，多くの化合物は立体的な構造，すなわち三次元構造を有する。化合物を三次元的に描き，その立体構造を正しく理解することは重要であるが，紙面上（二次元の世界）では，立体構造はどのように書き表されるのであろうか。

　三次元的な構造を書き表す方法として，一般に破線−くさび形表記法が用いられる。この方法は，実線と破線，くさび形線を用いて立体構造を表記するものである。すでに第2章のsp^3混成軌道の説明で登場しているのだが，四面体型構造を有するメタンを例に説明しよう（**図4.1**）。実線は紙面上に存在していることを示す。一方，くさび形線は紙面から手前，すなわち皆さんの方向に突き出している結合を示し，破線で描かれている結合は紙面から裏側に突き出した結合を示している。このように表記することで，四面体型構造を有する化合物の立体構造を表現することができる。

　次に炭素−炭素間に二重結合を有するエチレン分子について考えてみよう。3.3.2項で述べたように，エチレン炭素はsp^2混成軌道を有することから，エチレンを構成する二つの炭素と四つの水素は同一平面上に存在している。**図4.2**に示したように二種類の表記が可能である。**I**では，すべての結合が実線で描かれており，エチレンを構成するすべての原子が紙面上に存在する書き方となっている。破線−くさび形表記法を用いて描いたエチレンが**II**である。このとき，エチレン分子は紙面に対して直交するように存在していることになるが，そのイメージをもつことができるであろうか。一般的には**I**の書き方で充分であるが，3.3.2項で示したエチレンの二重結合のπ結合を明瞭に描くためには**II**のように記す方が理解しやすい。化合物の形をどのように描くかは，その化合物の何に着目するかによってひと工夫する必要がある。

第4章

[*2] 高分子化合物は，その化合物を構成する単量体が繰り返し結合していることから，高分子化合物の名称は用いた単量体の化合物名を用い，繰返し構造がわかるように記されている。

実線：紙面上に存在する結合

破線：紙面の裏側に突き出した結合

くさび形線：紙面から手前に突き出した結合

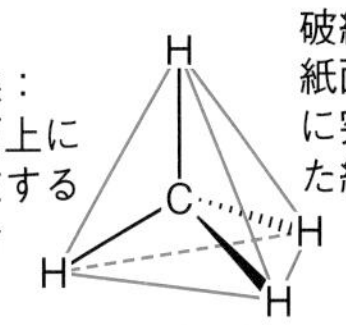

図4.1 四面体型構造における破線−くさび形表記法

I

II

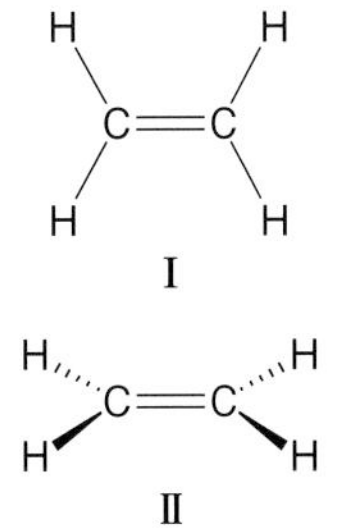

図4.2 エチレン分子の表記

異性体　isomer
＊3　異性体とは，同じ化学式を
もつが異なる構造をもつ化合物で
あり，**構造異性体**と**立体異性体**の
二つの基本的な型がある。構造異
性体は原子の結合の仕方が異なる
化合物であり，骨格異性体，官能
基異性体，位置異性体などがある。
立体異性体は，原子は同じ順序で
結合しているが異なる空間配置を
もつ化合物である。鏡像異性体や
ジアステレオマー，シス-トラン
ス異性体などがある（詳細は以下
の本文を参照）。

構造異性体　constitutional isomer

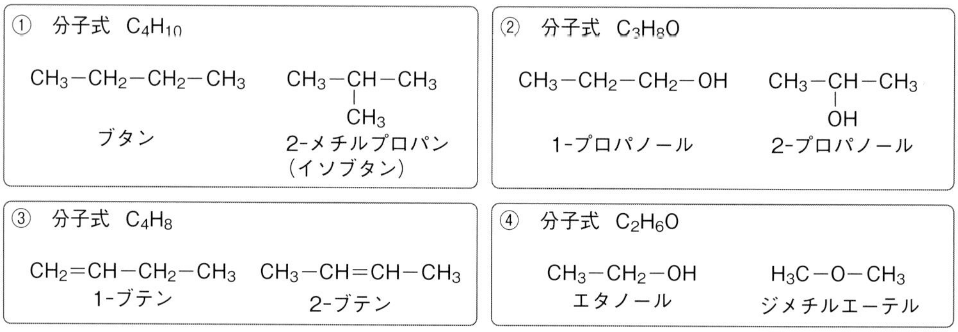

4.1.2　異性体

　同じ分子式をもつにもかかわらず，原子の結合様式が異なるいくつかの
化合物が存在することがある。これらの化合物を互いに**異性体**という[3]。
原子の結合順序が異なるものは**構造異性体**と呼ばれる。構造異性体の例を
図4.3に示す。例①は炭素骨格が異なるものであり，例②は官能基
（－OH）の結合位置が異なる構造異性体である。例③は二重結合の位置が
異なっている。例④は官能基の種類が異なる構造異性体である。例④に
示した構造異性体の官能基はそれぞれアルコール（－OH）とエーテル
（－O－）であり，二つの化合物の性質が大きく異なることに注意が必要で
ある。

図4.3　いろいろな種類の構造異性体

＊4　結合軸の回転に伴う障壁を
回転障壁という。エタンの炭素－
炭素単結合の回転障壁は $12\,\mathrm{kJ}$
mol^{-1} と見積もられている。これ
に対してアルケンでは炭素－炭素
二重結合により回転障壁が大きく
なり，その結果，シス-トランス
異性体が存在することになる。

シス-トランス異性体
　cis-trans isomer
幾何異性体　geometrical isomer

＊5　単結合周りの回転などで変
換可能な配置を**立体配座**（confor-
mation）という。**立体配置**（con-
figuration）という言葉もあるが，
これは化合物に固有な原子の空間
的な配置のことである。

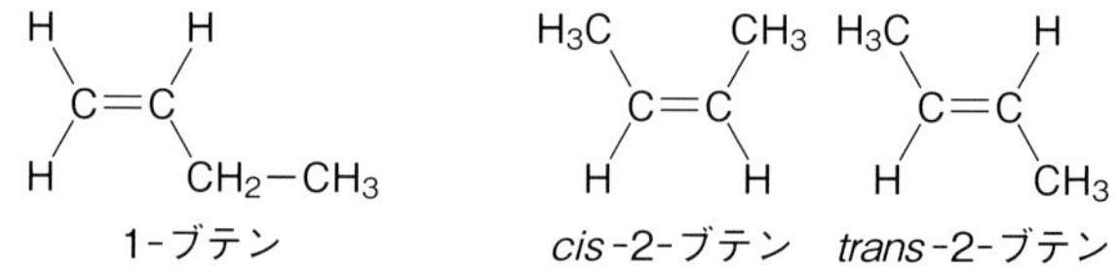

キラリティ（対掌性）　chirality
＊6　鏡像と重ね合わせることが
できない分子（または物体）を**キ
ラル**（chiral）であるという。その
鏡像と重ね合わせることができる
分子（または物体）は**アキラル**
（achiral）である。

　例③に示したアルケンの立体構造を詳しく見てみよう（**図4.4**）。1-ブテ
ンでは一種類の構造しか描くことはできない。ここで，炭素－炭素二重結
合は単結合に比べて回転障壁[4]が大きい（$350\,\mathrm{kJ\,mol}^{-1}$）ことから，炭素－
炭素を軸として容易に回転することはできない。そのため，2-ブテンの場
合，二重結合炭素に結合した CH_3 基（あるいは H 基）が同じ側に存在する
シス（*cis*）体と，反対側に存在する**トランス**（*trans*）体の二種類の異性体
が存在することになる。このような化合物を**シス-トランス異性体**（**幾何異
性体**）と呼ぶ[5]。

図4.4　ブテンの構造

　私たちの身の回りには左右一対のものがいくつか存在する。右手と左手
の関係にあるような物質である。右手と左手は重ね合わせることはできな
いが，右手を鏡に映した像は左手のように見えるはずである。このような
関係を**キラリティ（対掌性）**といい[6]，有機化合物ではよく見られる。こ

れは sp³ 混成した炭素が四面体構造をとる結果として生じるのである。炭素原子に四種の異なる原子または原子団（置換基）が結合したとき，この炭素原子を**不斉炭素原子**[7]といい，四つの置換基の立体的な配置が異なることにより，重ね合わせることができない二種類の異性体が存在する。これらの分子は互いに鏡に対する実像と鏡像，または右手と左手の関係にあるので，互いに**鏡像異性体（エナンチオマー）**であるという[8]。鏡像異性体は，味やにおいなど生物に対する作用（生理作用）が異なることがある。

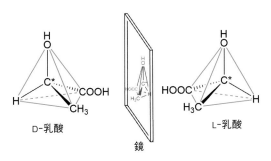

図 4.5　鏡像異性体の例：D-乳酸と L-乳酸

　図 4.5 に鏡像異性体の例として D-**乳酸**と L-乳酸を示した。ここで，乳酸の前に付けた D/L は，グリセルアルデヒド[9]の不斉炭素周りの立体配置に対応させることで，D 体あるいは L 体の異性体を区別する方法である。この表記法では，グリセルアルデヒドの構造が頭に入っている必要がある。すなわち，細かい情報を記憶しておく必要があるが，より一般的な方法として，*R/S* 表示法[10]がある。これは不斉中心原子に結合した四つの置換基に優先順位をつけて，優先順位の高い方から低い方に左回りに結合しているか，右回りに結合しているかを区別するものである。この方法は提唱した化学者の名前にちなんで，**カーン-インゴールド-プレローグ則（CIP則）**という。次に CIP 則をもう少し詳しく説明しよう。

　規則 1：不斉中心に直接結合している四つの原子を比べ，原子番号が一番大きな原子を一番高い順位（1 番目）とする。原子番号が一番小さい原子（通常は水素がそれに相当することが多い）を一番低い順位（4 番目）とする。また，水素と重水素のように質量数の異なる同位体が結合している場合，質量数の大きな方（この場合は重水素）を上位にする。

　規則 2：不斉炭素に直接結合している原子で区別がつかないときは，次に結合している原子で比較する。例えば，エチル基（−CH₂CH₃）とメチル基（−CH₃）を比べた場合，ともにはじめの原子は炭素である。2 番目の原子を比較すると，メチル基はすべて水素であるのに対し，エチル基は一つの炭素と二つの水素が結合している。2 番目の原子の比較からエチル基が上位となる。

　規則 3：多重結合をもつ場合は，同じ原子が結合の数だけ結合している

不斉炭素原子　asymmetric carbon atom または chiral carbon atom

[7]　不斉炭素原子は別名，キラル炭素原子とも呼ばれ，C* で記述されることがある。

鏡像異性体（エナンチオマー）　enantiomer

[8]　これらの異性体は物理的・化学的性質は同じであるが，光学的性質が異なることから，**光学異性体**（optical isomer）とも呼ばれる。光は進行方向に垂直なすべての面で振動する電磁波からなる。偏光プリズムを通過した光は，ただ一つの面で振動する光となり，これを**偏光**（polarized light）と呼ぶ。偏光がある物質中を通過した際に回転する現象を**旋光**（optical rotation）という。鏡像異性体は，通過した偏光を回転させる光学的性質（旋光性）を有している。

乳酸　lactic acid

[9]　グリセルアルデヒドは炭水化物に分類され，不斉炭素周りが *R* 配置のものが D 体である。D-グリセルアルデヒド（(*R*)-グリセルアルデヒド）の立体配置を崩さずにできる化合物を D 体とし，その鏡像異性体を L 体と表記する方法である。炭水化物については 10.1 節を参照。

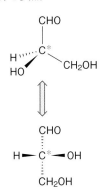

[10]　*R* はラテン語の "右"（*rectus*），*S* は同じく "左"（*sinister*）に由来する。

カーン-インゴールド-プレローグ則　Cahn-Ingold-Prelog rule

カーン　Cahn, R.S.

インゴールド　Ingold, C.K.

プレローグ　Prelog, V.

*11　置換基や官能基の「基」は，有機化合物の性質を特徴づけるための原子または原子団を示す。例えばアルカンの水素原子と置き換わったほかの原子や原子団を置換基という。官能基は有機化合物中のある特定の構造をもつ基で，その化合物の特徴的な性質や反応性に基づく原子や原子団のことをいう。

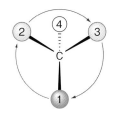

R 配置

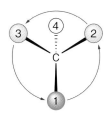

S 配置

図4.7　キラル中心の立体配置の帰属

立体異性体　stereoisomer
*12　36ページの側注3を参照されたい。

*13　実際にはすべての異性体が安定に存在するわけではないことに注意せよ。

*14　トレオニンの IUPAC 名は2-アミノ-3-ヒドロキシブタン酸である。

ジアステレオマー　diastereomer

図4.6　多重結合における仮想原子の取扱い

この炭素は
H, C, C, C と結合している

この炭素は
C, C, C と結合している

この酸素は
C, C と結合している

この炭素は
H, O, O と結合している

ものとして比較を行う。すなわち，**図4.6** に示したように，炭素－炭素の三重結合をもつ両炭素は三つの炭素と結合しているとみなす。また，炭素－酸素の二重結合は，炭素には二つの酸素が，酸素には二つの炭素が結合しているとみなすのである。これらの原子は仮想原子あるいはダミー原子と呼ばれ（図4.6では青色で示した原子），優先順位をつける際に重要となる。

　規則1～3に従って優先順位をつけることができれば，優先順位が4番目の原子（あるいは置換基*11）を奥側にして，手前にある三つの置換基を眺める。優先順位の高い方から低い方にたどったとき，それが右回りであれば*R*，左回りであれば*S*と定義する。このようにして，不斉中心に対して*R*/*S*表示を行うことにより，その化合物（分子）の立体配置を明記することができるのである（**図4.7**）。

　四つの異なる置換基が一つの炭素原子に結合した場合，その炭素は不斉炭素となり，鏡像異性体が存在する。分子内に二つ以上の不斉炭素原子を有する化合物も存在する。一般則として，n 個の不斉中心を有する分子には最大 2^n 個の**立体異性体***12 が存在しうる*13。複数の不斉中心を有する分子については注意が必要である。そこで次に2個の不斉炭素を有する化合物について見てみよう。

　例えば，アミノ酸の一つであるトレオニン*14 には四つの可能な立体異性体がある（**図4.8**）。ここで，$2R,3R$ 異性体と $2S,3S$ 異性体は鏡像異性体の関係にあり，$2R,3S$ 異性体と $2S,3R$ 異性体も互いに鏡像異性体の関係にあるので，トレオニンは二組の鏡像異性体に分類できる。では，鏡像異性体の関係ではない異性体はどのような関係になるのであろうか。これらは立体異性体であるが鏡像異性体ではない。このような関係にある分子を**ジアステレオマー**という（図4.8）。

　鏡像異性体とジアステレオマーの違いについて注意すべき点を記してお

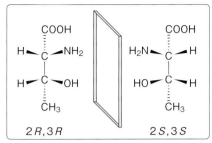
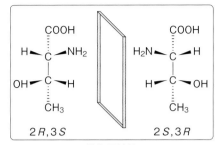

立体異性体	その鏡像異性体	そのジアステレオマー
2R,3R	2S,3S	2R,3S と 2S,3R
2S,3S	2R,3R	2R,3S と 2S,3R
2R,3S	2S,3R	2R,3R と 2S,3S
2S,3R	2R,3S	2R,3R と 2S,3S

図 4.8　トレオニンの四つの立体異性体と異性体間の関係

く。鏡像異性体はすべての不斉中心で反対の立体配置をもっており，その名が示すように，鏡に対する実像と鏡像の関係になっている。一方，ジアステレオマーはいくつかの不斉中心（1 個またはそれ以上）で反対の立体配置をもっているが，そのほかの不斉中心では同じ立体配置をもっている[*15]。

4.1.3　メソ化合物

二つの不斉中心をもつにもかかわらず，重ね合わせることができる分子がある。**酒石酸**[*16]を例に見てみよう。四つの異性体は**図 4.9** のように描くことができる。2R,3R 異性体と 2S,3S 異性体は，重ね合わせることができないため鏡像異性体の関係にある。一方，2R,3S 異性体と 2S,3R 異性体を注意深く見てみると，一方の異性体（2R,3S 異性体）を縦方向に 180° 回転するともう一方の異性体（2S,3R 異性体）と重ね合わせることができる（**図 4.10**）。

酒石酸の 2R,3S 異性体と 2S,3R 異性体は，不斉炭素原子を有しているにもかかわらず，分子内に対称面を有するため，同一の化合物である。こ

*15　2R,3R 異性体のジアステレオマーは，2R,3S と 2S,3R の二つの異性体が相当することに注意すること。このようなジアステレオマーの関係はトレオニンに限定されるものではない。また，ジアステレオマーは物理的・化学的性質が異なる。この点については 4.1.4 項で紹介する。

酒石酸　tartaric acid
*16　2,3-ジヒドロキシブタン二酸。酒石酸という名称は，ワイン樽にたまる沈殿から発見された化合物であることに由来する。

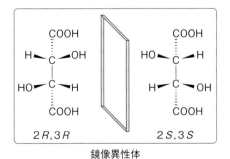

図 4.9　酒石酸の四つの異性体

第4章

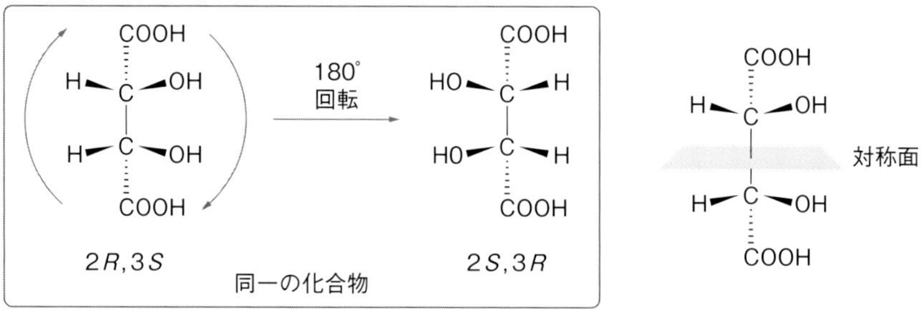

図 4.10 メソ化合物

メソ化合物 (メソ体)
meso compound

れらは**メソ化合物 (メソ体)** と呼ばれる。したがって，酒石酸には三つの立体異性体，すなわち，二つの鏡像異性体と一つのメソ化合物が存在することになる。

4.1.4 ラセミ体

ラセミ体 racemate または
racemic modification

鏡像異性体のどちらか一方のみが存在する場合，その化合物に固有の光学的性質を示す。しかし，両方の異性体が同じ量だけ存在したらどうなるであろうか。この場合，互いの化合物の光学的性質は打ち消し合うことになる。鏡像異性体が 50：50 の割合で存在する混合物を**ラセミ体**という。鏡像異性体は物理的・化学的性質が同じ化合物であるので，一般にはどちらかの異性体を取り出すことは困難である場合が多い[17]。次に，一方の異性体を得る方法を紹介することにしよう。

*17 鏡像異性体の一方を取り出すことを分割という。

固体の化合物であれば，適当な溶媒から再結晶することにより純粋な化合物を単離することができる。しかし，先にも述べたように，ラセミ体 (鏡像異性体) は物理的・化学的性質が同じであることから，再結晶による分割はうまくいかないことが多い[18]。二つ以上の不斉中心を有する化合物にはジアステレオマーが存在する。ジアステレオマーの関係にある化合物は，物理的・化学的性質が異なることから，一方の異性体を分離することが可能となる。そこで，鏡像異性体をジアステレオマーに誘導することによっ

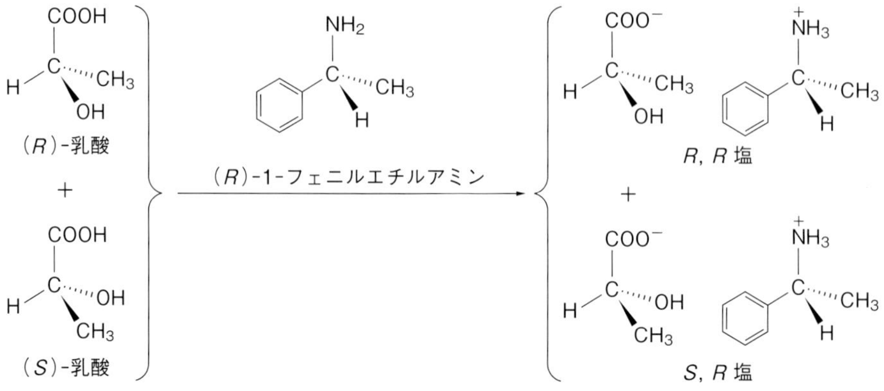

*18 再結晶を行った際，稀に一方の異性体のみが結晶化することがある。これを自然分晶という。

図 4.11 ジアステレオマーの塩を生成する酸塩基反応

て一方の異性体を分離することができる。

　例えば，カルボン酸とアミン塩基を用いて，アンモニウム塩を作る酸塩基反応を利用した方法がある[*19]。ラセミ体の乳酸に光学活性なアミンとして (*R*)-1-フェニルエチルアミンを反応させると塩が生成する（**図4.11**）。生成した二つの塩はジアステレオマーであり，これらは異なる性質をもつ化合物（塩）であることから，どちらか一方の塩を再結晶により分離することが可能となる。いったん分離できれば，強酸で処理することにより，光学活性な乳酸を得ることができる。

　この方法では，塩を形成することができる化合物の組合せを選ぶ必要があり，塩を形成するために化学量論量[*20]のキラルな試薬が必要となる。さらに，一方の異性体の分離には，生成した塩の結晶化に必要な条件（再結晶溶媒の選択や温度などのいくつかの条件）を満たさなくてはならない。そのため，この方法では一方の鏡像異性体だけを得ることはできないことも想定される。より効率的に一方の鏡像異性体を合成（あるいは単離）する手段はないのであろうか。この問題については，触媒を用いた**不斉合成反応**により達成されている[*21]。

4.2　分子間に働く力：水素結合

　4.1節では分子の形について学んできた。これらの分子（物質）が形成されるためには，原子間で結合を形成する必要がある。すでに第3章で学んだように，イオン結合や共有結合，金属結合など，結合の様式に合わせた名称が定義されている。いずれの結合においても，原子と原子をつなぎ合わせるために電子が存在しており，この電子が「糊」の役割を果たしているとみなすことができる。次に，分子と分子の間に働く力，すなわち分子間の相互作用について学んでいくことにしよう。

　N, O, Cl など，電気陰性度の大きな原子は，水素原子と結合すると，水素原子の電子を引き付けて部分的に電気的に負に帯電（もしくは分極）した状態になる。一方の水素原子は電子を奪われる形になるので，正に帯電（分極）した状態になる[*22]。正に帯電した水素原子が，近くにある電気陰

[*19]　酸塩基反応については4.3節を参照のこと。

[*20]　化合物 *a* mol に対する試薬の必要量が理論的に *a* mol またはそれ以上である場合，その量を化学量論量という。ここでの量論量とは「等しい量」という意味である。化学反応において，反応物よりも少量でそれ自体は化学反応の前後で変化せず反応を促進するものを**触媒**（catalyst）という（7.5節参照）。この量を表すときに触媒量と表現する。

不斉合成反応
　asymmetric synthesis reaction

[*21]　触媒を用いることにより，一方の鏡像異性体を選択的に合成することができる。この研究成果に対して2001年にノーベル化学賞が贈られた。13.3.1項で詳しく紹介する。

[*22]　3.4節で紹介した"分極した結合"になる。

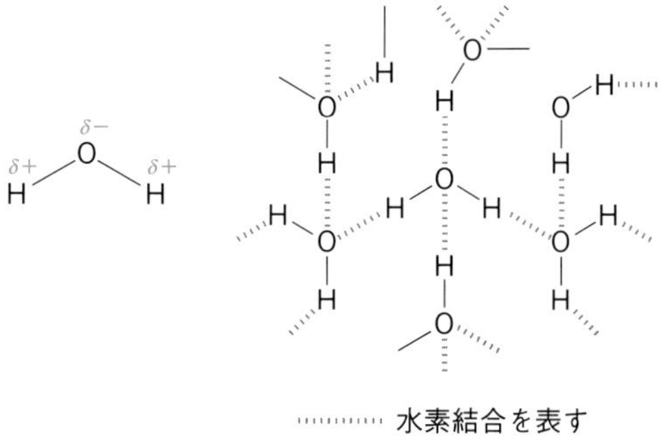

図4.12　水の分極と水素結合　　　　　　　　············ 水素結合を表す

水素結合　hydrogen bond

*23　すべての結合はその結合に特有な結合解離エネルギーをもつ。7.2 節を参照してほしい。

*24　C_2H_6O の分子式をもつものにエタノールとジメチルエーテルがある（図4.3）。エタノールの沸点は 78.3 ℃ であるのに対し、ジメチルエーテルのそれは −23.6 ℃ である。

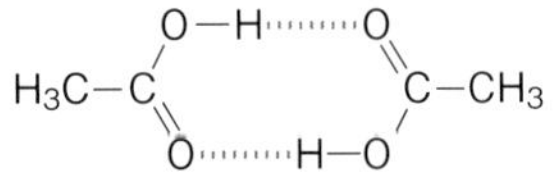

酢酸
分子間水素結合

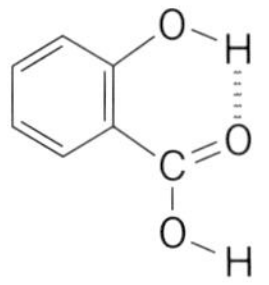

サリチル酸
分子内水素結合

図 4.13　酢酸とサリチル酸における分子結合

溶解　dissolution

*25　ここで、拡散した Na^+ と Cl^- が再びイオン結合を形成して固体に戻るのであろうか。Na^+ と Cl^- の周りに充分な水分子が存在していれば、これらのイオンは互いに出会う確率よりも、溶媒として用いた数多くの水分子に囲まれた確率が高くなる。

水和　hydration

性度の大きな原子と静電的な引力によって結合を生じる。これが**水素結合**である。水素結合の結合エネルギーは $10\ kJ\ mol^{-1}$ 程度であり、共有結合やイオン結合と比べると弱い結合であるが、化合物の性質を決める重要な役割を果たしている[*23]。水分子を例に水素結合を説明しよう（**図4.12**）。

　水はほかの物質と比べて極めて特異な物理的性質をもっている。一般に沸点は分子量が大きいほど高くなる傾向を示すが、水と同じくらいの分子量をもつアンモニア（NH_3；沸点 −33 ℃）やメタン（CH_4；−162 ℃）と比べ、水の沸点は 100 ℃ と異常に高い値を示す。これは、水分子間で水素結合を形成し、実際の分子量よりも大きくなったためと解釈することができる。このような水素結合は水分子に限定されるものではなく、アルコール分子なども水素結合を形成することにより、同じ程度の分子量をもつ化合物よりも沸点が高くなる傾向を示す[*24]。

　そのほかにも様々な化合物が水素結合を形成することが知られている。例えば、酢酸は互いに水素結合し、二量体を形成する。この酢酸の水素結合は分子間での水素結合であるが、鎮痛剤の原料となるサリチル酸は分子内で水素結合を形成する（**図4.13**）。

　水素結合は弱い結合であるが、化学物質が関係する様々な現象のみならず、生体分子内でも重要な働きをしている。その一つの例として、塩化ナトリウムが水に溶ける現象に着目しよう。

　1.5 節で述べたように、塩化ナトリウムはナトリウムイオンと塩化物イオンが静電的な相互作用によりイオン結合を形成し、安定な化合物である。このようにイオン結合した化合物（イオン結晶）は水に**溶解**するものが多い。水に溶解するという現象を説明しよう（**図4.14**）。

　固体の NaCl を水に入れると、固体の表面から Na^+ と Cl^- がばらばらになって（イオンとして）水中に拡散していく[*25]。このとき、Na^+ イオンは水分子の酸素原子と、Cl^- イオンは水分子の水素原子と静電的な相互作用をすることができ、その結果、**水和**と呼ばれる現象が起こる。水和することにより、NaCl はイオンとして水中に拡散していくことになり、溶解が進行するのである。イオン結晶は陽イオンと陰イオンとが静電的な引力によ

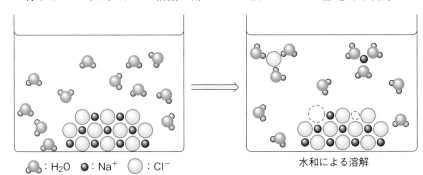

　　　: H_2O　●: Na^+　○: Cl^-　　　　　　　水和による溶解

図 4.14　塩化ナトリウムの溶解モデル

り強く結合している。このイオン結合よりも，水和による安定化の効果の方が大きい場合，イオン結晶は溶解する[26]。

*26 水和による安定化が見込めないイオン結晶は水には溶解しにくい。炭酸カルシウム $CaCO_3$ や硫酸バリウム $BaSO_4$ は非常に安定なイオン結合を形成するため，水に対する溶解性は低い。

4.3 酸と塩基

水素結合で見てきたように，物質の形成やその形の変化（溶解など）には，電気的な偏りに基づく分子間（あるいは分子内）での相互作用が重要な役割を担っている。そこで，この節では物質の電気的な性質に由来する**酸と塩基**について見ていくことにしよう。

酸　acid

塩基　base

4.3.1 酸と塩基の定義

酸と塩基の定義は，① アレニウスによるもの，② ブレンステッドによるもの，③ ルイスによるもの，と三つに大別することができる。これらの違いについて見てみよう。

アレニウスの定義では，酸は水溶液中で水素イオン H^+ を与える物質であり，塩基は水溶液中で水酸化物イオン OH^- を与える物質である。この定義によれば，塩酸は H^+ を与えるから酸であり，水酸化ナトリウムは水溶液中で OH^- を与えるので塩基である[27]。しかし，この定義が一般的に用いられることは少ない。対応する化合物が限られるからである。

ブレンステッドの定義では，酸は水素イオン H^+ を与える物質であり，塩基は水素イオン H^+ を受け取る物質である。これについて説明する。

塩化水素（HCl）をアンモニア（NH_3）に通すと，次の反応が容易に進行する。

$$HCl + NH_3 \longrightarrow NH_4^+ + Cl^-$$

塩化水素は H^+ を与える物質であるから，アレニウスの定義からも明らかなように酸である。アンモニアは先にも述べたように窒素上に非共有電子対をもつ化合物であり，この非共有電子対を H^+ に提供することによりアンモニウムイオン（NH_4^+）[28]を生成する。アンモニアは H^+ を受け取ることができる物質であるので，ブレンステッドの定義によると塩基となる。

次に水が関与する反応を見ることにしよう。塩化水素と水の反応は次式のとおりである。

$$HCl + H_2O \longrightarrow H_3O^+ + Cl^-$$

この反応では，水は塩化水素から H^+ を受け取る物質であるので，塩基として作用している。一方，アンモニアと水の反応は次式になる。

$$NH_3 + H_2O \longrightarrow NH_4^+ + OH^-$$

ここでは水は H^+ を提供する物質として働いているので酸である。すなわち，ブレンステッドの定義では，水は酸にも塩基にもなりうることに注意が必要である。また，それぞれの反応の右辺に注目すると，H_3O^+ は H^+ を

アレニウス　Arrhenius, S.

ブレンステッド　Brønsted, J.

ルイス　Lewis, G.

*27 塩酸は塩化水素（ガス）の水溶液である。

*28 アンモニウムイオンについては3.3.1 項参照。

第4章

放出して元の水に戻ることができる。一方，Cl^- は H^+ を受け取って HCl に戻ることができると考えられる。このとき，H_3O^+ は酸であり，Cl^- は塩基であるとみなすことができる。このような関係にあるとき，H_3O^+ は H_2O の**共役酸**と呼び，Cl^- は HCl の**共役塩基**と呼ぶ。

共役酸　conjugate acid
共役塩基　conjugate base

ルイスの定義は，H^+ の授受を伴わない場合でも成立する定義である。ここで非共有電子対に着目すると，電子対を受け入れることができる物質を**ルイス酸**といい，電子対を供与することができる物質を**ルイス塩基**という。ルイス酸とルイス塩基の具体例を次に示す。

ルイス酸　Lewis acid
ルイス塩基　Lewis base

13族元素であるホウ素は，周期表で炭素の左隣に位置する元素である。そのため，ホウ素の電子配置は $[He]\,2s^2\,2p^1$ であり，炭素よりも一つ電子が少ない。炭素は最外殻に四つの電子を有しており，sp^3 混成軌道に四つの水素と共有結合を形成することによりメタン分子となる[*29]。ホウ素は最外殻に電子が三つしか存在しないので，三つの水素と共有結合を形成する（BH_3：ボラン[*30]）。このとき，ホウ素周りの電子は6個しかなく，ボランのホウ素は電子不足な化合物であり，空の p 軌道を有する。このボランとアンモニア（NH_3）が反応すると，アンモニアの窒素上の非共有電子対をボランのホウ素（空の p 軌道）に供与することにより H_3B-NH_3 化合物が生成する[*31]（**図4.15**）。このとき，BH_3 をルイス酸，NH_3 をルイス塩基という。

[*29]　2.2節を参照。

[*30]　ホウ素は 2s 軌道と 2p 軌道に収容された3個の電子を用いて結合を形成するため，sp^2 混成軌道を用いて化合物を形成することに注意する。

[*31]　アンモニアボランは分子中に含まれる水素の割合が高いことから，水素貯蔵材料としての利用が期待されている。

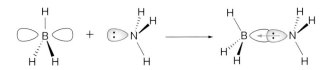

空 p 軌道の存在　　非共有電子対の存在
図4.15　ボランとアンモニアの反応

錯イオン　complex ion
錯体　complex

金属イオンと有機化合物（配位子）から構成される**錯イオン**（**錯体**）も，ルイス酸とルイス塩基からなる化合物であるとみなすことができる。すなわち，金属は配位子の電子を受け入れることで錯体を形成するため，金属がルイス酸，配位子がルイス塩基として作用している。

4.3.2　酸と塩基の強さ

プロトン H^+ を与える能力は酸によって違いがある。酸がプロトンを提供しやすいほど，強い酸である。水溶液中におけるある特定の酸 HA の強さは，酸解離平衡の平衡定数 K_{eq} を用いて表すことができる。

$$HA + H_2O \rightleftharpoons A^- + H_3O^+$$

$$K_{eq} = \frac{[A^-][H_3O^+]}{[HA][H_2O]}$$

溶媒である H_2O の濃度は基本的に一定なので，上式は**酸性度定数**[*32] K_a と呼ばれる新たな平衡定数として次のように定義できる。

$$K_a = K_{eq}[H_2O] = \frac{[A^-][H_3O^+]}{[HA]}$$

酸性度定数　acidity constant
*32　酸解離定数とも呼ばれる。

強い酸は右に偏った平衡をもつので，大きな酸性度定数をもつことになる。酸の K_a 値は非常に広い幅をもっており，H_2SO_4 や HNO_3，HCl のような無機酸の K_a 値は $10^2 \sim 10^9$ の範囲にあるが，有機酸の K_a 値は $10^{-5} \sim 10^{-15}$ の範囲にある。

酸の強さは K_a 値よりも pK_a 値で表される。ここで pK_a は K_a の常用対数に負の符号をつけたものである。

$$pK_a = -\log K_a$$

強い酸（大きい K_a）は小さい pK_a をもち，弱い酸（小さい K_a）は大きい pK_a をもつ。4.3.1 項で酸と塩基，共役塩基と共役酸の関係を述べたが，酸の強さとその共役塩基の強さとの間には逆の関係がある。すなわち，強い酸は容易にプロトンを提供し，弱い共役塩基を生成する。一方，強い塩基は容易にプロトンを受け取り，弱い共役酸を生成する[*33]。

*33　塩基の強さは 8.3.4 項で述べる。

4.4　多様な物質

世の中には多様な化合物（物質）が存在する。これらの物質は，いろいろな元素が様々な形で結合することにより異なる性質をもつことになる。ここでは，小さな分子が結合を作ることによって大きな分子になることを理解しよう。

エチレンの炭素－炭素二重結合は一つの σ 結合と π 結合から形成されていることはすでに述べた[*34]。エチレンの π 結合は反応性の高い結合であり，例えば，オレンジ色をした臭素水に充分な量のエチレンガスを通すと無色透明の液体になる。これは，エチレンと臭素が反応して無色のジブロモエタンが生成したためである（**図4.16**）。エチレンの π 結合を形成している電子は臭素との結合に利用され，新たに炭素－臭素結合が形成される。ここでは，エチレンの σ 結合は反応には関与しておらず，炭素と炭素の結合を維持するのに使われている。さらに，新しくできた炭素－臭素結合は σ 結合であることに注意してほしい。すなわち，π 電子を用いた結合形成

*34　3.3.2 項参照。

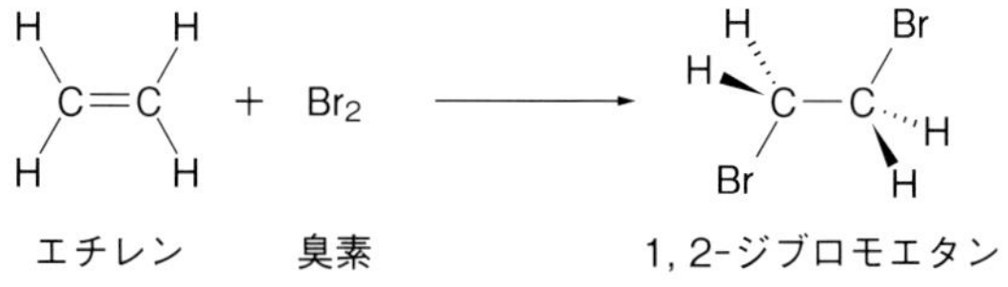

図4.16　エチレンと臭素との反応

でも，新しくできた結合がどのような結合様式であるかによって，結合の名称が変化するのである*35。さらに，反応前（エチレン）の炭素原子はsp^2混成であったが，反応後の炭素原子はsp^3混成になっていることを確認してほしい。

　一方，エチレンと反応する相手が別のエチレンであればポリエチレンが生成することになる。高分子化合物の合成については9.4節で紹介するが，ここでは，エチレンがπ結合を使って別のエチレンとの結合を形成したと考えてみよう（**図4.17**）。この場合でも，エチレンのσ結合は自身の炭素－炭素結合を維持するのに使われたままである。エチレンがπ結合の電子を使って隣のエチレン*36と結合を形成する反応が繰り返されてポリエチレンが生成する。臭素の反応でも述べたように，新しくできた炭素－炭素結合はσ結合であり，炭素原子の混成はsp^2からsp^3混成に変化している。反応性の高いπ結合が安定なσ結合を形成することにより高分子化合物へと変化するのである。

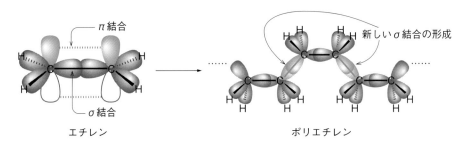

図4.17　エチレンの重合反応：ポリエチレンの生成

　ポリエチレンのように新たに共有結合を形成して大きな分子を構築する場合があるのに対し，水素結合などの弱い結合により大きな物質（塊）を形成することもある。先にも説明したように，水は水素と酸素からなる簡単な分子であるが，水素結合を介して特異な性質を示すようになる。強固な共有結合だけでなく，弱い結合を用いた分子間の相互作用により，物質は単体では発現しないような性質を示すことがある。非常に興味深い現象である。

Drop-in　ステレオ図

　化学物質には平面構造を有する化合物もあるが，多くの場合，三次元的な立体構造を有している。化合物の構造を正確に理解することは，その物質の性質を理解することにもつながる。この目的のために，分子構造模型のセットが販売されているので，これらの模型を活用して分子の立体構造を実感してほしい。

　一方，紙面上に描かれた左右一対の図から分子の三次元的構造を正確に見ることのできる優れた方法がある。これはステレオ図と呼ばれる。分子のステレオ図を描くためには専門のソフトを利用する必要

があるが，複雑な化合物の立体構造を示すのに最適な方法である。

　グルコースを例にステレオ図を示す。顔を画面に近づけ，右目で右の図，左目で左の図を見ながら，少しずつ顔を遠ざけて，左右の像が重なるように焦点を合わせると立体的に見える（平行法）（**図1**）。見えにくいときは図の中間の位置にスクリーンを立ててみると見やすくなる。**図2**は右目で左の図，左目で右の図を見ることで立体的に見える"クロスアイ"（交差法）の図である。交差法の方が見やすい人もいる。

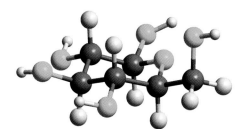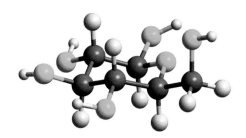

図1　グルコースのステレオ図（平行法）

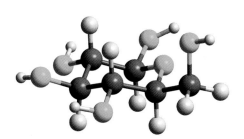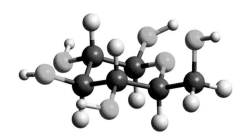

図2　グルコースのステレオ図（交差法）

章末問題

4.1 クロロホルム $CHCl_3$ とエタン C_2H_6 の構造を破線－くさび形表記法を用いて書け。

4.2 次の分子式で表される化合物それぞれの異性体を書け。

    (a) C_4H_{10}　　(b) C_3H_9N

4.3 分子式 C_6H_{14} のアルカンには五種類の異性体が考えられる。その五つの異性体を書け。

4.4 身の回りにあるキラルな物体を挙げよ。

4.5 次の各組でカーン-インゴールド-プレローグ則（CIP 則）の優先順位が高いのはそれぞれどちらか。

    (a) $-Cl$ と $-Br$　　(b) $-CH_3$ と $-CH_2OH$　　(c) $-NH_2$ と $-OH$　　(d) $-CH_2OH$ と $-CHO$

4.6 次の各分子のキラル中心の R,S 配置を決定せよ。

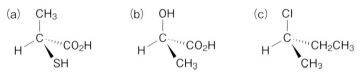

4.7 水に溶ける物質を親水性，水に溶けない物質を疎水性という。疎水性物質は有機溶媒に溶ける。ビタミン A とビタミン C は親水性であるか疎水性であるか判断せよ。

ビタミン A（レチノール）　　　　ビタミン C（アスコルビン酸）

4.8 アルコールは水と同じように酸としても塩基としても作用する。メタノール CH_3OH と，強酸である HCl，および強塩基である $Na^+NH_2^-$ との反応式を記せ。

    (a)　$CH_3OH + HCl \longrightarrow$

    (b)　$CH_3OH + Na^+NH_2^- \longrightarrow$

4.9 エチレンの一つの水素がメチル基に置き換わった化合物をプロピレン（IUPAC 名はプロペン）という。プロピレンの重合反応により生成するポリプロピレンの構造について考察せよ。

4.10 炭素－炭素三重結合をもつアセチレン（$HC\equiv CH$）の重合反応により生成するポリアセチレンの構造式を示せ。

第5章 物質の性質

　一般に，物質は固体や液体，気体の状態として存在する。さらに，物質には無色のものや着色しているもの，電気を通すものや通さないものなどもある。これらの性質はどのようにして発現されるのだろうか。また，物質間での電子の授受は酸化・還元と呼ばれる一対の反応であり，化学反応を理解するうえで酸化・還元は重要な役割を担う。本章では物質にかかわる自然の法則に焦点を当てて，物質の素顔を明らかにしていこう。

5.1 物質の三態と状態図

5.1.1 物質の三態：固体・液体・気体

　物質は，三態と呼ばれる**固体**，**液体**そして**気体**の状態として存在する。これらの状態は温度によって変化する。このような状態変化を**相変化**（または**相転移**）という。それぞれの状態間の変化（相変化）を**図5.1**に示す。水を例にとると，固体と液体，液体と気体の間での状態変化は，それぞれ氷と水，水と水蒸気の変化に相当するものであるから理解しやすい。固体から液体になる相変化を**融解**といい，逆は**凝固**という。液体から気体への相変化は**蒸発**であり，その逆は**凝縮**という。固体から気体，あるいは気体から固体への相変化は**昇華**という[*1]。氷が水の状態を経ずに水蒸気に変化する様子は想像しにくいかもしれないが，後で述べるように，ある条件では氷と水蒸気(気体)の間の相変化が起こる。

　昇華により状態変化を起こす物質の代表例としてはドライアイスを挙げることができる。ドライアイスは二酸化炭素が固体になったものである。ドライアイス以外にも，ヨウ素やナフタレン，樟脳（しょうのう）なども昇華性を示す物質である[*2]。

　常温で気体の二酸化炭素は，$-78℃$ の低温では固体になる。これがドライアイスである。このような低温では，二酸化炭素の分子どうしの間に働く力（**分子間力**）によって固体の状態をとることができる。この分子間力は分子間の距離が小さくなるにつれて非常に大きくなるため，固体状態では大きな分子間力が働き，密に詰まった状態になっている。

　固体では，分子間力によって結合を形成し，その結果，分子は平衡位置に固定されている。熱エネルギーによる振動などのために，分子がその平衡位置から多少ずれることはあっても，大きく移動するようなことはない。その結果，固体は一定の形と体積をもち，圧力を変えても大きく変形することは稀である。ここで，分子が規則正しく周期的に配列した固体を**結晶**といい，周期構造をとらない固体を**非晶質**（アモルファス）または**ガラス状態**という。

物質の三態　three states of matter
固体　solid
液体　liquid
気体　gas
相変化　phase change
相転移　phase transition

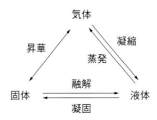

図 5.1　物質の状態変化（相変化）

融解　fusion または melting
凝固　freezing または solidification
蒸発　evaporation
凝縮　condensation
昇華　sublimation

[*1] 気体から固体への相変化を，昇華ではなく「凝華」という用語を用いて区別することが提案されている。英語表記では deposition, condensation, desublimation などが用いられる。

ナフタレン　　樟脳

[*2] 樟脳は衣類の防虫剤として利用されている。樟脳のもつ昇華性が防虫効果の持続性に寄与しているのである。

分子間力　intermolecular force
結晶　crystal
非晶質　amorphous
ガラス状態　glass state

分子が規則正しく配列する固体は，一般に，液体や気体に比べて密度は大きくなる傾向を示す。しかし水は例外である。氷は水に浮くことをご存じだと思うが，これは，氷は水よりも密度（比重）が小さいことを示している。この水の特異な性質は，そのことが地球上の生命体の活動を支えているといって過言ではない。すなわち，池や湖で氷ができるときはその表面を氷が覆うことになり，池や湖全体が凍りついてしまうことは稀である。そのため，水生の生物が死滅せずに生きていけるのである*3。

液体では，分子間の距離は固体の場合とそれほど大きな差はないが，各分子はかなりの自由度をもっているため移動することができ，相対的な位置を変化させることが可能である。そのため，液体は流動性を示し，形は不定で自由に変化するが，固体の体積とほとんど同じ一定の体積を維持することができる。代表的な液体である水は，われわれの住む地球表面の四分の三を覆っている*4。また，臭素や水銀も常温で液体であるが，水とは異なり，天然には単体として存在することはない。液体を構成する分子の間に働く力による現象の一つとして，**表面張力**を次に紹介しておく。

液体を構成する分子は，気体と異なり相互に接近しているため強い力で引き合っている。液体内部においても，分子はあらゆる方向から互いに同等の力で引き合っていると考えられる。表面の液体は気体との境界にあるため，内部にある分子とは異なる働きをすることになる。水の場合は，表面の分子は内部に入ろうとする傾向を示すため，全体としてできるだけその表面積を小さくしようとする。例えば，水滴が球状になろうとするのは表面積を小さくしようとするからである。このように，表面積を最小にしようとして引っ張り合う力のことを表面張力という。

化学の実験で，液体の体積を量り取ったことはあるだろうか。このような目的のためによく用いられるガラス器具として**メスシリンダー**がある。メスシリンダーに入れた液体の体積を読み取る場合，液面は凹面になった液体の底の部分を読み取るように教わったと思う（**図 5.2**）。この凹面状のことを**メニスカス**（三日月の意味）という。このような形状をとる原因は，液体分子とガラス表面の間に働く表面張力である。

固体や液体に比べ，気体状態では分子間の距離は極端に大きく，同じ物質量でも体積は非常に大きなものとなる。例えば水や氷は 1 mol で 18 cm³程度の体積であるが，水蒸気では, 100 ℃, 1 気圧で 3.1×10^4 cm³ と約 1700倍になる。この結果，気体の密度は固体や液体よりも非常に小さくなり，各分子の運動は極めて激しく自由に飛び回ることができるため，気体の体積は温度に応じて自由に変化する。

5.1.2　物質の状態図
先に述べたように，温度を変化させることにより固体，液体，気体とそ

---

*3　物質としての水の特性ではないが，一般に，ある物質を溶かした溶液の凝固点は純溶媒の凝固点より低くなる。この現象を**凝固点降下**（freezing-point depression）という。その一例として，氷に食塩を混ぜることで −20 ℃ 程度まで冷却することが可能となる。

*4　水以外で自然界に多量に存在する液体としては石油を挙げることができる。

表面張力　surface tension

メスシリンダー
measuring cylinder
（語源はドイツ語の
Messzylinder）

メニスカスの
底部を読みとる

図 5.2　メスシリンダーでの秤量

メニスカス　meniscus

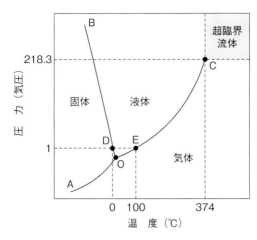

図 5.3 閉鎖系での水の状態図（模式図）

の状態は変化する。状態は温度だけでなく圧力によっても変化する。物質の温度と圧力による状態の関係を表したものを**状態図**という。水の三つの状態間の変化を温度と圧力の関数として表した状態図を例に，具体的に見ていくことにしよう。

図 5.3 には，閉鎖系での水の状態間の変化を温度と圧力を変えて測定したものの模式図を示す。曲線 OC は水（液体）と水蒸気（気体）が共存している平衡状態を示す蒸気圧曲線と呼ばれるものである。曲線 OB は氷（固体）と水（液体）が平衡状態にあるので融解曲線と呼ばれる。曲線 OA は氷（固体）と水蒸気（気体）が平衡状態にあるので昇華曲線である。

1 気圧を示す横線と曲線 OB（融解曲線）とが交わる D 点は**融点**を示す。水の融点は 0 ℃（273.15 K）である[*5]。この横線（1 気圧）と曲線 OC（蒸気圧曲線）と交わる E 点は**沸点**に相当する。1 気圧での水の沸点は 100 ℃である。ここで三つの曲線が交わる O 点では，固体と液体，気体の三つの状態が存在する平衡状態にある。この O 点を**三重点**という。水の場合，密閉系で 0.01 ℃，0.006 気圧にすると氷と水と水蒸気が共存している状態になる。

また，C 点は**臨界点**といって，この点を超えると液体と気体の区別がなくなる状態となる。すなわち，臨界点は気体と液体の相平衡が起こりうる温度および圧力の上限を指す。臨界点を超えた条件下では，さらに加圧しても気体は液体にはならないし，どんなに加熱しても液体は沸騰しないのである。

臨界点を超えた条件下で存在する物質のことを**超臨界流体**といい，特異な溶媒として活用されている。例えば，常温・常圧付近での通常の水は，イオン性の無機物をよく溶かし，極性の小さな有機物は溶かさない（混合しない）という性質を有している。しかし，超臨界水になると，通常の水の性質は大きく逆転し，有機物はよく溶かすが無機物は溶かさない溶媒に

状態図 phase diagram

融点 melting point

[*5] −273.15 ℃（0 K）より低い温度は存在しない。この温度を絶対零度といい，絶対零度を原点として，セルシウス温度と同じ目盛りの間隔で表した温度を絶対温度といって，単位記号 K（ケルビン）を用いて表す。絶対温度 T（K）とセルシウス温度 t（℃）の間には次の関係がある。
$$T = t + 273.15$$

沸点 boiling point

三重点 triple point

臨界点 critical point

超臨界流体 supercritical fluid

第5章

変化することが知られている[*6]。

高い山に登ると水の沸点が低くなるという話を聞いたことはないだろうか。状態図の OC 曲線（蒸気圧曲線）に注目してみると，先にも述べたように，OC 曲線と１気圧の横線との交点である E 点が水の沸点（100 ℃）である。高い山を登っていくにつれて気圧が下がる。そこで図 5.3 の状態図において，１気圧より低い気圧（圧力）のときの OC 曲線との交点は左側にずれることになる。このことは沸点が下がることを示している。一般に，1000 m 高くなるごとに水の沸点は約 3 ℃ 下がる[*7]。

*6　超臨界水のこのような性質を利用した有機反応が開発されるとともに，ダイオキシンなどの有害物質の分解（無毒化）にも利用されている。

*7　富士山の山頂では水の沸点が下がるため，例えばおいしいご飯を炊くことは難しい。

5.1.3　プラズマ

プラズマ　plasma

この節の最後に，**プラズマ**について紹介しておこう。プラズマとは，一般に電離した気体を指す。通常の気体を構成する中性分子が電離し，正の電荷をもつイオンと負の電荷をもつ電子とに分かれて自由に飛び回っている。全体としては電気的に中性な物質であるが，構成粒子が電荷をもつため，粒子の運動はそれ自身が作り出す電磁場と相互作用を及ぼし合い，通常の気体とは異なる性質を示すようになる。身近な例としては，蛍光灯の内部にあるガス状の水銀はプラズマになっている。プラズマは，固体，液体，気体に続く物質の第四の状態として認識されるようになってきたことから，これらを合わせて物質の四態と呼ばれることがある。

5.2　光と色：電子の励起

もし太陽がなかったら，われわれの生活はどうなるであろうか。太陽が非常に重要であることは言うまでもない。この節では，太陽とかかわりの深い光と色の関係について学ぶことにしよう。

光　light

電磁波　electromagnetic wave

可視光線　visible light

紫外光（紫外線）　ultraviolet radiation

赤外光（赤外線）　infrared radiation

X 線　X-ray

γ 線　γ-ray

マイクロ波　microwave

光は**電磁波**の一種であり，その波長によって性質が異なるとともに名前が付けられている。**図 5.4** には電磁波の波長による名称をまとめ，合わせて電磁波が原子や分子に及ぼす影響も示しておく。

図 5.4 に示したように様々な波長の光があるが，このうちわれわれの目に見えるものは波長が 380 ～ 780 nm の範囲にある**可視光線**である。可視光線よりも波長の短い光を**紫外光**（**紫外線**），波長の長い光を**赤外光**（**赤外線**）といい，われわれの目には見えない光である。通常，光の種類はその波長によって区別し，可視光線よりも波長の短い光である紫外線，**X 線**，**γ 線**はエネルギーの大きな光である。一方，波長が長くなる赤外線や**マイクロ波**はエネルギーが小さい光である。ここで，電磁波のエネルギー E と波長 λ の関係を紹介しておこう（左の式参照）。この関係式を見てわかるように，電磁波の波長が長く（値が大きく）なればエネルギーは小さくなり，波長が短くなればエネルギーは大きくなる。

$$\Delta E = h\nu = \frac{hc}{\lambda}$$

h：プランク定数
ν：振動数
c：真空中の光速
λ：電磁波の波長

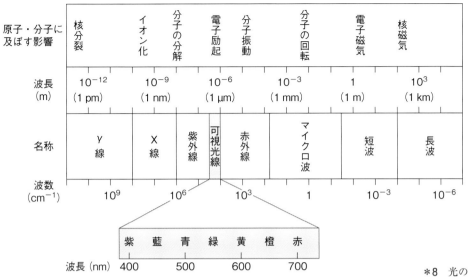

図 5.4 電磁波の種類とその波長

第5章

われわれが目にする物質には着色しているものが多い。光の三原色である赤（red, R），緑（green, G）そして青（blue, B）を適当な割合で足し合わせることにより，あらゆる光の色を表現することができる。この原理を応用して，パソコンやテレビのモニターの色を作り出している。可視光線のすべての波長の光が同じ強さで混じった場合，人はこれを白いと感じる。これが普段見ている白色光である。白色光は様々な波長の光が入り混じった複合的な光であるといえる*8。ここで，物質が着色する理由について説明しよう。ある物質に白色光が当たったとき，ある特定の波長の光がその物体に含まれる物質に吸収され，吸収されずに残った波長の光が反射されて目に入ることにより，その物質の色として認識することになる。この場合，反射されて見える光の色を，吸収された光の色の**補色**という。**図5.5**に，吸収される光の色と反射される光の色（目に見える色と補色）の関係を示したカラーサークルを示す。サークルの外に記載した数字は光の波長を表している。例えば，白色光（可視光線）から 600 nm 程度の波長の光が吸収された場合，カラーサークル内の反対側に位置する色である緑青色（あるいは青緑色）として認識される。次に，物質によって光が吸収される理由について見ていくことにしよう。

高校の化学では，化学結合の一つである配位結合に関する説明の中で**錯イオン**が登場する。どの教科書にも，四つのアンモニア分子が銅に結合したテトラアンミン銅（Ⅱ）イオン*9 はきれいな青色を呈することが紹介されている。銅は遷移金属元素の一つであり，遷移金属元素とその金属元素に結合する有機物（**配位子**という）からなる化合物を**錯体**（あるいは**金属錯体**）という。この銅（Ⅱ）イオンに可視光線（電磁波）を当てると，銅イオ

*8 光の三原色との対比で，色の三原色がある。色の三原色はシアン（青緑），マゼンタ（赤紫），イエロー（黄）で，この三色を混ぜることによりすべての色を表現することができる。三原色すべてを均等に混ぜた場合は黒色になる。

補色 complementary color

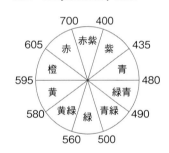

図 5.5 カラーサークル

錯イオン complex ion

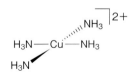

テトラアンミン銅（Ⅱ）イオン

*9 アンモニア分子が金属に配位すると "アンミン" という名称に変化する。これ以外にも，水は "アクア"，一酸化炭素は "カルボニル" という名称になる。

配位子 ligand

（金属）錯体 （metal) complex

ン中のd軌道などの電子が励起され[10]，エネルギーの高い軌道へ遷移する。このとき，両軌道間のエネルギー差に相当するエネルギーの電磁波が吸収されるため，その補色が着色となって観測されるのである。テトラアンミン銅（Ⅱ）イオンが青色を呈するのは，590 nm程度の波長の光が吸収されたことを意味している[11]。

宝石などの装飾品は，ごく微量の不純物として遷移金属の酸化物を含んでいることが多い。これらの遷移金属化合物が可視光線のうちのある波長の光を吸収するため鮮やかな色を呈する。また，遷移金属元素を含まない有機化合物においても着色した物質が存在している。有機化合物の着色も原理は同じで，化合物内の電子遷移に基づく光の吸収によるものである。

5.3 電気伝導性：電子の移動（電子の流れ）

前節で述べたように，光と色の間には電子が重要な役割を果たしている。この節では，電子が関係する物質の性質として**電気伝導性**を取り上げることにしよう。ある物質が電気を通したり通さなかったりする性質は，どのような原理に基づいているのであろうか。

電気を通す物質として即座に思いつくものは金属である。**黒鉛（グラファイト）**も電気を通す物質であるが，黒鉛の同素体である**ダイヤモンド**は電気を通さない。電気を通す物質は実はわずかであって，金属以外のほとんどの物質は電気を通さない。

金属に電圧をかける（金属の一端から電子を流し込もうとする）と，金属内に存在する自由電子が逆方向に向かって動き出すことによって電流が流れる[12]。自由電子として移動することが可能な電子を有している物質は，電気を通すことができる物質であると考えることができる。

黒鉛ではどの電子が動くことができるのであろうか。ダイヤモンドは，それを構成する炭素原子がsp^3混成軌道を使って結合することで四面体構造を有し，その炭素原子が無限につながった構造である。そのため，炭素の周りのすべての電子はダイヤモンドの炭素－炭素結合を形成するために使われている。これらの電子は自由に動くことはできないため電気は流れない。一方，黒鉛を構成する炭素原子はsp^2混成軌道を使って平面状の化合物を形作る。混成に参加していないp軌道に残された電子はπ結合を形成するが，π結合電子は黒鉛上に**非局在化**するため，移動可能な電子として機能する（**図5.6**）。そのため，黒鉛は電気を通す物質となるのである。

炭素原子のみから構成される黒鉛は金属を含んでいない物質である。黒鉛を有機化合物の仲間と考えるかはさておき，黒鉛の化学構造と電気伝導性の関係が示唆することは，金属を含まない有機化合物でも，π電子が非局在化できるような大きなπ共役系を有する化合物であれば，電気を通す

電気伝導性 electric conductivity

黒鉛（グラファイト） graphite
ダイヤモンド diamond

非局在化 delocalization

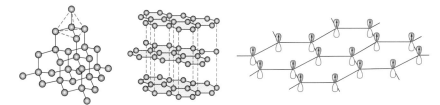

ダイヤモンド　　　黒鉛（グラファイト）　　　黒鉛上に存在する共役したπ電子
（◯は炭素原子）

図 5.6　ダイヤモンドと黒鉛（グラファイト）の結晶構造と黒鉛の共役π電子

物質になることが期待できるということである[13]。

　有機化合物は金属に比べ密度が小さいことから軽量化することができ，高分子化合物であれば加工性の向上も期待できる。電気を通すプラスチックの開発は，家電製品や電子機器の小型・軽量化に寄与し，われわれの生活に大きな恩恵をもたらしてくれているのである。

[13]　電気を通すプラスチックとしてポリアセチレンを挙げることができる。この研究により，2000年，白川英樹博士らにノーベル化学賞が授与された。詳細については13.2.2項で紹介する。

第5章

5.4　酸化と還元：電子の授受

5.4.1　酸化還元反応

　物質の性質を理解するためにはその物質に含まれている電子を理解しなくてはならないことを述べてきた。光エネルギーの吸収による電子の励起は化合物の色を決める。電子の移動が可能であれば電気を通す物質として利用できる。ここでは電子のもつ三つ目の役割として，電子の授受が関係する酸化と還元について学ぶことにしよう。

　物質が酸素と反応して酸素を含む化合物に変化したとき，その物質は「**酸化された**」といい，こうした化学変化を「**酸化**」と呼ぶ。例えば，炭素の粉末が燃えて二酸化炭素が生成する反応や，水素が燃えて水が生成する反応では，炭素や水素が酸化されて対応する化合物を与えたことになる。

酸化　oxidation

$$C + O_2 \longrightarrow CO_2$$
$$2\,H_2 + O_2 \longrightarrow 2\,H_2O$$

物質の燃焼だけが酸化ではない。例えば，鉄が酸素にさらされて錆びる反応や，エタノールが発酵により酢酸に変化する反応も酸化である。

$$4\,Fe + 3\,O_2 \longrightarrow 2\,Fe_2O_3$$
酸化鉄（Ⅲ）

$$CH_3CH_2OH + O_2 \longrightarrow CH_3COOH + \frac{1}{2}\,H_2O$$
エタノール　　　　　　　　　酢酸

　酸化鉄（Ⅲ）（Fe_2O_3）を主成分とする赤鉄鉱は鉄を含むありふれた鉱石で，これをコークス（炭素／C）とともに高温で反応させると鉄（Fe）になる。このように，酸化物である酸化鉄（Ⅲ）が鉄になる反応は，酸素が取り

除かれる反応であることから，酸化鉄 (Ⅲ) は「**還元された**」といい，こうした化学変化を「**還元**」と呼ぶ。この反応は工業的な鉄の製錬に用いられている。

還元　reduction

$$2\,Fe_2O_3 \;+\; 3\,C \;\longrightarrow\; 4\,Fe \;+\; 3\,CO_2$$
赤鉄鉱　　　コークス

　この反応で注目してほしいことは，赤鉄鉱 (酸化鉄 (Ⅲ)) は鉄に還元されたのであるが，コークス (炭素) に注目すると，反応後は二酸化炭素に変化している。すなわち，コークス (炭素) は酸化されたのである。このように，ある物質が還元される (あるいは酸化される) のに伴って，必ず酸化される (あるいは還元される) 物質が存在する。つまり，酸化と還元は一対の反応として起こっているのである。このような反応全体を**酸化還元反応**と呼ぶ。

酸化還元反応
oxidation-reduction reaction
または redox reaction

　かつては，酸化とは物質が酸素と結合することを意味し，逆に酸化物から酸素を取り除くことを還元と定義していた。しかし化学の発展により，酸化反応や還元反応は多くの現象に関係していることがわかってきた。中でも，酸化還元反応が物質間の電子のやり取りと関連していることが明らかにされた。電子のやり取りは原子あるいは分子 (ときにはこれらのイオン) の間で，一方が電子を出し，他方がその電子を受け取ることであることから，**電子移動反応**とも呼ばれる。電子の動きから酸化と還元を再定義することにしよう。

電子移動反応
electron transfer reaction

　金属マグネシウムと塩素から塩化マグネシウムが生成する反応を例に説明する。この化学反応式は次式のとおりである。

$$Mg \;+\; Cl_2 \;\longrightarrow\; MgCl_2$$

　1.5 節でも述べたように，金属マグネシウムの基底状態の電子配置は，ネオン型 ($1s^2\,2s^2\,2p^6 =$ [Ne]) に加え，3s 軌道に 2 個の電子が収容された電子配置である ([Ne] $3s^2$)。そのため，マグネシウムは 2 個の電子を放出してマグネシウムイオン Mg^{2+} になる。この反応は電子 (e^-) を用いて次のように記述される。

$$Mg \;\longrightarrow\; Mg^{2+} \;+\; 2\,e^-$$

一方，塩素 (基底状態の電子配置：[Ne] $3s^2\,3p^5$) は，電子を 1 個収容して安定な塩化物イオン(Cl^-)になる。

$$Cl_2 \;+\; 2\,e^- \;\longrightarrow\; 2\,Cl^-$$

電子を放出して生成したマグネシウムイオンは，マグネシウムが「酸化された」ものであり，電子を受け取って生成した塩化物イオンは，塩素が「還元された」ものである。このように，電子の放出を「酸化された」といい，電子を受け取ることを「還元された」と定義する。

　ここで，二つの反応において電子の流れがわかるようにまとめると次のようになる。

$$Mg \longrightarrow Mg^{2+} + 2e^-$$

$$Cl_2 + 2e^- \longrightarrow 2Cl^-$$

この反応式から，放出された電子の数は受け取った電子の数に等しいことがわかる。反応の全体で電子の増減がないことに注意してほしい。また，電子の授受が起こらない反応は酸化還元反応とはいわない。例えば，酸・塩基の中和反応は，電子の授受を伴わないので酸化還元反応ではない。

マグネシウムと塩素の反応では，塩素の方が電子を受け入れる能力が高いことがわかる。すなわち，塩素は酸化力が強いということになる。このような物質を**電子受容体**または**酸化剤**と呼ぶ。一方，マグネシウムのように電子を放出しやすい物質は**電子供与体**または**還元剤**と呼ぶ。ここで注意しなくてはならない点は，酸化剤として働く塩素自身は還元され，還元剤として働くマグネシウム自身は酸化されているということである。

電子受容体 electron acceptor
酸化剤 oxidizing agent

電子供与体 electron donor
還元剤 reducing agent

5.4.2 原子の酸化数と有機化合物の酸化と還元

次に，酸化・還元に関連した項目として，原子の**酸化数**について簡単に触れておくことにしよう。酸化数とは，化合物中の原子の電荷が単体のとき（このときの電荷はゼロ）と比べてどの程度増減したかを示す値であり，イオン結合からなる化合物の場合は電荷の値が酸化数となる。酸化数は次の手順で決めることができる。

酸化数 oxidation number

1. 原子（単体）の酸化数は常にゼロ
2. 酸素の酸化数は -2〔ただし過酸化物（H_2O_2 など）では -1〕
3. 水素の酸化数は $+1$〔ただし金属水素化物（NaH など）では -1〕
4. 構成原子の酸化数の総和をその化合物（化学種）の正味の電荷に等しくなるようにする
5. 電荷をもたない化合物では，構成する原子の酸化数の総和は 0
6. 単原子イオンの酸化数はイオンの電荷に等しい
7. 多原子イオンの場合，構成原子の酸化数の総和はイオンの電荷に等しい
8. アルカリ金属（$+1$），アルカリ土類金属（$+2$）など，決まった酸化数になる原子もある

このルールに当てはめて，赤鉄鉱の主成分である Fe_2O_3 の鉄 Fe の酸化数を計算してみよう。酸素は -2 の寄与があり，この酸化鉄は電荷をもたない中性の化合物である。鉄の酸化数を x とすると，

第5章

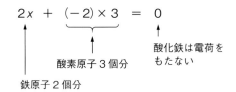

$$2x \ + \ (-2) \times 3 \ = \ 0$$

鉄原子 2 個分　　　　酸素原子 3 個分　　酸化鉄は電荷を
もたない

の式を書くことができ，ここから鉄の酸化数 (x) は 3 と計算できる。その
ため，Fe_2O_3 を「酸化鉄 (Ⅲ)」と書き，「(Ⅲ)」は鉄の酸化数を表す。

　最後に，有機化学で用いられる酸化・還元を紹介しておく。例えば，炭
素－炭素間に二重結合をもつアルケンは，パラジウムや白金などの金属触
媒の存在下に H_2 と反応して，二重結合に水素が付加したアルカン（飽和炭
化水素）を与える。この反応は，二重結合が水素化された（あるいは還元さ
れた）と表現する。有機化学は炭素に着目した化学であるので，炭素の電
子密度が増大するような反応を還元という。すなわち，炭素とそれより電
気陰性度が小さい原子（通常は水素）との間の結合生成，または炭素とそれ
より電気陰性度が大きい原子（通常は窒素や酸素，ハロゲン）との結合開裂
が起こった場合を還元という。一方，酸化は炭素の電子密度が減少するよ
うな場合であり，炭素とそれより電気陰性度が大きい原子（窒素や酸素，ハ
ロゲンなど）との間の結合生成をいう。また，炭素－水素結合の開裂も酸
化である[*14]。

*14　電気陰性度の表（表 3.1；
p. 30）参照。

還元：次の反応による炭素の電子密度の増大
　　　C－H 結合の生成
　　　C－N，C－O，C－X 結合などの開裂
酸化：次の反応による炭素の電子密度の減少
　　　C－N，C－O，C－X 結合などの生成
　　　C－H 結合の開裂

Drop-in　フリーズドライ

　フリーズドライとは真空凍結乾燥技術のことであ
り，単に凍結乾燥ともいう。フリーズドライは，水
を含んだ食品などを −30℃ 程度に急冷し凍結させ
た状態で真空状態にして水分を昇華させて乾燥させ
る技術であり，インスタントコーヒーやカップラー
メンなどのインスタント食品の製造に利用されてい

る。図 5.3 の状態図からもわかるように，三重点（図
の O 点）以下の温度，圧力では液体の水は存在でき
ず，温度の変化とともに氷が直接水蒸気になるとい
う性質を利用した乾燥法である。物質の性質を正し
く理解することで，私たちの生活を豊かにするため
の製造技術として活用されているのである。

章 末 問 題

5.1 結晶と非晶質の違いを説明せよ。

5.2 昇華により状態変化を起こす物質を答えよ。

5.3 常温・常圧で液体として存在することができる単体を答えよ。

5.4 物質の状態図において，三重点と臨界点を説明せよ。

5.5 大気圧のもとで，水が固体（氷），液体（水），気体（水蒸気）になるに伴い，体積はどのように変化するか説明せよ。

5.6 光の波長とエネルギーの関係を説明せよ。

5.7 青色を呈する物質がある。この物質が青色を呈する理由を述べよ。

5.8 黒鉛は電気を通すが，同じ構造をもつ窒化ホウ素（BN）は電気を通さない。この理由を説明せよ。

5.9 黒鉛の同素体であるダイヤモンドは電気を通さない。この理由を説明せよ。

5.10 酸化還元反応について，例を挙げて説明せよ。

第5章

物質を作る：物質合成デザイン

化合物Aと化合物Bから新たな化合物Cができる反応を考えてみよう。化合物Cが生成するためには，AとBそれぞれのある結合が開裂して新たに結合を形成する必要がある。結合の開裂と形成には電子が重要な役割を演じている。本章では，有機化合物を作るうえでの反応について，反応の種類と，電子がどのように働くことで生成物へと導かれるのかについて学んでいこう。さらに化合物を合成する際の指針となるグリーンケミストリーについても紹介する。

6.1　有機反応の種類：結合の開裂と形成

有機化学ではバラエティーに富んだ数多くの反応が知られており，それらは**付加，脱離，置換，転位**の四つのパターンに分類されている。反応において重要な役割を演じるのは電子である。電子の流れを理解することで，反応がどのように進行し，どのような生成物を与えるのかを推測（理解）することができる。そこで，本節では結合の切断と形成がどのようにして進行するのかについて見ていくことにしよう。

付加　addition

脱離　elimination

置換　substitution

転位　rearrangement

6.1.1　有機反応の種類

付加反応　addition reaction

付加反応は，二つの出発物質から生成物ができる際，用いた二つの出発物質がすべて生成物に含まれる反応である。例えば，エチレン（アルケン）と臭化水素からブロモエタン（ハロゲン化アルキル）ができる反応がある（**図6.1**）。

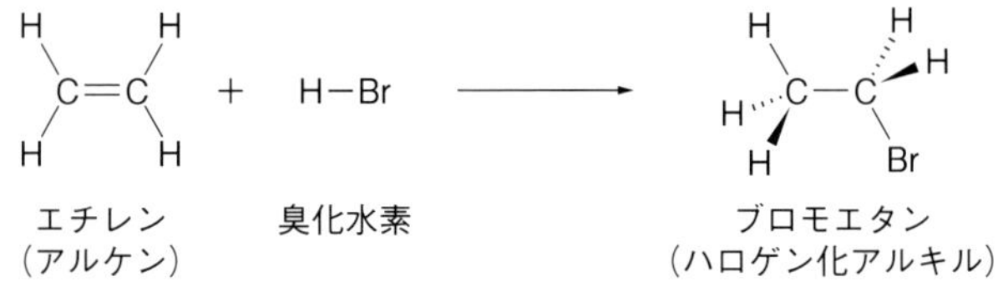

エチレン　　　　臭化水素　　　　　　　　　ブロモエタン
（アルケン）　　　　　　　　　　　　　　（ハロゲン化アルキル）

図6.1　付加反応の例

脱離反応　elimination reaction

脱離反応は付加反応の逆反応であり，一つの出発物質が二つの生成物を与える反応である。例えば，エタノール（アルコール）から水分子が脱離してエチレン（アルケン）を与える反応がある（**図6.2**）。

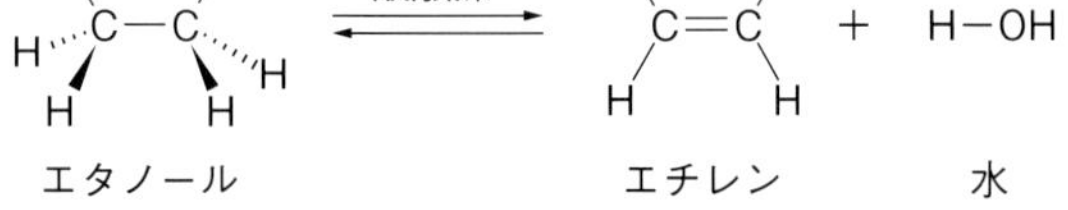

エタノール　　　　　　　　　　　エチレン　　　　　水

図6.2　脱離反応の例

置換反応　substitution reaction

置換反応は，二つの出発物質がそれぞれの一部を交換して二つの新しい

生成物を与える反応である。この反応の例として，エステル[*1]の一つである酢酸エチルと水から酢酸（カルボン酸）とエタノールを生ずる反応を挙げることができる（**図6.3**）。

図6.3　置換反応の例

　転位反応は，化合物を構成する原子または原子団が結合位置を変え，分子構造の骨格変化を生じる反応である。これまでに多くの研究者により様々な転位反応が見出され，発見者の名前にちなんだ反応名がつけられている。転位反応の例として，**ピナコール転位**[*2]を紹介しよう。ピナコール（2,3-ジメチル-2,3-ブタンジオール）は，酸性溶液中で加熱すると，水の脱離を伴ってピナコロン（3,3-ジメチル-2-ブタノン）を与える。ここでは，水の脱離によって生成するカルボカチオン中間体を経由してメチル基（CH_3）が隣の炭素に転位する反応が進行する（**図6.4**）。

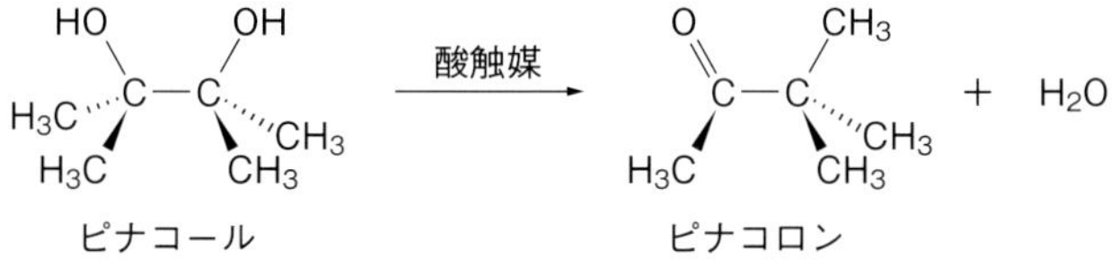

図6.4　転位反応の例

6.1.2　結合の開裂と形成における電子の流れ

　代表的な四つの有機反応を概説したが，ここで，結合の切断と形成に注目しよう。原子と原子が結合を形成している場合には，原子どうしの間に電子が存在している。電子の重要性についてはこれまでも述べてきた。ここでは，物質を作る反応において電子がどのように動く（流れる）のかを見ていくことにしよう。

　有機化合物はおおむね共有結合によって作られている。有機化合物の反応は，この共有結合を開裂して新たな共有結合を形成する反応といえる。共有結合では，結合電子2個がペアになって一つの結合を形成している。この共有結合の開裂には，結合に関与している原子が電子を1個ずつもつように開裂する**ホモリシス**（均一開裂，あるいはラジカル開裂）[*3]と，電子が一方の原子に2個，他方には0個に分かれる**ヘテロリシス**（不均一開裂）がある。ヘテロリシスで結合が開裂するとカチオン種とアニオン種を与えることになる（**図6.5**）。結合が開裂するとき電子が移動する。電子の移動は巻き矢印（曲がった矢印）を用いて書き表し，両鉤の矢印（⌒）は2電子の移動を，片鉤の矢印（⌒）は1電子の移動を示している。

*1　エステルとは，カルボン酸とアルコールの脱水縮合により得られる化合物のことである（8.3.3項参照）。

転位反応
rearrangement reaction

ピナコール転位
pinacol rearrangement
*2　ピナコール-ピナコロン転位ともいう。ただしこれは発見者の名前にちなんだ反応名ではなく，化合物の名前に由来した名称である。

第6章

ホモリシス　homolysis
　または homolytic cleavage

*3　結合解離エネルギーは7.2節を参照してほしい。

ヘテロリシス　heterolysis
　または heterolytic cleavage

ホモリシス（均一開裂）
$$A : B \longrightarrow A\cdot + \cdot B$$

ヘテロリシス（不均一開裂）
$$A : B \longrightarrow A^+ + : B^-$$

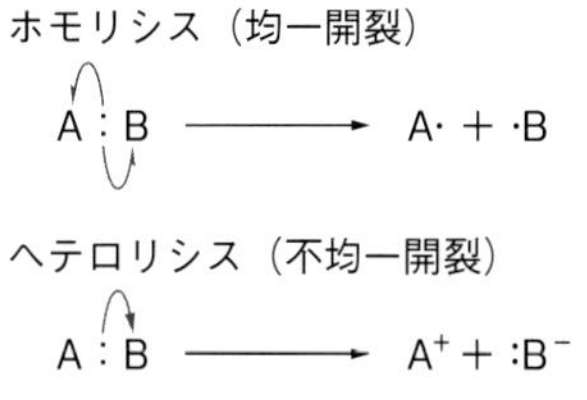

図6.5　結合開裂の様子

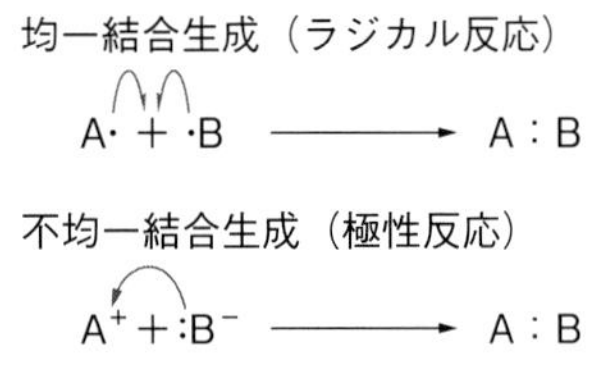

均一結合生成（ラジカル反応）

A・ + ・B ──────→ A：B

不均一結合生成（極性反応）

A⁺ + ：B⁻ ──────→ A：B

図 6.6 結合形成の様子

均一結合生成
  homogeneous bond formation

不均一結合生成
  heterogeneous bond formation

ラジカル反応 radical reaction

ラジカル radical

極性反応 polar reaction

＊4 水素の場合は1個の価電子
をもつ。水素以外の典型元素では，
通常，ラジカルは7個の価電子を
もつ。

次に結合が形成される場合の電子の動きについて見ていくことにしよう
（**図 6.6**）。結合の生成は開裂の逆反応である。**均一結合生成**では二つの出
発物質が電子を1個ずつ出し合って共有結合を形成する。一方，2個の結
合電子を一方の出発物が供与して共有結合を形成する**不均一結合生成**があ
る。電子1個ずつが関与する対称的な結合の開裂と形成を含む過程は**ラジ
カル反応**と呼ばれる。**ラジカル**とは，奇数個の価電子をもつ中性の化学種
であり，その軌道の一つに不対電子を1個もっている。これに対して，非
対称な結合の開裂と形成を含む過程は**極性反応**と呼ばれ，カチオン種とア
ニオン種が関与する反応である。

結合が開裂し，新しい結合を形成する際には電子の移動を伴う。まず，
ラジカルが関与する反応について見ていこう。ラジカルは最外殻に奇数個
の価電子をもつ中性の化学種であり＊4，非常に反応性に富む。ラジカルの
反応例を**図 6.7** に示す。

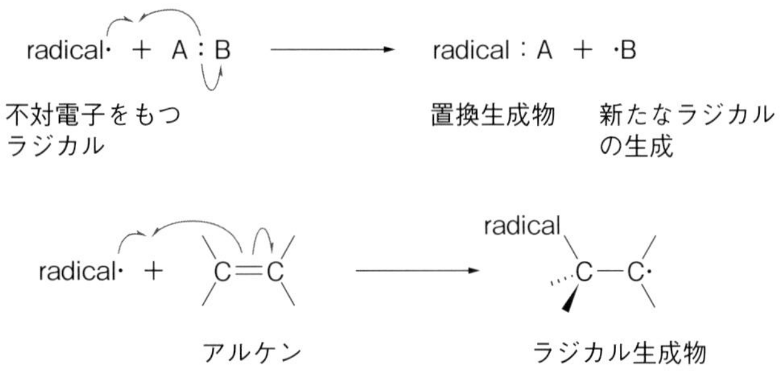

radical・ + A：B ──────→ radical：A + ・B

不対電子をもつ　　　　　　　　　置換生成物　　新たなラジカル
ラジカル　　　　　　　　　　　　　　　　　　　の生成

radical・ + C＝C ──────→ radical
　　　　　　　　　　　　　　　　　・・C─C・

アルケン　　　　　　　　　　　ラジカル生成物

図 6.7 ラジカルの反応例

図 6.7 の上式は，ラジカルが化合物 A−B の結合電子対と反応して，置
換生成物である radical：A と新たなラジカル ・B を生成する反応である。下
式は，ラジカルとアルケンの二重結合の一つの電子が反応することにより，
新しいラジカルを生成する反応であり，このような反応は**ラジカル付加反
応**と呼ばれる。ここで生成したラジカル種がアルケンと連続的に反応する
ことができれば，ラジカル反応を利用した高分子化合物の合成となる。な
お，ラジカル反応の場合，反応に関与する両方の物質から1個ずつの電子
を提供して共有結合を形成することから，両方から片鈎の巻き矢印
（⌒）を書いて電子の流れを表していることに注意してほしい。

ラジカル付加反応
  radical addition reaction

```
┌──┬─────────────────────────────────┐
│6.2│ 有機反応における電子の働き：        │
│    │        電子の流れ図を用いた有機反応   │
└──┴─────────────────────────────────┘
```

6.2.1 付 加 反 応

付加反応の例として紹介した，エチレンと臭化水素の反応（図 6.1）にお
ける電子の動き（電子の流れ）を見ていこう（**図 6.8**）。

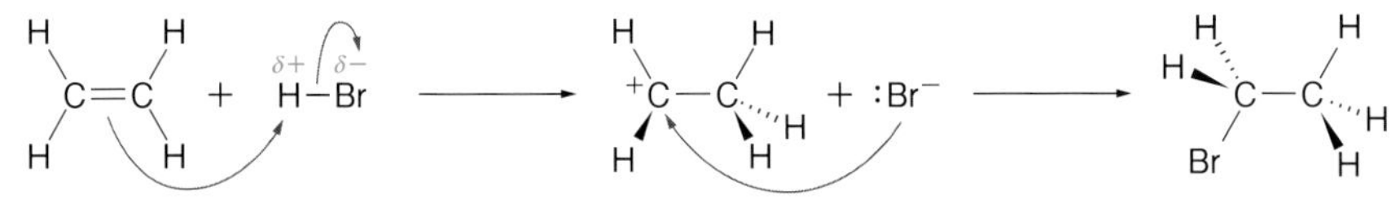

図 6.8 エチレンと臭化水素の極性反応

この反応は，途中でカルボカチオン*5 と臭化物イオンの生成を経由することから，極性反応の一つに分類される。それぞれの分子に注目すると，エチレンの炭素－炭素間の二重結合は，一つの σ 結合と一つの π 結合から形成されている。この π 結合電子は空間的に広がりをもち，電子豊富な部分を作っている。すなわち，この π 電子が電子不足な部位を攻撃することで反応が進行する。一方，臭化水素は電気陰性度の差に基づく分極した分子である。すなわち，$H^{\delta+}\cdots Br^{\delta-}$ に分極しており，エチレンの π 電子が電気的に陽性な水素原子を攻撃し，H－Br 結合のヘテロリシスが進行することでカルボカチオン中間体と臭化物イオン（Br^-）が生成する。この一段階目の反応では，炭素－炭素の二重結合を形成していた π 電子が水素原子（H^+）との結合に使われることになる。そのため，水素が付加しなかった炭素原子が正電荷を帯びたカルボカチオン中間体となる。このカルボカチオンに対して，Br^- が攻撃することで炭素－臭素結合が形成される。

この反応を例に挙げて説明したように，極性反応の特徴は，電子豊富な部位と電子不足な部位が反応点となることである。このように，反応に関与する物質の電子状態（豊富な部分と不足している部分）を見極め，電子がどのように移動するのかを把握することで，その反応を理解し生成物にたどり着くことができる。

アルケンの炭素－炭素二重結合は臭化水素以外にも様々な化合物と反応する。例えば，オレンジ色の臭素水に過剰量のエチレンガスを通すと無色透明な溶液に変化する様子は高校の化学の教科書に掲載されているので，一度は目にしたことがあるのではないだろうか。この反応は，エチレンの π 電子が臭素分子（Br_2）の一方の臭素（Br^+）を攻撃することによりカルボカチオン中間体が生成し，ヘテロリシスにより生成した Br^- の攻撃により，最終的に 1,2-ジブロモエタンが生成する反応である（**図 6.9**）。1,2-ジブロモエタンは無色透明な化合物であり，充分な量のエチレンがあれば臭素は完全に消費され，無色透明の液体に変化する。

*5 カルボカチオンとは炭素上に正電荷をもつカチオンのことであり，強い求電子性を示すことから，求核試薬と反応しやすい特徴をもつ。

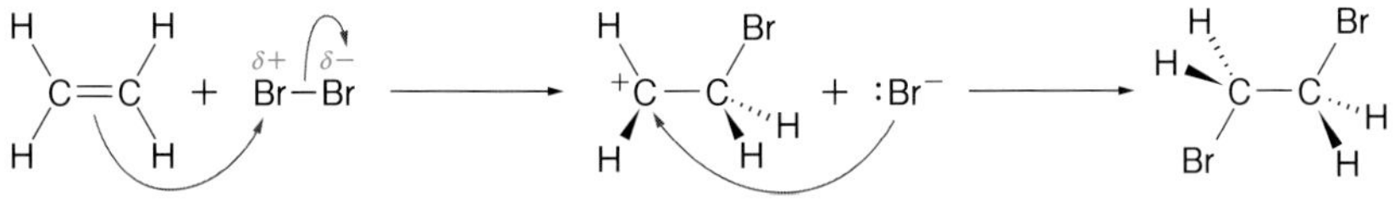

第 6 章

図 6.9 エチレンと臭素の反応

*6　化学当量は化学反応におけ
る量的な比例関係を表す概念であ
る。化学の分野では単に当量とい
う。ここで2当量の臭素とは，ア
セチレンに対して2分子の臭素
Br$_2$を意味する。

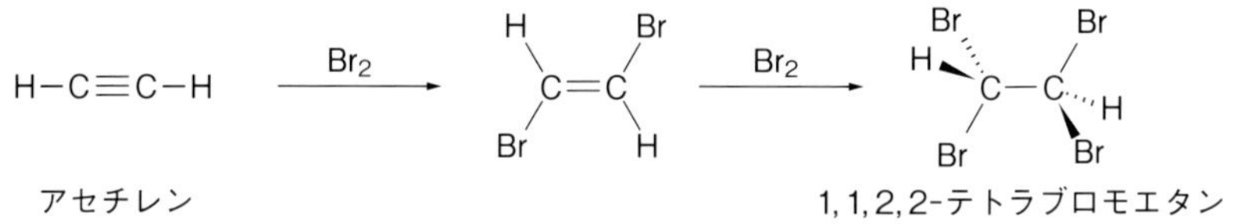

臭素はアルケンのみならずアルキンとも反応する。例えば，アセチレンと2当量*6の臭素が反応することで，最終的に1,1,2,2-テトラブロモエタンを与える（**図6.10**）。このように臭素は不飽和結合に対して極性反応による付加を行う。

図6.10　アセチレンと臭素の反応

6.2.2　脱　離　反　応

6.1.1項で紹介したように，脱離反応は付加反応の逆反応であり，一つの出発物質から二つの生成物が得られる。エチレンと臭化水素との付加反応で生成したブロモエタンは，逆反応，すなわち臭化水素が脱離することでエチレンを与える。この脱離反応には塩基が用いられる。ハロゲン化アルキルを例に用いて脱離反応を説明しよう。

脱離反応は，その反応機構により**E1反応**と**E2反応**の二つに分類される*7。E1反応は単分子の脱離反応を示し，E2反応は二分子の脱離反応を示している。

E1反応はC－X結合のヘテロリシスによるカルボカチオンとX$^-$の生成を伴い，カルボカチオン炭素の隣の炭素に結合した水素がH$^+$として塩基で引き抜かれることによりアルケンを与える（**図6.11**）。ここでXは**脱離基**と呼ばれ，ヘテロリシスによりアニオンとなることから，アニオンを安定化できる電気的に陰性な原子（ハロゲン）や，生成したアニオンの共鳴安定化が可能な原子団である。E1反応はC－X結合の開裂によりカルボカチオンが生成する過程が律速段階となる*8。そのため，反応速度は出発物質の濃度にのみ依存することから単分子反応に分類される。生成したカルボカチオンは塩基と反応することでH$^+$が引き抜かれ最終生成物であるアルケンを与えるが，このH$^+$引き抜き反応は速やかに進行するため，反応速度には影響を与えない。すなわち，用いる塩基の量（濃度）を増やしても反応速度は変化しないのである。また，この反応はカルボカチオン中間体を

E1反応　E1 reaction
E2反応　E2 reaction
*7　脱離は英語で elimination と
いうことから，脱離反応の種類を
表すために，E1反応，E2反応と
いう。

脱離基　leaving group

*8　反応機構の説明については
7.4節を参照してほしい。

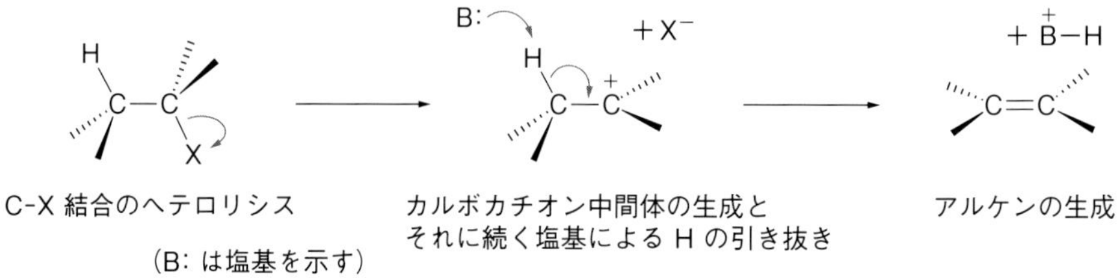

C-X 結合のヘテロリシス　　　カルボカチオン中間体の生成と　　　アルケンの生成
（B: は塩基を示す）　　　　　それに続く塩基による H の引き抜き

図6.11　E1反応

経由する二段階反応であることに注意してほしい。

　E2 反応の反応速度は出発物質と塩基の両方の濃度に依存するため，二分子反応に分類される。この反応では出発物質と塩基 B との反応により H^+ の引き抜き（C−H 結合の切断）が起こるとともに，C−H 結合の電子が C−C 結合側に流れ込み，C−X 結合のヘテロリシスによる連続的な反応が進行する。この反応は遷移状態を経由する一段階反応である。E2 反応では，引き抜かれる H と脱離基 X が 180°の位置関係にあるアンチペリプラナー形[*9]のときに反応が進行する。そのため，遷移状態の配座を反映したアルケンが生成する（図6.12）。

出発物質と塩基 B との反応 ／ C-H 結合と C-X 結合の切断 遷移状態 ／ アルケンの生成

（B: は塩基を示す）

図6.12　E2 反応[*10]

6.2.3　置換反応

　置換反応は二つの出発物質がそれぞれの一部を交換して二つの新しい生成物を与える反応であることはすでに述べた。ここではハロゲン化アルキルの**求核置換反応**について紹介しよう。前項でも述べたように，ハロゲン化アルキルと塩基の反応では脱離反応が進行しアルケンを与える。求核置換反応は塩基の代わりに**求核試薬**を用いる反応であり[*11]，脱離基と求核試薬との交換反応が進行する。求核置換反応にも，二分子反応の **SN2 反応**と単分子反応の **SN1 反応**がある[*12]。

　SN2 反応は，二分子反応であることから，その反応速度は求核試薬（Nu^-）と出発物質（ここではハロゲン化アルキル）の両方の濃度に依存する。求核試薬は脱離基であるハロゲンと 180°離れた方向からハロゲン化アルキルの炭素を攻撃する。これにより，部分的に形成した C−Nu 結合と部分的に開裂した C−X 結合をもつ遷移状態を経由する。C−Nu 結合が完全に形成し，脱離基 X が C−X の結合電子対を伴って脱離するときに，炭素周りの立体構造が反転する（図6.13）。SN2 反応は二分子反応であるが一段階の反応であることに注意されたい。

Nu^-　C−X　　[δ− Nu---C---X δ−]‡　　Nu−C + X^-

遷移状態　　　　立体反転

図6.13　SN2 反応

[*9] H-C-C の平面と C-C-X の平面の二面角が 180°の場合をアンチペリプラナー配座，0°の場合をシンペリプラナー配座という。

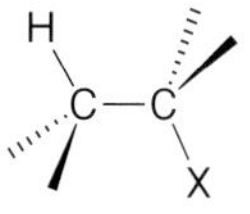

H・C−C・X
アンチペリプラナー

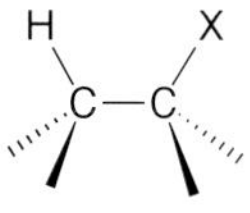

H・C−C・X
シンペリプラナー

[*10] 遷移状態 [ ]‡ については 7.4.1 項参照。

求核置換反応
　nucleophilic substitution reaction

求核試薬　nucleophilic reagent

[*11] 求核試薬として用いた試薬が，必ずしも求核試薬として作用するとは限らない。すなわち，負電荷をもつ試薬であることから，塩基として機能する場合があることに注意しておく必要がある。

SN2 反応　SN2 reaction
SN1 反応　SN1 reaction
[*12] SN2 は，置換を表す substitution と求核的であることを表す nucleophilic，そして bimolecular（2分子）を合わせたものである。SN1 は単分子反応であることを表している。

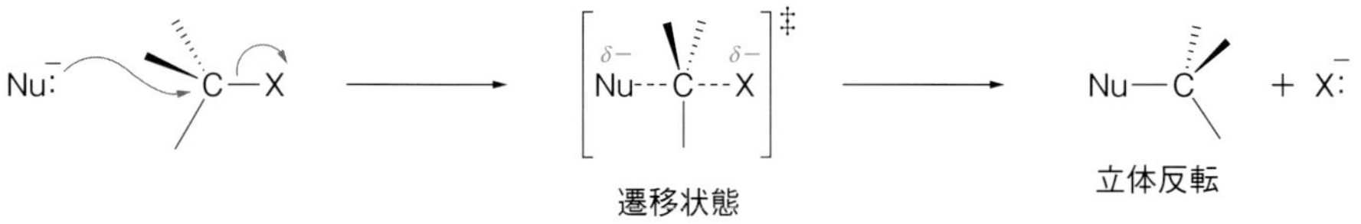

第6章

　一方，単分子反応である SN1 反応は，ハロゲン化アルキルからの自発的なハロゲンの解離が律速段階になる。ハロゲンの解離によりカルボカチオン中間体が生成する。カルボカチオン中間体は，sp^2 混成した炭素であることから平面構造をとる。このカルボカチオンと求核試薬との反応では，カルボカチオンの平面に対して両側から攻撃することができる。そのため，左側からの求核試薬の反応により立体反転した生成物を与え，右側からの反応により立体保持した生成物を与える（**図 6.14**）。キラルな出発物質を用いた SN1 反応では，炭素中心の立体構造が異なる，すなわちラセミ生成物[*13]を与えることに注意が必要である。

*13　ラセミ生成物については
4.1.4 項参照。

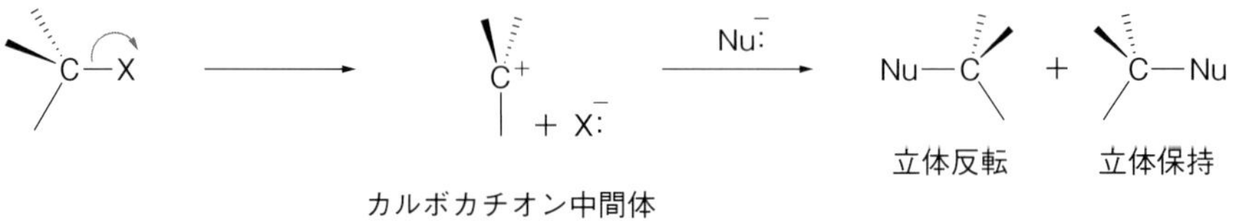

カルボカチオン中間体

図 6.14　SN1 反応

6.3　ベンゼン環の反応

6.3.1　芳香族求電子置換反応

　次に，アルケンやアルキンと同じように不飽和結合をもつベンゼンの反応を見てみよう。ベンゼンは単結合と二重結合が交互に存在し，二重結合を形成する π 電子は共役している。ベンゼンは二重結合をもつ化合物であることから，エチレンと同様の反応性，すなわち**求電子試薬**がベンゼンに付加した生成物を期待することができる。しかし実際には，求電子試薬が付加した炭素に結合していた水素が H^+ として放出されることにより置換生成物を与える。ベンゼンに対する求電子試薬の置換反応であることから**芳香族求電子置換反応**と呼ばれる。

求電子試薬　electrophilic reagent

芳香族求電子置換反応
electrophilic aromatic
substitution reaction

　ベンゼンと臭素との反応を例に説明しよう（**図 6.15**）。この反応の一段階目は，ベンゼンの π 電子が臭素を攻撃して，ベンゼンに臭素（Br^+）が付加

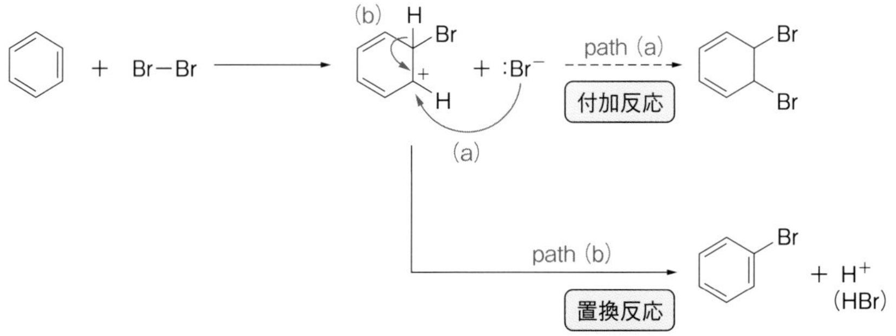

図 6.15　ベンゼンと臭素の反応

したカチオン種を与える。このような極性反応はエチレンに対する臭素の付加と同じである。このカチオン種に対して，Br^- が正に帯電した炭素を攻撃すれば，ジブロモ化合物が生成する（付加反応）（図6.15 path (a)）。しかし，実際には二段階目の反応は付加反応ではなく，水素が H^+ として脱離する反応が進行する。この反応は水素が臭素に置き換わる反応なので置換反応である。このように置換反応が進行する理由は，ベンゼンの共役系 π 電子（6π 電子共役系）が非常に安定であるため，この安定化を壊してしまうよりも，6π 電子系を再生する方が有利だからである。このように，6π 電子系[*14] は芳香族性の安定化を受けることができる。これはヒュッケルの $4n + 2$ 則と呼ばれるものである。

アルケンの臭素化反応に比べ，ベンゼンの臭素化反応では $FeBr_3$ などのルイス酸[*15] を触媒として用いる必要がある。これはアルケンの二重結合に比べ，ベンゼンの二重結合は共鳴安定化（芳香族の安定化）を受けているため，臭素を活性化する必要があるからである。臭素と臭化鉄との反応では，以下のように Br^+ の生成が促進される。その結果，アルケンより反応性の低い芳香族化合物でも反応が進行するようになる。

$$Br-Br + FeBr_3 \longrightarrow \overset{+}{Br}\cdots\overset{-}{Br}-FeBr_3$$

6.3.2 芳香族求電子置換反応における配向性と反応性

ベンゼンの誘導体は，ベンゼン環上の水素がいくつ置換されているかによって，一置換体や二置換体などと呼ばれる。二置換ベンゼンは，その置換基の相対的な位置により三種類の異性体が存在する。ベンゼン環の1,2位に置換基をもつものをオルト-（o-, $ortho$-），1,3位のものをメタ-（m-, $meta$-），1,4位のものをパラ-（p-, $para$-）置換体と呼んで区別する（右図）。

次に，一置換ベンゼンの芳香族求電子置換反応を考えてみよう。この反応で生成する二置換ベンゼンは三種類の異性体が期待され，オルト：メタ：パラの生成比は反応点の数から 2:2:1 になることが予想される。しかし，実際にはオルト-パラ位の生成物が主になるものと，メタ位の生成物が主になるものがあることが知られている。これは一置換ベンゼン（出発物質）の置換基の性質が反応性に影響を与えるためであり，置換基の性質

*14 正確には $(4n + 2)$ 個の π 電子をもつ共役系で $n = 0, 1, 2, \cdots$ の整数値。

ヒュッケル Hückel, E.

*15 4.3 節参照。

ortho-　　*meta-*　　*para-*

表 6.1　オルト-パラ配向性基とメタ配向性基

メタ配向性基	オルト-パラ配向性基
不活性化基	活性化基
$-\overset{+}{N}R_3$, $-NO_2$	$-NH_2$, $-NHR$, $-NR_2$
$-CN$, $-CHO$, $-COR$	$-OH$, $-OR$
$-COOH$, $-COOR$	$-CH_3$（アルキル）
	不活性化基
	$-F$, $-Cl$, $-Br$, $-I$

を反映してオルト–パラ配向性基およびメタ配向性基と呼ばれ区別される。

配向性 orientation effect

置換基の**配向性**を**表6.1**にまとめておく。

　メタ配向性基では正に分極した原子がベンゼン環に結合しているのに対し，オルト–パラ配向性基は，アルキル基以外はいずれもベンゼン環に直結する原子が非共有電子対を有している。ここで，メタ配向性基は電子求引性置換基であり，これらの置換基を有する一置換ベンゼンはベンゼン環上の電子密度が減少することになる。そのため，求電子試薬との反応性が低下するので**不活性化基**に分類される。

不活性化基 deactivating group

活性化基 activating group

　一方，オルト–パラ配向性基の中で**活性化基**に分類されている置換基は電子供与性置換基であり，ベンゼン環上の電子密度が高くなる。そのため，求電子試薬との反応性が向上する。オルト–パラ配向性基の中でもハロゲンは不活性化基に分類される。電気陰性度の大きいハロゲンが置換することにより，ベンゼン環上の電子密度が減少するため，不活性化を引き起こす。しかし，ハロゲンの非共有電子対は，求電子試薬との反応で生成するカチオン中間体を共鳴により安定化することから，オルト–パラ配向性を示す置換基として機能する。クロロベンゼンを例に，求電子試薬との反応で生成するカルボカチオン中間体を見ていくことにしよう（**図6.16**）。

　クロロベンゼンと求電子試薬（E^+）がオルト位で反応した場合，塩素が結合している炭素上にカチオンが生じることになるが，塩素上の非共有電子対の流れ込みにより四角で囲った二番目の共鳴を描くことができる。すなわち，塩素上に存在する非共有電子対は，生成したカルボカチオン中間体の共鳴に参加することができ，中間体の安定化に大きく寄与する。求電子試薬がパラ位で反応した場合も，塩素の非共有電子対が共鳴に参加することができる。その一方で，メタ位での反応により生成したカルボカチオンでは，塩素の非共有電子対は安定化に寄与することができない。これら

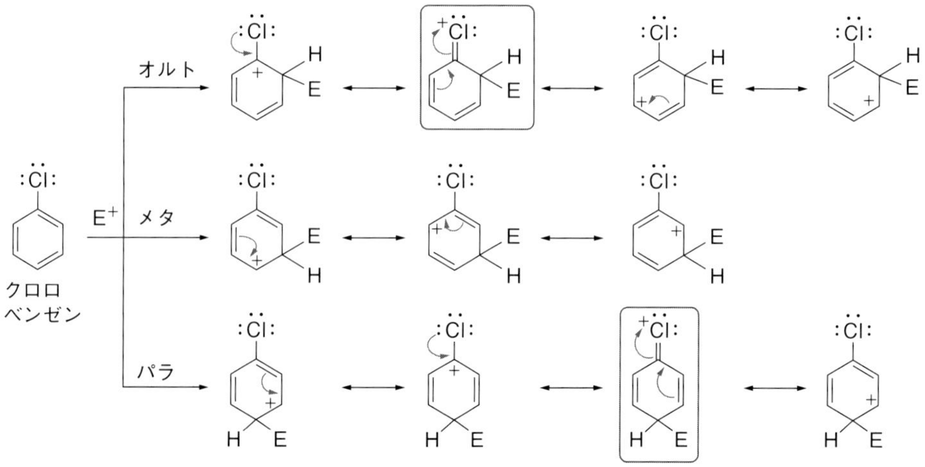

図6.16　クロロベンゼンの芳香族求電子置換反応におけるカルボカチオン中間体

の理由から, ハロゲンが置換したベンゼンではオルト–パラ配向性を示す。繰り返しになるが, ハロゲンは電気陰性度が大きい元素であることから, ベンゼン環の電子密度を下げることになる。そのため, オルト–パラ配向性の不活性化基に分類される。

　この例からもわかるように, ハロゲンは電子を求引するとともに供与することができる興味深い元素である。ここで, ハロゲンの電子求引は σ 結合を介したものであることから**誘起効果**という。また, 電子供与は非共有電子対の π 結合を介した**共鳴**である。化合物中における電子の授受については, 誘起効果と共鳴の両方の寄与を考慮し, どのような電子の動きが起こっているのかを見極めることで, その化合物の安定性や反応性を予測することが可能になる。

誘起効果　inductive effect
共鳴　resonance

6.4　カルボニル基をもつ化合物の反応

　炭素－酸素間に二重結合をもつ**官能基**[*16] をカルボニル基といい, アルデヒドやケトン, カルボン酸, エステルなど, 多くの化合物中に存在する。酸素の電気陰性度は炭素のそれよりかなり大きいため, $C=O$ 結合は大きく分極している。すなわち, カルボニル炭素は正電荷を, カルボニル酸素は負電荷を帯びている。カルボニル化合物の性質や反応性はカルボニル基のこの分極に基づいている(右図)。カルボニル化合物に特徴的な反応について紹介していこう。

官能基　functional group
[*16]　官能基については 8.3 節で詳しく学ぶ。

第 6 章

カルボニル基の分極

6.4.1　求核試薬によるカルボニル炭素への攻撃

　上に記したように, カルボニル炭素は正電荷を帯びているため, 求核試薬との反応ではカルボニル炭素への攻撃が起こる。一つはアルデヒドやケトンへの**求核付加反応**であり, もう一つは**求核アシル置換反応**である。これらの反応について概略を紹介しよう。

（1）アルデヒドとケトンの求核付加反応（**図6.17**）

　求核試薬としてグリニャール試薬[*17] を用いたアルデヒドやケトンとの反応では, グリニャール試薬の R″ がカルボニル炭素に付加し, 酸による後処理をすることでアルコールが得られる。第一級アミン[*18] を求核試薬として用いた場合, アミンはカルボニル炭素を攻撃し, 最終的にイミンと呼ばれる, 炭素－窒素間に二重結合をもつ化合物が生成する。求核試薬としてはアニオン性の試薬でも中性の試薬でも用いることができる。反応における電子の流れ（図6.17）を各自で確認してほしい。

求核付加反応
　nucleophilic addition reaction

求核アシル置換反応
　nucleophilic acyl substitution
　reaction

[*17]　ハロゲン化アルキル RX はエーテル系溶媒中, 金属マグネシウムと反応してハロゲン化アルキルマグネシウム RMgX を与える。これを発見者にちなんでグリニャール (Grignard) 試薬という。炭素－金属結合をもつため, 有機金属化合物に分類される（13.3.3 項参照）。

[*18]　8.3.4 項参照。

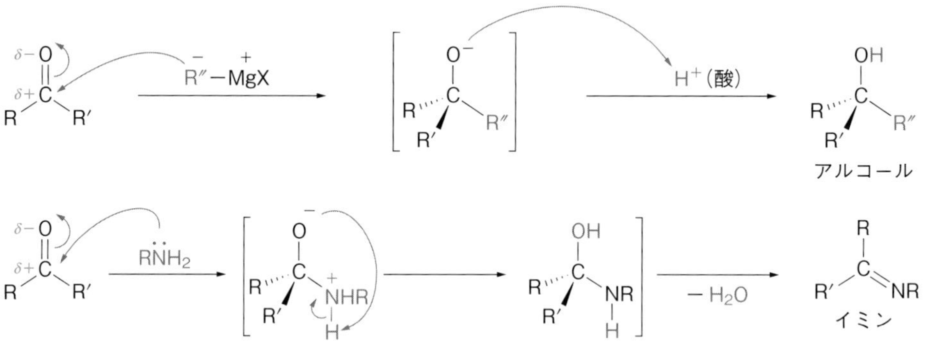

図 **6.17** カルボニル化合物と求核試薬の付加反応

(2) カルボン酸誘導体の求核アシル置換反応（**図 6.18**）

アルデヒドやケトンの場合，求核試薬はカルボニル炭素に付加した生成物を与えるが，カルボン酸誘導体を用いた求核試薬との反応では置換反応が進行する。これは，カルボン酸誘導体の置換基である Y が脱離基として機能するためである。求核試薬と置換基 Y の交換反応であるので，求核アシル置換反応と呼ばれる。

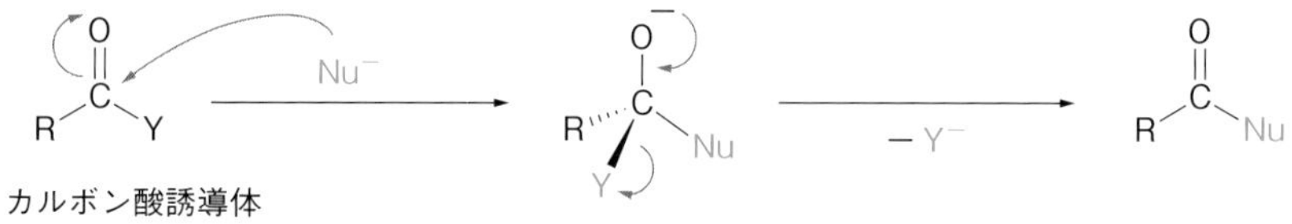

カルボン酸誘導体

Y = OR（エステル），Cl（酸塩化物），NH_2（アミド），OCOR（酸無水物）

図 **6.18** カルボン酸誘導体と求核試薬との反応：求核アシル置換反応

6.4.2 塩基による酸性プロトンの引き抜き

(1) α 置換反応（**図 6.19**）

カルボニル炭素は正に分極しているため，カルボニル炭素に結合した炭素上の水素は酸性を示す。このカルボニル基に結合している最初の炭素原子を **α 炭素** と呼ぶ。カルボニル化合物を強塩基で処理すると，α 位の水素（プロトン）が引き抜かれ**エノラート**イオンと呼ばれるアニオン種が生成する。このエノラートイオンと求電子試薬を反応させることにより，新たなカルボニル化合物が得られる。この反応は，α 位の水素が求電子試薬由来の置換基に置き換わる反応であるので **α 置換反応** と呼ばれる。

α炭素　α-carbon

エノラート　enolate

α 置換反応
　α-substitution reaction

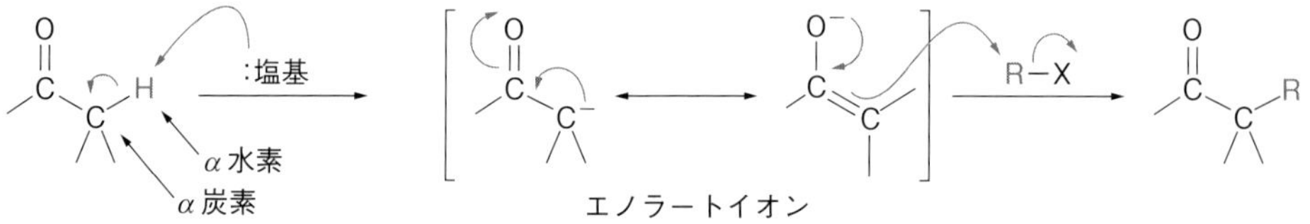

図 **6.19** α 置換反応：エノラートイオンの生成と求電子試薬との反応

(2)　カルボニル縮合反応（図**6.20**）

　塩基との反応で生成したエノラートイオンがもう一分子のカルボニル化合物との反応により新たなカルボニル化合物を与える反応である。図 6.20 に示したアルデヒドを用いた反応は，アルデヒド部位とアルコール部位を有する化合物が得られることから**アルドール反応**と呼ばれる[*19]。この反応は可逆反応であるが，アルドール生成物からの脱水反応が進行すれば安定な共役エノンと呼ばれる α,β-不飽和化合物が得られる。二つのカルボニル化合物から脱水反応を経て最終生成物を与えることから，**カルボニル縮合反応**とも呼ばれる。

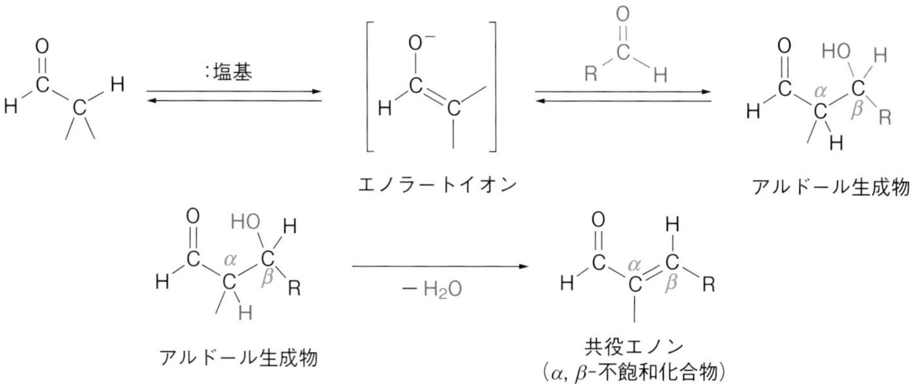

図 6.20　カルボニル縮合反応：アルドール反応

　炭素と炭素の結合のみならず，様々な化合物中の特定の結合の切断や形成により新しい化合物が合成される[*20]。結合の切断と形成には電子が関与しており，化合物の電子を豊富にもっている部分が，別の化合物の電子が不足している部分を攻撃することによって反応が進行し，目的の化合物の生成に至る。有機化学は「官能基の化学」と呼ばれることがあるが，官能基の性質を理解することでその化合物の反応性を予測し，ほしい化合物を効率的に作り出すことができるのである。

6.5　グリーンケミストリー

　化学の重要な点は，化合物（物質）を人の手で合成できるところにある。そのため，様々な薬品を原料に新しい化合物を合成したり，既存の合成法をより効率の良いものにするための研究が行われている。しかし，化学工場跡地の土壌汚染の問題などに代表されるように，これからの化学は環境に配慮したプロセスに転換していくことが求められている。このような状況のもと，**グリーンケミストリー**と呼ばれる概念が生まれた[*21]。グリーンケミストリーとは，廃棄物を減らし有害な物質の発生を抑えようとする，化学製品や化学プロセスの設計と実践の総称である。グリーンケミスト

アルドール反応　aldol reaction
[*19]　アルドール反応は発見者の名前に由来する名称ではなく，官能基としてアルデヒド（aldehyde）とアルコール（alcohol）部位をもつことからアルドール（ald + ol = aldol）反応と呼ばれる。

カルボニル縮合反応
　carbonyl condensation reaction

[*20]　本節で説明した反応は有機化学で取り扱うごく一部にすぎない。詳細については有機化学の教科書を参照してほしい。

[*21]　日本では，グリーン・サスティナブルケミストリー（green sustainable chemistry；GSC）と呼ばれることも多い。

第6章

*22　グリーンケミストリーの12か条は，アメリカ大統領科学技術政策担当官であったアナスタス（Anastas, P.）によって提唱されたグリーンケミストリーの行動指針がもとになっている。

*23　有機合成において，反応性の高い官能基をその後の反応において不活性な官能基に変換しておくことを「保護」といい，その官能基を**保護基**（protecting group）という。

*24　4.1.4項の側注20を参照のこと。

リーには12か条の原則*22がある（**表6.2**）。

　これらの12か条は，すべてを現実の世界に適合できるものではないが，目指すべき価値のある目標を示している。化学者は自身の研究と環境問題との関連性について，これまで以上に注意深く考える必要がある。

表6.2　グリーンケミストリー12か条

[1] 廃棄物を出さない：廃棄物は出した後で処理したり浄化したりするのではなく，出さないようにする。

[2] 原料効率を最大にする：あるプロセスで用いた原料のすべてが，できる限り最終生成物に取り込まれるような合成法をとるべきである。

[3] 危険が少ないプロセスを用いる：健康と環境に害の少ない出発物質を用いて，有害物質を出さない合成法である必要がある。

[4] 安全な物質を設計する：できるだけ害が少ない化学製品を設計すべきである。

[5] 安全な溶媒を用いる：反応で使う溶媒やその他の補助物質はできるだけ減らし，安全性に配慮する。

[6] エネルギー効率を考える．化学プロセスで用いるエネルギーは最小になるようにする。

[7] 再生可能な資源を用いる：原材料は，可能であれば再生可能な資源を用いる。

[8] 誘導体を最小にする：廃棄物を減らすために，保護基*23をできるだけ使わないような合成法を設計するべきである。

[9] 触媒を利用する：反応は化学量論的*24ではなく，できるだけ触媒反応をめざす。

[10] 分解されやすいように設計する：生成物は，使用が終わった時点で容易に生分解されるように設計すべきである。

[11] リアルタイムで汚染を計測する：危険物の生成に対してリアルタイムでその状況を計測する必要がある。

[12] 事故を防ぐ：化学物質やプロセスは，火災や爆発，その他の事故が起こる可能性ができるだけ少ないものを使うようにする。

Drop-in　有機化学と無機化学の分類

　魔法使いの少年ハリー・ポッターの活躍を描いた物語の中で，錬金術師と呼ばれる人物が登場する。錬金術とは，銅や鉄などのありふれた金属（汎用金属あるいは卑金属という）から，金や銀などの貴金属を作りだそうとする試みのことを指す。錬金術の試行の過程が，様々な化学薬品の発見や実験道具の開発につながった。

　錬金術が対象とする物質は，鉱物に由来する無機物と呼ばれる物質群である。これに対し，植物や動物などに由来する物質を有機物と呼び，無機物と区別された。ところが1828年，ドイツの化学者ヴェーラー（Wöhler, F.）は，無機塩であるシアン酸アンモニウムを，尿から単離された有機物である尿素に変換できることを見出した。その後，有機物は生命体に由来する物質のみではないことが明らかにされた。今日では，ごく低分子のものを除いて炭素を含む化合物を有機物，炭素を含まない物質を無機物と分類し，それぞれの物質を研究する分野も有機化学と無機化学に分類されている。しかし有機化学であろうと無機化学であろうと物質を扱うことに変わりはない。物質の本質を見抜く力を養ってほしい。

章末問題

6.1 次の反応を付加，脱離，置換，転位のいずれかに分類せよ。

    (a) $CH_3CH_2Br \longrightarrow H_2C=CH_2 + HBr$

    (b) $CH_3Br + KOH \longrightarrow CH_3OH + KBr$

    (c) $H_2C=CH_2 + H_2 \longrightarrow CH_3CH_3$

6.2 次の付加反応で得られる生成物を考えよ。

6.3 次の脱離反応で得られる生成物を考えよ。

6.4 次の反応で E2 脱離が進行したとき，得られる生成物を考えよ。

6.5 2-ブロモブタンと求核試薬 OH^- との SN2 反応について，次の問いに答えよ。

2-ブロモブタン

  （a） 式に示した 2-ブロモブタンのキラル中心の R, S 配置を決定せよ。

  （b） この反応で得られる生成物の構造を示し，キラル中心の R, S 配置を決定せよ。

6.6 トルエンのオルト，メタ，パラ位での求電子試薬 E^+ との反応で生成する中間体の共鳴構造を描け。また，どの中間体が最も安定か答えよ。

トルエン

6.7 グリーンケミストリーの 12 か条の原則の五番目には「安全な溶媒を用いる」ことが謳われている。安全な溶媒とはどのようなものか，考えを述べよ。

第7章 物質を作る：化学平衡と反応速度

　化合物 A と化合物 B が反応して新たな化合物 C が生成する場合，この反応が進行するためにはどのような条件が必要になるだろうか。さらに，生成した C が不安定な化合物であったとしたら，化合物 C を得ることはできるのだろうか。本章ではまず化学反応式の重要性を解説するので，それを基にして，化学反応に関係する反応速度や化学平衡，触媒作用について学んでいこう。

7.1 化 学 反 応 式

化学反応式
chemical reaction formula
または chemical equation

　化学反応の詳細に入る前に，**化学反応式**の重要性を述べることにしよう。化学反応式は，物質の化学反応に関する筋道を論理的かつ簡潔に表す手段である。メタンの燃焼を例に，化学反応式を見てみよう。メタンの燃焼では，メタンと酸素が反応し，その結果，水と二酸化炭素が生成する。化学反応式では下式のように書くことができる。

$$CH_4 + 2O_2 \longrightarrow 2H_2O + CO_2$$

この化学反応式は，メタン1分子が2分子の酸素と反応して，その結果，2分子の水と1分子の二酸化炭素が生成することを表している。これを文章で表すと，「炭素原子1個と水素原子4個からなるメタン1分子が二つの酸素原子からなる酸素2分子と反応（燃焼）して，水素原子2個と酸素原子1個からなる水が2分子と，炭素原子1個と酸素原子2個からなる二酸化炭素が1分子生成する」となる。言葉で表現すると数行にも及ぶ記述になるが，化学反応式を用いれば，多くの情報を含んでいながら，非常に簡潔な形で表現することができるのである。

　化学反応式は物質の変化を論理的に表すだけのものではなく，化学反応が起こる際の量的な情報も含まれている。すなわち，何グラムの出発物質を使えば，何グラムの生成物が得られるのかを見積もることができる。ここで，「見積もる」と表現したのは，化学反応は常に100%の収率で進行するとは限らないからである。しかし，実験を行う前に，100%の収率で反応が進行したら何グラムの生成物が得られるかをあらかじめ計算しておけば，反応が上手く進行しているのか否かを判断する情報として用いることができる[*1]。

*1　あらかじめ，収率100%の生成量を求めておくことは重要である。研究では，得られた生成物の収量（重さ）を測定し，その生成物の分子量で除算することによりモル数が算出される。このモル数の値を，基準となる用いた物質のモル数で除算することにより，収率を算出することが多い。

　さらに，化学反応式を，矢印の両側（左辺と右辺）で原子の過不足が起こらないように正しく書くことで，目的とする生成物だけでなく，副生する生成物にも注意を払うことができる。その結果，実験を行ううえで試薬の無駄遣いを避けることができるのみならず，余分な試薬を用いることで起こりうる危険を回避することにもつながる。

7.2 化学反応

6.1 節では, 有機反応の代表的な四つの反応パターンを概説した。有機化合物が新たに作り出される場合, 結合の切断と形成が起こる。このとき, 原子と原子の間に介在する電子が重要な役割を演じていることを述べた[*2]。

ある化合物の特定の結合が開裂しやすいかどうかを判断する指標, すなわち, 結合の強さを定量化する尺度として, **結合解離エネルギー**を用いることができる。結合解離エネルギーは, 共有結合をホモリシスする際に必要なエネルギーである。ここで, 化学反応に際して吸収あるいは放出されるエネルギーを**エンタルピー変化**[*3]あるいは**反応熱**といい, $\Delta H°$ の記号を用いて表す。エネルギーが吸収される（必要とされる）反応は**吸熱反応**であり, $\Delta H°$ は正の値となる。一方, エネルギーが放出される反応は**発熱反応**であり, $\Delta H°$ は負の値を示す。

$$\text{A－B} \longrightarrow \text{A・} + \text{・B} \qquad \Delta H° = \text{結合解離エネルギー}$$

結合解離エネルギーは, 共有結合のホモリシスによって二つのラジカル種を生成する反応における $\Delta H°$ に相当する。結合の切断にはエネルギーが必要であることから, 結合解離エネルギーは常に正の値である。すなわち, ホモリシスは常に吸熱的な反応である。逆に, ホモリシスにより生じたラジカル種どうしが結合する場合は安定な生成物を与えるため, 常にエネルギーを放出するので発熱的である。例えば, 水素分子 (H－H) の開裂には 435 kJ mol^{-1} のエネルギーが必要であり, 二つの水素ラジカルから水素分子が生成するときには, 435 kJ mol^{-1} のエネルギーが放出される。代表的な結合の結合解離エネルギーを**表 7.1** に示す。

結合解離エネルギーを比較することは結合の強さを比較することと同じである。そのため, 結合が強いほど, その結合解離エネルギーは大きくなる。例えば, H－H の結合解離エネルギー (435 kJ mol^{-1}) は Cl－Cl のそれ (242 kJ mol^{-1}) に比べ大きいので, H－H 結合は Cl－Cl 結合に比べ強いことがわかる。

*2 結合の開裂のホモリシス（均一開裂）, ヘテロリシス（不均一開裂）などの機構について, あらためて 6.1 節を参照してほしい。

結合解離エネルギー
bond dissociation energy

エンタルピー変化
enthalpy change

*3 エンタルピーとは, 熱力学で用いる物理量の一つで, 圧力と体積の積に内部エネルギーを加えた量で表される。一定の圧力でのエンタルピーの変化量は, その物質または場に出入りするエネルギー量に等しい。

反応熱 heat of reaction

吸熱反応 endothermic reaction

発熱反応 exothermic reaction

第7章

表 7.1 代表的な結合の結合解離エネルギー $\Delta H°$ (kJ mol^{-1})

結合	$\Delta H°$	C-H 結合	$\Delta H°$	C-X 結合	$\Delta H°$	C-C 結合	$\Delta H°$
H-H	435	CH_3-H	435	CH_3-F	456	CH_3-CH_3	368
F-F	159	CH_3CH_2-H	410	CH_3-Cl	351	CH_3-CH_2CH_3	356
Cl-Cl	242	$CH_3CH_2CH_2$-H	410	CH_3-Br	293	CH_3-CH$=$$CH_2$	385
Br-Br	192	$(CH_3)_2$CH-H	397	CH_3-I	234	CH_3-C$\equiv$CH	489
I-I	151	$(CH_3)_3$C-H	381	CH_3-OH	389		
HO-OH	213	H_2C$=$CH-H	435	CH_3CH_2-F	448		
H-F	569	HC$\equiv$C-H	523	CH_3CH_2-Cl	339		
H-Cl	431	H_2C$=$CHCH$_2$-H	364	CH_3CH_2-Br	285		
H-Br	368	C_6H_5-H	460	CH_3CH_2-I	222		
H-I	297	$C_6H_5CH_2$-H	356	CH_3CH_2-OH	393		
H-OH	498						

	ハロゲン原子の大きさが増大：結合距離の伸長 →			
	CH$_3$−F	CH$_3$−Cl	CH$_3$−Br	CH$_3$−I
結合距離 (pm)	138	178	193	214
$\Delta H°$ (kJ mol^{-1})	456	351	293	234
	← 結合の強さが増大			

図 7.1 メチル−ハロゲン結合の比較

　次に，一連のメチル−ハロゲン結合 (CH$_3$−X) を見てみよう (**図7.1**)。CH$_3$−F の結合解離エネルギーは 456 kJ mol^{-1} であり，塩素では 351 kJ mol^{-1}，臭素およびヨウ素ではそれぞれ 293 kJ mol^{-1}，234 kJ mol^{-1} である。一般に，同族元素を比較した場合，結合解離エネルギーは周期表で下にいくほど減少する。これは，周期表で下に位置する元素ほど，結合に使われる価電子が原子核から遠くなるため結合が弱くなるからである。さらに，周期表で下に位置するほど，その原子半径が大きくなるので結合長 (結合距離) は長くなる。言い換えると，結合長が短いほど，その結合は強いことを意味している。

　結合解離エネルギーは，結合が切れたり生成したりする反応のエンタルピー変化($\Delta H°$)を計算する際にも用いることができる。したがって，$\Delta H°$ は生成物の安定性を比較する指標となる。反応の全 $\Delta H°$ は次の (1) ～ (3) の手順で求めることができる。

$\Delta H°$ (全エンタルピー変化)

＝ 切断される結合の $\Delta H°$ の和 (正の値) ＋ 生成する結合の $\Delta H°$ の和 (負の値)

(1) 両辺の原子の数が合うように化学反応式を書き，出発物質中で切断される全結合の結合解離エネルギーの和を計算する。この値は，結合を切断するために必要なエネルギーであるため正の値となる。

(2) 生成物中で生じる全結合の結合解離エネルギーの和を計算する。この値は結合を生成する際に放出されるエネルギーであるため負の値となる。

(3) 反応の全 $\Delta H°$ は，(1) の正の値と (2) の負の値の和として求められる。計算により求められた全 $\Delta H°$ が正の値であれば，反応によって切断される出発物質中の結合が強いことを示し，逆に，負の値となれば生成物中に生じる結合が強いことを意味する。次に実例を挙げて説明しよう。

　表7.1 の値を用いて，エタノールと臭化水素からブロモエタンと水が生成する反応のエンタルピー変化 $\Delta H°$ を求めよう (**図7.2**)。結合の切断に必要なエネルギーは 393 ＋ 368 ＝ 761 kJ mol^{-1} であり，結合生成により放出されるエネルギーは －(285 ＋ 498) ＝ －783 kJ mol^{-1} である。全体の $\Delta H°$ は 761 ＋ (－783) ＝ －22 kJ mol^{-1} となる。$\Delta H°$ が負の値であることから，

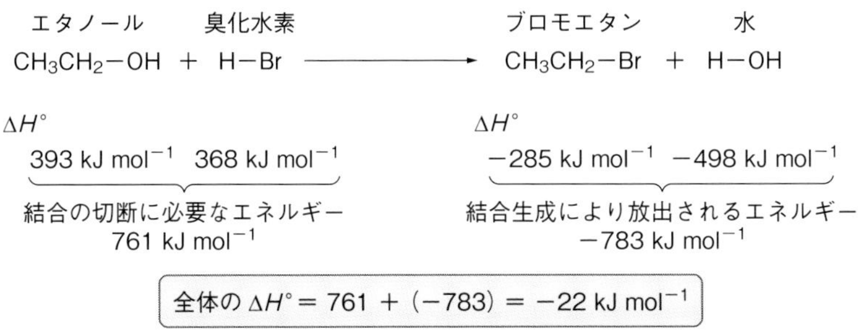

エタノール　　臭化水素　　　　　　　　　ブロモエタン　　　水
CH_3CH_2-OH ＋ $H-Br$ ⟶ CH_3CH_2-Br ＋ $H-OH$

$\Delta H°$

393 kJ mol^{-1}　368 kJ mol^{-1}　　　　　-285 kJ mol^{-1}　-498 kJ mol^{-1}

結合の切断に必要なエネルギー　　　　結合生成により放出されるエネルギー
761 kJ mol^{-1}　　　　　　　　　　　-783 kJ mol^{-1}

全体の $\Delta H° = 761 + (-783) = -22$ kJ mol^{-1}

図 7.2　エンタルピー変化の計算

この反応は発熱的であり，エネルギーが放出される。出発物質中の切断される結合が，生成物中に生じる結合より弱いことを表している。

結合解離エネルギーの解釈には二つの制約がある。

① 結合解離エネルギーを利用して得られる情報は全エネルギー変化のみであり，反応機構や反応速度に関する情報は与えない。

② 結合解離エネルギーは気相中の反応で求められた値である。有機反応の場合，たいていは有機溶媒中で行われることから，溶媒和エネルギーが全エンタルピー変化に影響を与える。そのため，結合解離エネルギーはエネルギー変化の指標として完璧なものではない。

しかしながら，結合解離エネルギーを用いて $\Delta H°$ を算出することにより，結合の切断と形成が起こる際の大まかなエネルギー変化，すなわちその反応が起こりやすいか起こりにくいかを見積もることができる。

第7章

7.3 化学平衡

化学反応では，出発物質がすべて生成物になる場合もあるが，出発物質が残っているのに途中で止まってしまう場合もある。このとき，出発物質から生成物に進む反応（正反応）と，その逆の，生成物から出発物質への反応（逆反応）の両方が同じ速度で起こっていると考える。この状態を**化学平衡**という。

反応が実際に進行するためには，反応の平衡が生成物側に有利でなければならない。さらに，生成物がある時間内に得られるような反応速度をもたなくてはならない。これらの二つの条件は，反応の**熱力学**と**速度論**によってそれぞれ決定される。

熱力学はエネルギーと平衡を記述するものであり，出発物質と生成物のエネルギーはどれくらい違うか，平衡状態での出発物質と生成物の量比はどのようになるかの指針を与えるものである。速度論は反応速度を記述するものであり，どれくらい速く出発物質が生成物に変換されるかの指針となる。

化学平衡　chemical equilibrium

熱力学　thermodynamics

速度論　kinetics

出発物質　　　　　　　　　　生成物
A ＋ B ⟶ C ＋ D

平衡定数　$K_{eq} = \dfrac{[\text{生成物の濃度}]}{[\text{出発物質の濃度}]} = \dfrac{[C][D]}{[A][B]}$

図7.3　反応の平衡定数

平衡定数 equilibrium constant

平衡定数 K_{eq} は平衡状態における出発物質と生成物の量比を表したものであり，出発物質と生成物の濃度を用いて記述することができる。例えば，出発物質 A と B が反応して C と D を生成する場合は，平衡定数は**図7.3**のように表される。

K_{eq} の大きさから平衡の位置がわかる。すなわち，$K_{eq} > 1$ のとき，平衡は生成物（C と D）に有利であり，反応式の右辺側に偏っている。一方，$K_{eq} < 1$ の場合，平衡は出発物質（A と B）に有利であり，反応式の左辺側に偏っている。そのため，反応が進行するためには，平衡は生成物に有利な $K_{eq} > 1$ でなければならない。平衡の位置は出発物質と生成物の相対的なエネルギーで決まる。このエネルギーについて見ていくことにしよう。

自由エネルギー free energy

ギブズ Gibbs, W.

分子の**自由エネルギー**はギブズの**自由エネルギー**とも呼ばれ，$G°$ で表記される[*4]。反応物質と生成物の間の自由エネルギー変化は $\Delta G°$ と表記され，平衡状態における出発物質と生成物のどちらに有利であるかを決める。$\Delta G°$ は平衡定数 K_{eq} を用いて次のように書ける。

＊4 この“自由エネルギー”という概念が，自発的変化の方向や平衡条件を表す指標となる。体積一定の場合の自由エネルギーをヘルムホルツ（Helmholtz, H. von）の自由エネルギーというが，実験室で通常行われる反応では圧力が一定の条件であることから，このギブズの自由エネルギーによって化学反応を考察する場合が多い。

自由エネルギー変化　$\Delta G° = G°_{\text{生成物}} - G°_{\text{出発物質}}$

$$\Delta G° = -2.303\,RT \log K_{eq} = -RT \ln K_{eq}$$

$$R = \text{気体定数}\ 8.314\ \text{J K}^{-1}\,\text{mol}^{-1}$$

$$T = \text{絶対温度}\ (273.15 + t\,[℃])\ \text{K}$$

この式を用いることにより，出発物質と生成物の間の自由エネルギー変化を，平衡定数をもとにして決定することができる。$K_{eq} > 1$ のとき，$\log K_{eq}$ は正の値であり，$\Delta G°$ は負の値となるのでエネルギーが放出される。これは生成物のエネルギーが出発物質のエネルギーよりも低いことを表しており，平衡は生成物に有利である[*5]。一方，$K_{eq} < 1$ のとき，$\log K_{eq}$ は負の値となり，$\Delta G°$ は正の値を示すため，エネルギーが吸収される。これは生成物のエネルギーが出発物質のエネルギーよりも高いことを表しており，平衡は出発物質側に有利となる。

＊5 反応はエネルギー的に低い化合物が生成する方向に進みやすいためである。

$\Delta G°$ は K_{eq} の対数に関係づけられているので，エネルギーの小さな変化が，平衡状態における出発物質と生成物の存在量比に大きな変化をもたらす。$\Delta G°$ と K_{eq} の関係を**表7.2**に示す。例えば，エネルギー差が約6 kJ mol^{-1} 程度であっても，平衡状態では安定な方が10倍も多く存在する。約18 kJ mol^{-1} のエネルギー差があれば，平衡状態では出発物質か生成物のどちらか一方しか存在していないことになる。

表7.2 A→Bの反応における $\Delta G°$ と K_{eq} の関係

$\Delta G°$(kJ mol^{-1})	K_{eq}	平衡状態におけるAとBの存在比	
+18	10^{-3}	ほぼすべて A（99.9%）	生成物の増大
+12	10^{-2}	A は B よりも 100 倍多い	
6	10^{-1}	A は B よりも 10 倍多い	
0	1	A と B は同量	
−6	10^{1}	B は A よりも 10 倍多い	
−12	10^{2}	B は A よりも 100 倍多い	
−18	10^{3}	ほぼすべて B（99.9%）	

　自由エネルギー変化（$\Delta G°$）は，エンタルピー変化（$\Delta H°$）とエントロピー変化（$\Delta S°$）から成り立っている。$\Delta H°$ は相対的な結合の強さを示す尺度であるが，$\Delta S°$ が意味するものを次に説明しよう。

　エントロピー（$S°$）は系の乱雑さの指標である。漠然としていて理解しにくい概念かもしれないが，化学では重要な指標である。運動の自由度が大きいほど，また，より無秩序であるほど，エントロピーは大きくなる。例えば，気体分子は液体分子よりも自由に動き回ることができるため，エントロピーは大きい。さらに，分子量が同程度の環状分子と非環状分子を比較した場合，環状分子の方が結合の回転が制限されているため，エントロピーは小さくなる。

エントロピー　entropy

　エントロピー変化（$\Delta S°$）は，出発物質と生成物の間の無秩序さの変化を表したものである。生成物が出発物質よりも無秩序なら $\Delta S°$ は正となり，秩序だっているなら $\Delta S°$ は負となる。例えば，結合のホモリシス（均一開裂）により二つのラジカル種が生成する場合，一つの出発物質が二つの生成物になるためエントロピーは増大する。反応の前後で分子の数が増えるような反応は，乱雑さが増した（エントロピーが増大した）と考えることができる。一方，二つの出発物質から一つの生成物を与える反応の場合，エントロピーは減少する。

　自由エネルギー変化（$\Delta G°$）とエンタルピー変化（$\Delta H°$），エントロピー変化（$\Delta S°$）は次式の関係にある。

$$\Delta G° \,=\, \Delta H° - T\Delta S° \quad （ここで T は絶対温度）$$

この式からわかるように，反応の自由エネルギー変化は，結合エネルギーの変化（エンタルピー変化）と無秩序さの変化（エントロピー変化）に依存する。結合エネルギーの変化は結合解離エネルギーを用いて計算できるが，エントロピー変化を求めることは容易ではない。しかしながら，先にも述べたようにエントロピーは乱雑さを示す尺度であるので，反応前後で乱雑さが増大しているのか減少しているのか，大まかな判断は可能である。

　自由エネルギー変化の式において，エントロピー項（$T\Delta S°$）は温度に依存する。通常の温度範囲で行われる多くの反応では，エントロピー項はエンタルピー項に比べて小さく，無視することができる。したがって，自由

第7章

エネルギー変化（$\Delta G°$）は結合エネルギーの変化（$\Delta H°$）のみで近似することができる。近似であるため注意を払う必要があるが，反応がエネルギー的に有利かどうかを大まかに判断できる。

7.4　反　応　速　度

7.4.1　エネルギー図

出発物質と生成物のエネルギー変化を見積もることにより，反応がどちらの方向に偏るかを判断できることを学んだ。次に，反応がどのくらいの速さで進行するのか，すなわち**反応速度**について学んでいこう。

反応速度　rate of reaction
　または reaction rate

エネルギー図　energy diagram

出発物質が生成物に変換される際に起こるエネルギーの変化を図示したものは**エネルギー図**と呼ばれる。エネルギー図から，反応がどれくらい容易に進行するのか，何段階からなる反応か，出発物質と生成物，反応中間体のエネルギー関係などを読み取ることができる。例えば，分子 A−B と C が反応して，A と新たな分子 B−C が生成する反応過程を考えてみよう。反応は一段階で進行すると仮定すると，A と B の結合が切断されるにつれて B と C の結合が生じてくる。この反応において，出発物質よりも生成物のエネルギーは低いものとする。この一段階反応のエネルギー図は**図 7.4**のように描くことができる[*6]。

*6　A−B と C の反応では，電荷をもつ化学種を想定する必要があるが，簡略化のため，電荷をもたない化学種として記述していることに注意されたい。

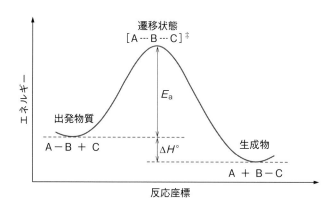

図 7.4　一段階反応のエネルギー図

反応座標　reaction coordinate

エネルギー図では，横軸（x 軸）に**反応座標**と呼ばれる反応の進行度合いをとり，縦軸（y 軸）にエネルギーをとる。出発物質である A−B と C が互いに接近するにつれて，電子雲は反発し合いエネルギーが上昇し，あるところで最大値（極大値）に達する。この不安定な，エネルギーが極大となる点を**遷移状態**という。遷移状態では，A と B の結合が部分的に切断されるとともに，B と C の結合が部分的に生成している。遷移状態は反応経路におけるエネルギー変化の極大点であり，単離することのできない化学種が形成されている[*7]。

遷移状態　transition state

*7　ここで，遷移状態の構造は［　］で囲み，その右上にダブルダガー（‡）をつける。図 7.4 内に記載したように [A···B···C]‡ と書き表す。

　遷移状態から，A と B が再結合することにより出発物質に戻ることもあるし，B と C の間に結合が生じて生成物を与えることもある。B と C の間の結合が生じるに伴いエネルギーは低くなり，最終的に生成物ができてエネルギーが極小となる。ここで，出発物質と生成物のエネルギー差が ΔH° である。出発物質よりも生成物のエネルギーが低いので，この反応は発熱的でありエネルギーを放出する。出発物質と遷移状態のエネルギー差は**活性化エネルギー**と呼ばれ，E_a で表される。活性化エネルギーは反応物質の結合を切断するのに必要なエネルギーの最小値であり，反応が進行するために越えなくてはならないエネルギー障壁を意味している。E_a が大きくなれば，結合を切断するために必要なエネルギーは大きくなり，その結果，反応速度は遅くなる。活性化エネルギーの大小は反応速度に関する情報を与えてくれるのである。

　エネルギー図には二つのエネルギー ΔH° と E_a が存在する。ΔH° は反応物質と生成物の相対的なエネルギー関係を決定するものであり，E_a はエネルギー障壁の高さを表すものである。この二つの変数 ΔH° と E_a は互いに独立である。例えば，ある二つの反応において，ΔH° はまったく同じ値であるのに E_a が大きく異なることもある。ΔH° が負の値の場合は生成物に有利な反応であることを示すが，E_a が大きい場合は反応の進行が遅いことを示している。

活性化エネルギー
activation energy

7.4.2　速度論

　ある反応がどれくらいの速さで進むのかを反応速度といい，反応速度に関する研究を**速度論**という。そのため，活性化エネルギー E_a が大きいほど反応は遅いことになる。反応条件である濃度や温度も反応速度に影響を与える。温度が高いほど反応は速くなる。これは，温度を高くすれば分子の運動が活発となり（平均運動エネルギーの増大），反応する分子どうしの衝突回数が増えるからである。有機反応の場合，一般的な E_a は 40〜150 kJ mol^{-1} であり，$E_a < 80$ kJ mol^{-1} の場合，反応は室温あるいはそれ以下で進行する[*8]。一方，$E_a > 80$ kJ mol^{-1} の場合はより高温での反応を行う必要がある。反応温度を 10℃ 上げると反応速度は約 2 倍になると見積もられている[*9]。

　化学反応の速度は，出発物質の濃度減少あるいは生成物の濃度増加を時間経過とともに測定することで実験的に求められる。**速度式**は反応速度と反応物質濃度の関係を示した式であり，k で示される**速度定数**と反応物質の濃度から構成される[*10]。ここで，速度定数 k は，反応速度の温度依存性と活性化エネルギー依存性を考慮した，反応における基本的な指標である。速い反応は大きな速度定数をもち，遅い反応は小さな速度定数をもつ。また，すべての反応物質の濃度が速度式に含まれるとは限らない。この点に

速度論　kinetics

[*8]　実験室で加熱反応を行うのは，反応速度を上げて望みの時間内で反応を完結させるためである。

[*9]　ここで，ΔG°，ΔH° および K_{eq} は反応速度に影響を与えないことに注意してほしい。これらは平衡の偏りの向きや，出発物質と生成物の相対的なエネルギー差を示すものである。

速度式　rate equation

速度定数　rate constant

[*10]　化学反応の速度式は実験的に決定された反応機構に依存する。

ついて次に見ていくことにしよう。

　速度式にどの濃度項が含まれるかは反応機構に依存する。すなわち，一段階の反応では，反応に関与するすべての反応物質の濃度項が速度式に含まれる。一方，多段階の反応では，**律速段階**[*11] に関与する反応物質の濃度項のみが速度式に含まれる。例えば，A−B と C が反応して A と B−C が生成する一段階反応の場合（図7.4），両方の反応物質がただ一つの遷移状態に関与する。そのため，両方の反応物質が反応速度に影響を与えることから，速度式には両方の反応物質の濃度項が含まれる。二つの反応物質が関与する反応であることから**二分子反応**といい，「速度式は二次である（反応は二次の速度論に従う）」という[*12]。この場合の反応速度は次のように書き表される。

$$反応速度 \ = \ k\,[A{-}B]\,[C]$$

この反応の速度は両出発物質の濃度に依存するため，どちらかの出発物質の濃度を 2 倍にすれば，反応速度は 2 倍になる。両方の濃度を 2 倍にすれば，反応速度は 4 倍となる。

　A−B と C が段階的な反応を経て A と B−C が生成する場合は状況が異なる。ここでは二段階の反応を考えることにしよう。すなわち，最初に A−B 結合の開裂が起こった後，B−C 結合が生成する反応である。また，反応全体としては発熱的であると仮定する（**図7.5**）。

律速段階　rete-determining step
*11　律速段階とは，一連の反応がいくつかの段階に分かれている場合，その一連の反応の中で反応速度が最も小さく，その反応が全体の反応速度を律する（決定する）段階を指す。

二分子反応　bimolecular reaction

*12　速度が二つの試薬の濃度に直線的に依存する反応を**二次反応**（second-order reaction）という。これは，反応は二次の速度論に従うということと同義である。一つの出発物質のみの濃度に依存する反応は**一次反応**（first-order reaction）という。次ページで解説する一分子反応は一次反応である。

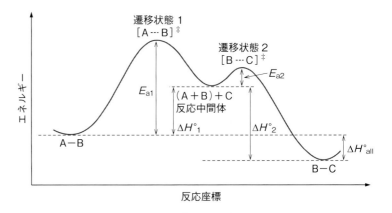

図 7.5　二段階反応のエネルギー図

反応中間体
　reaction intermediate または
　reactive intermediate

*13　図 7.5 の遷移状態 1 と遷移状態 2 の間の極小点（エネルギーが極小になる点）のとき反応中間体が存在する。

　まず，A−B 結合が開裂することにより生成する化学種 A と B は**反応中間体**と呼ばれる[*13]。この反応中間体のうち，化学種 B のみが C と反応して B−C 結合をもつ化合物になるとする。A−B 結合の開裂（切断）にはエネルギーを要するため吸熱反応である。そのため，$\Delta H^\circ{}_1$ は正の値となり，この反応により生成する化学種 A と B のエネルギーは出発物質より高くなる。遷移状態 1 では A−B 結合が活性化され，部分的に結合の切断が起こっている。遷移状態 1 $[A{\cdots}B]^{\ddagger}$ にするためには活性化エネルギー E_{a1} が必要

である。

次に，化学種 B と C の反応により B−C 結合をもつ化合物が生成する。B−C 結合の生成に伴いエネルギーが放出されるため発熱反応となる。$\Delta H°_2$ は負の値を示すことになり，生成物 (B−C) は出発物質[*14] よりもエネルギー的に低くなる。また，B−C 結合を生成する際にも，遷移状態 2 [B···C]‡ を経て反応は進行する。このときの活性化エネルギー E_{a2} は，一般に E_{a1} よりも小さなエネルギーとなる。これは，反応活性な B がすでに生成しており，C との反応が速やかに進行するからである。二段階反応の全体として発熱的であると仮定したので，出発物質と最終生成物の間の全エネルギー差 $\Delta H°_{all}$ は負の値をとり，最終生成物は出発物質よりも低いエネルギーとなる。

多段階反応において，最も高いエネルギー障壁 (活性化エネルギー) をもつ段階が律速段階となる。図 7.5 で説明した二段階反応においては，A−B 結合の切断に必要な活性化エネルギー E_{a1} が最も高いエネルギー障壁なので，A−B 結合の切断がこの反応の律速段階である。多段階の反応において，律速段階よりも遅い速度で進行する反応はない。したがって，律速段階に影響を与える物質 (出発物質) の濃度のみが速度式に含まれることになる。図 7.5 の二段階反応では A−B のみが律速段階に関与しているので，反応速度は A−B の濃度のみに依存する。このようなただ一つの反応物質が関与する反応は**一分子反応**と呼ばれ，速度式は一次であるという。

反応速度 = k [A−B]

反応速度は反応物質 A−B の濃度にのみ依存するので，A−B の濃度を 2 倍にすれば反応速度は 2 倍になる。しかし，C の濃度を 2 倍にしても反応速度には何ら影響を与えない。

反応物質 C も反応に関与しているのに，反応全体の速度に影響を与えないことは不思議に感じるかもしれない。これは先にも述べたように，C は反応の遅い段階には関与していないからである。そのため，C の濃度を変えても，また C に相当する化学種 (反応物質) を変更しても，反応速度にはいっさい影響を与えないのである。

速度式は反応機構に関する重要な情報を与えてくれる。そのため，反応物の濃度を変えて反応速度の変化を調べることにより，どの物質が反応速度に影響を与え，どのような反応機構で反応が進行しているのかを考察することができる。このような実験と考察を行うことが，より効率の良い合成法を開発することにつながるのである。

一分子反応
 unimolecular reaction

[*14] ここでの「出発物質」は反応中間体を指すことに注意されたい。

第7章

7.5 触媒作用

化学反応は，一般に温度を上げればその反応速度は大きくなることが期

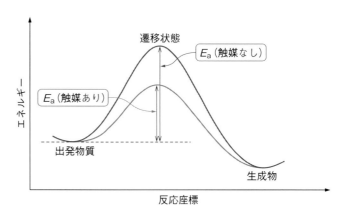

図 7.6 反応に対する触媒の効果

*15 ただし，物質（化合物）によっては，ある温度以上では分解してしまうような，熱的に不安定なものがある。このような物質を扱う際には，低温条件で反応を行わなければならない。

触媒 catalyst

待できるため，室温付近で反応の進行が遅ければ，まずは加熱してみるのが定石である[*15]。しかし，常に加熱条件で反応を行うことができるわけではない。このような場合に，**触媒**を用いることで反応の進行を加速させることができる。ここでは触媒の作用について見ていくことにしよう（**図 7.6**）。

　触媒とは，化学反応の反応速度を高める物質で，反応の前後でその組成が変化しないものをいう。また，反応によって消費されても，反応の完了と同時に再生し，変化していないように見えるものも触媒とされる。触媒は活性化エネルギーを低くすることによって反応を加速する。しかし，触媒は平衡定数には影響を与えないので，平衡状態における反応物質と生成物の量比は変化しない。すなわち，触媒は速く平衡に達することに寄与するが，平衡状態の位置には影響を与えない。触媒が一連の反応のある段階で使われるときには，必ずどこか別の段階で再生される。そのため，触媒は出発物質に対し少量[*16]存在していれば充分である。

*16 これを"触媒量"と称する（4.1.4 項 側注 20 参照）。

　触媒の最も重要な特徴の一つは反応速度を変えることであるが，それだけではなく，反応の種類や選択性を制御することにも機能している。例え

Drop-in　アボガドロ定数

　アボガドロ定数とは，物質量 1 mol を構成する粒子（分子や原子，イオンなど）の個数を表す定数であり，国際単位系（SI 単位系）における物理量の単位であるモル（mol）の定義に使用されている。アボガドロ定数は，$6.02214076 \times 10^{23}\,\mathrm{mol^{-1}}$ であるが，一般的には 6.02×10^{23} などの概数値が用いられることが多い。すなわち，1 mol の物質を集めると，そこには 6.02×10^{23} 個の物質が含まれていることを

意味する。

　さて，このアボガドロ定数にちなんで制定された「化学の日」をご存じだろうか。日本化学会，化学工学会，日本化学工業協会そして新化学技術推進協会の四団体が，毎年 10 月 23 日を「化学の日」，その日を含む月曜日から日曜日までの一週間を「化学週間」として制定した。化学の普及活動が国民的イベントとして発展していくことが期待されている。

ば，**酵素**は生体内で生体分子を合成したり分解したりする触媒である。さらに，かつては合成が困難であった化合物が，金属錯体を触媒として用いることにより，簡便な手法で効率よく合成できることが知られている[17]。また，天然物から抽出することによってのみ得られていたキラルな化合物を，人工的に一方の鏡像異性体のみを選択的に合成する手法も開発されている[18]。触媒はわれわれの暮らしに欠かせない，魔法の物質なのかもしれない。

酵素 enzyme

[17] 金属錯体を触媒として用いた合成反応については 13.3.1 項で紹介する。

[18] 4.1 節参照。

章末問題

7.1 プロパン（$CH_3CH_2CH_3$）の燃焼反応で水と二酸化炭素が生成する。この化学反応式を書け。

7.2 結合解離エネルギーの値（表7.1）を用いて次の反応のエンタルピー変化 $\Delta H°$ を計算せよ。また反応は吸熱的か発熱的か答えよ。

    (a) $CH_3CH_2Cl + H_2O \longrightarrow CH_3CH_2OH + HCl$

    (b) $CH_4 + Cl_2 \longrightarrow CH_3Cl + HCl$

7.3 自由エネルギー変化 $\Delta G° = -44\,kJ\,mol^{-1}$ の反応と $\Delta G° = +44\,kJ\,mol^{-1}$ の反応とではどちらがエネルギー的に有利か。

7.4 水酸化物イオン（OH^-）とクロロメタン（CH_3Cl）の反応でメタノール（CH_3OH）と塩化物イオン（Cl^-）が生成する際のエンタルピー変化 $\Delta H°$ は $-75\,kJ\,mol^{-1}$ で，エントロピー変化 $\Delta S°$ は $+54\,J\,K^{-1}mol^{-1}$ である。298 K での自由エネルギー変化 $\Delta G°$（$kJ\,mol^{-1}$）を求めよ。

7.5 活性化エネルギー $E_a = +45\,kJ\,mol^{-1}$ の反応と $E_a = +70\,kJ\,mol^{-1}$ の反応とで反応速度が大きいのはどちらか。

7.6 反応物よりも生成物の方がエネルギー的に高く，かつ E_a が大きな反応のエネルギー図を描け。縦横両軸，反応物，生成物，遷移状態，$\Delta H°$，E_a を図中に明記せよ。

7.7 次の速度式において，それぞれの濃度変化によって全体の反応速度はどのような影響を受けるか答えよ。

反応速度 $= k\,[CH_3CH_2Br][OH^-]$

    (a) CH_3CH_2Br の濃度を 3 倍にする。

    (b) OH^- の濃度を 3 倍にする。

    (c) CH_3CH_2Br と OH^- の両方の濃度を 3 倍にする。

7.8 触媒について説明せよ。

第**7**章

第8章　物質の種類

元素周期表にある様々な元素を用いて化合物が構成されている。単体や金属は単一の元素から構成される物質であるにもかかわらず，原子と原子の結合様式に由来する異なる物性を示すものがある。さらに，様々な元素を用いた複雑な化合物や，エチレンのように単純な物質が繰り返し結合することにより巨大な化合物（高分子化合物）を形成したものまで，バラエティーに富んでいる。本章では，こうした多種多様な物質がどのように形作られ，どのような性質を有しているのかについて見ていくことにしよう。

8.1　単体から構成される物質の種類

8.1.1　金　属

一種類の元素からなる金属は，一般に，金属光沢があり電気や熱をよく導く[*1]。金属元素は全元素の約80%を占め，水銀を除いて室温では固体である。金属は，金属陽イオンと電子からなる物質で，金属結合を形成する。金属結合は，金属陽イオンがなるべく密に詰まるように結晶格子を作って規則正しく配列し，その隙間に電子が存在して陽イオンを結び付ける働きをしている。この電子を**自由電子**といい，多数の自由電子と多数の金属イオンとの間の静電的な引力により金属結合が形成されている。自由電子が容易に移動できるため，金属は電気や熱を伝えやすい性質をもつ。金属では，電子は自由に移動することができ，特定の結合に使われている訳ではない。すなわち，結合に方向性が生じないため，金属は変形しやすい性質をもつ。

8.1.2　同　素　体

同一元素の単体から構成される物質の中には，原子の配列や結合様式が異なる物質が存在する。これを**同素体**という。炭素の同素体であるダイヤモンドと黒鉛（グラファイト）[*2]では，炭素の混成状態が異なるため，ダイヤモンドは三次元構造を有し，黒鉛は層構造をとる。層構造が集積した黒鉛とは異なり，ダイヤモンドはsp^3混成した炭素原子が4個の価電子を用いて隣接する4個の炭素原子と共有結合を作る。強固な網目構造を形成するため，ダイヤモンドは非常に硬い物質である。すべての価電子が結合に用いられているため絶縁体であり，空気中では700℃まで安定に存在する[*3]。

炭素の同素体に**フラーレン**と呼ばれる物質がある。最初に発見されたフラーレンは炭素原子60個で構成されるサッカーボール状の構造をもつ物質であり，C_{60}フラーレンと呼ばれる（**図8.1上**）[*4]。C_{60}フラーレンは20個の6員環と12個の5員環から構成されており，60本の単結合と30本の

[*1]　金属結合については3.5節を復習してほしい。また，金属単体の反応性については9.2節で紹介する。

自由電子　free electron
同素体　allotrope

[*2]　ダイヤモンドはsp^3混成した炭素から構築されるため三次元構造を有する。一方，sp^2混成炭素からなる黒鉛は層構造をもち，黒鉛上の非局在化したπ結合電子の存在により導電性を示す。ダイヤモンドと黒鉛の結晶構造，黒鉛の導電性については，5.3節を参照してほしい。

[*3]　ダイヤモンドは炭素からできているため，燃焼により炭化する。そのため，保管する際は，耐火金庫の利用が推奨される。

フラーレン　fullerene

C_{60}フラーレン

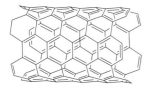

カーボンナノチューブ

図8.1　フラーレンとカーボンナノチューブの構造

二重結合から形成されている安定な化合物である。フラーレンの内部は空洞になっている。この空洞内にアルカリ金属やアルカリ土類金属が内包された物質は，超伝導性など興味深い物性を示すことが報告され，新しい物質の開発が精力的に行われている[*5]。

　黒鉛（グラファイト）がシート状に広がった物質を**グラフェン**という。グラフェンは，黒鉛と同様にsp^2混成軌道を有する炭素原子がシート状につながっていることから，熱伝導性・電気伝導性ともに優れた物質である。さらに引っ張りにも強いという物理的な特徴を有している。グラフェンシートを丸めて筒状にした物質は**カーボンナノチューブ**と呼ばれ，チューブ状にすることにより様々な用途に対応することができる新材料として注目を集めている（**図8.1下**）。

　炭素は最も古くから知られている元素の一つであることから，様々な物質において中心的な役割を担ってきた。さらに近年では，炭素原子のみを用いてシート状のグラフェンや筒状のカーボンナノチューブなどを合成することができるようになったことから，新たな物質開発が精力的に行われている。

　炭素以外にも，硫黄やリン，酸素などの同素体が知られている[*6]。硫黄の同素体には，ゴム状硫黄や斜方硫黄，単斜硫黄などが知られており，これらは見た目の形状が異なっている。ゴム状硫黄はその名の通り無定形の固体で，伸ばすとゴムのような弾性を示す。斜方硫黄はブロック状の結晶（固体）であり，単斜硫黄は針状の結晶である。このように同一の化学組成の物質が固体状態で異なる結晶構造で存在することがあり，それを**多形**，あるいは**同質異像**という。見た目の形状が異なるだけでなく，溶解性や反応性などの物理的・化学的な性質が異なることから，様々な産業分野で活用されている[*7]。

8.2 無機固体物質の種類

8.2.1 セラミックスの種類

　炭素原子を含む物質は有機化合物，炭素原子を含まない物質は無機化合物に分類される[*8]。本項では，無機固体材料として用いられているセラミックスについて見ていくことにしよう。

　セラミックスとは，狭義には陶磁器を指すが，広義には窯業製品[*9]の総称として用いられ，無機物を加熱処理により焼き固めた焼結体のことをいう。すなわち，日常生活に欠かせないお茶碗や湯飲みなどはセラミックスである。セラミックスは金属，非金属元素を問わず，酸化物，炭化物，窒化物などの無機固体材料の一つであり，酸化物系セラミックスと非酸化物系セラミックスに大別できる。ここでは構成元素に注目してセラミックス

[*4] サッカーボール状構造のC_{60}フラーレンが，建築家フラー（Fuller, B.）が設計したドームの形に似ていることからこの名がつけられた。サッカーボールを手に取って，C_{60}フラーレンの構造を確認してみてほしい。

[*5] 60個の炭素原子からなるフラーレンだけでなく，70個の炭素原子からなるフラーレンも知られている。

グラフェン graphene

カーボンナノチューブ carbon nanotube（略称CNT）

[*6] リンの同素体には，白リン（黄リン）や赤リンが知られている。オゾンは酸素の同素体である。オゾンについては12.2.2項を参照のこと。

多形 polymorph

同質異像 polymorphism

[*7] 物質の多形は，医薬品や農薬，色素，火薬などの開発に応用されている。

[*8] 炭素を含む無機固体材料も知られている。「無機」「有機」という分類そのものの定義が変わってきているのかもしれない。

セラミックス ceramics

[*9] 窯業とは，窯を用いて粘土やそのほかの非金属原料を高熱処理し，レンガやガラス，陶磁器などを製造する工業である。陶磁器はセラミックスの一種で，土を練り固め焼いて作ったものの総称である。

第8章

を見ていくことにしよう。

　酸化物系セラミックスはその名の通り，酸素を含むセラミックスである。酸素とそれ以外の元素から構成され，代表的な化合物としては酸化アルミニウム（アルミナ，Al_2O_3）や二酸化ケイ素（シリカ，SiO_2）を挙げることができる。

酸化アルミニウムは古くから研究され，産業面で最も広く実用化されている酸化物系セラミックスの代表的な物質である。**アルミナ**はアルミニウムの水和物や粘土鉱物から作られ，最も安定な α-アルミナになる。アルミナの結晶からなる鉱物はコランダムと呼ばれ，純粋な結晶は無色透明であるが，結晶中に取り込まれる金属イオンにより着色し，ルビー（赤色）やサファイヤ（青色などの赤色以外のもの）などに分類され，装飾品として用いられてきた。酸化アルミニウムの構造は，酸素イオンが六方最密構造の位置を占め，酸素イオンが作る八面体空隙（6 配位）の 2/3 をアルミニウムイオンが占める構造をとっている（図 **8.2**）。

　酸化アルミニウムは次のような特徴を有する物質である。

1. ほとんどの酸や塩基に冒されにくく，化学的に安定な物質である。
2. 高い硬度を有しているため，耐摩耗性に優れている。
3. 電気絶縁性に優れているため，電子部品の基板として用いられる。
4. 剛性が高く，曲げ・圧縮強度も高いため，精密部品の加工に向いている。
5. 熱伝導率が高く，耐熱性に優れている。

二酸化ケイ素は**シリカ**と呼ばれる物質である。**石英（クォーツ）**は二酸化ケイ素が結晶化してできた鉱物で，その中でも特に無色透明なものが**水晶**である。天然の石英はその資源量に限りはあるが，二酸化ケイ素は珪砂や珪石に含まれている。地球上で最も多い元素は酸素で二番目がケイ素であることを考えれば，二酸化ケイ素の原料である珪砂や珪石の資源量は潤沢である。

　二酸化ケイ素の構造はダイヤモンドに似ている。すなわち，ケイ素は炭素と同族の 14 族元素であることから，sp^3 混成した軌道を用いて結合を形成する。このケイ素原子と酸素が交互に結合することにより，三次元方向に無限に繰り返された構造をとる（図 **8.3**）。さらに，ケイ素と酸素は強い共有結合を形成することができるため安定な物質となる。工業的に生産される二酸化ケイ素の一つにシリカゲルがある。シリカゲルは乾燥剤として食品や精密機器の保存の際に用いられる[*10]。

　酸化物系セラミックスとしては，アルミナやシリカ以外にも，4 族元素であるチタンやジルコニウムの酸化物などを挙げることができる。また，酸素以外の元素を用いた非酸化物系セラミックスも知られている。別の元素を用いているため結晶構造（結合様式）が異なり，様々な物性を示すこと

酸化アルミニウム
aluminium oxide

アルミナ　alumina

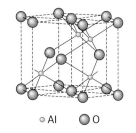

○ Al　　○ O

図 8.2　酸化アルミニウムの構造

二酸化ケイ素　silicon dioxide
シリカ　silica

石英（クォーツ）　quartz

水晶　rock crystal

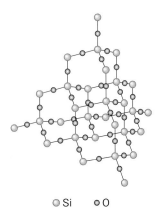

○ Si　　○ O

図 8.3　二酸化ケイ素の結晶構造

＊10　本章 Drop-in 参照。

が知られている。

8.2.2　様々な無機固体物質

　有機化合物は炭素を中心に[*11]，窒素やリン，酸素や硫黄そしてハロゲンなどの比較的限られた元素から，膨大な数の物質が作り出されてきた。一方で，炭素を含まないでも，元素周期表上にあるいろいろな元素を利用することで，材料としての無限の可能性を引き出すことができる。セラミックス以外の無機固体物質の例を紹介しよう。

　われわれの生活に欠かすことのできないスマートホンやタブレットなどの普及には，特にバッテリーの開発に関して**リチウムイオン二次電池**が大きく貢献している。リチウムイオン二次電池は，正極と負極の間をリチウムイオンが移動することで充電や放電を行う。これらの電池には，正極にリチウム遷移金属複合酸化物が，負極には炭素材料，電解質には有機溶媒などの非水電解質が用いられている[*12]。これらの電極材料の開発は，地道な基礎研究の成果が結実した例である。

　光触媒という言葉を聞いたことはあるだろうか。光触媒とは，光を照射することにより触媒作用を示す物質の総称である。われわれの身近にも光触媒が利用されている。中でも酸化チタン（TiO_2）の光触媒は，紫外線を吸収したときに強い酸化還元作用や超親水作用を示すことが知られている。酸化チタンの強い酸化還元作用を利用したものとして，水を酸素と水素に分解する反応がある。これは，太陽の光エネルギーを用いて水から水素というクリーンエネルギーを作り出せることを意味している。酸化チタンを超える触媒能を示す物質が開発できれば，エネルギー問題の解決につながるだろう。

　次に**半導体**を紹介しよう。物質には電気を通す「導体」と電気を通さない「絶縁体」がある。半導体はその中間の性質を備えた物質である。電気を通す，通さないという性質には，それぞれの物質に固有な電気抵抗率が大きく関係している。代表的な半導体であるケイ素やゲルマニウムは，単体であることから元素半導体と呼ばれる。一方，二種類以上の元素から構成される半導体を化合物半導体といい，ヒ化ガリウム（$GaAs$）やリン化ガリウム（GaP），リン化インジウム（InP）などがある。半導体は多くの電化製品を制御するために必要不可欠であり，エアコンの温度センサーやパソコンの CPU，LED 電球[*13] などの様々な製品に利用されている。

8.3　有機化合物の種類

　有機化合物の性質を特徴づける一番の要因は，その化合物が有する**官能基**であるといっても過言ではない。本節では，有機化合物の官能基に注目

*11　炭素とともに水素も有機化合物の骨格の一部を担っていることが多い。

リチウムイオン二次電池
　lithium-ion battery（LiB）

*12　ここで正極材料には，コバルト酸リチウム（$LiCoO_2$）やマンガン酸リチウム（$LiMn_2O_4$），リン酸鉄リチウム（$LiFePO_4$）などが開発され実用化されている。

光触媒　photocatalyst

半導体　semiconductor

*13　CPU（central processing unit）は中央演算処理装置，LED（light emitting diode）は発光ダイオード。

官能基　functional group

第8章

*14　なお，有機化学における
すべての官能基を詳細に説明する
ことは紙面の都合もあり難しいの
で，適宜，有機化学の教科書を参
照されたい。

脂肪族炭化水素
　aliphatic hydrocarbon

アルカン　alkane
アルケン　alkene
アルキン　alkyne

芳香族炭化水素
　aromatic hydrocarbon

ベンゼン　benzene

*15　これらの化合物の反応性
については第6章を参照してほし
い。

*16　置換基については，4.1.2
項を参照のこと。

*17　4.2節参照。

*18　アルコキシドは，アルコー
ルの共役塩基であるアニオンのこ
とで，有機基が負電荷をもつ酸素
に結合した構造をもつ。対カチオ
ンとしてアルカリ金属であるナト
リウムやカリウムをもつアルコキ
シドを金属アルコキシドという。
共役塩基については4.3節を参照
のこと。

*19　この反応は6.2.3項で紹介
した求核置換反応である。

して物質の種類を紹介する[14]。

8.3.1　炭 化 水 素

　炭化水素は炭素と水素のみで構成された化合物で，脂肪族と芳香族に大別される。**脂肪族炭化水素**は三つの小グループに分類される。**アルカン**は炭素－炭素 σ 結合（単結合）からなり，官能基をもたない化合物である。メタン（CH_4）やエタン（CH_3CH_3）は単純なアルカンの例である。**アルケン**は官能基として炭素－炭素二重結合（C＝C）をもつ化合物である。**アルキン**は官能基として炭素－炭素三重結合（C≡C）をもつ物質である。最も単純な**芳香族炭化水素**はベンゼンである。ベンゼンの6員環と三つの π 結合が一つの官能基を構成している。

　アルカンは sp^3 混成した炭素と水素から構成されており，官能基をもたないことから反応性に乏しく，非常に過酷な条件下でなければ反応しない。例えば合成高分子であるポリエチレンは，高分子量のアルカンであり，したがって容易には分解しない安定な化合物である。アルケンやアルキンは，炭素－炭素間に π 結合電子をもつことから付加反応に対して高い反応性を示す。ベンゼン環もまた，π 結合電子に起因する芳香族求電子置換反応が進行する[15]。同じような置換基[16]をもつ化合物は互いに似た性質や反応性を示すことが知られており，これらの置換基を官能基と呼んでグループ分けを行う。有機化合物の性質はこの官能基によって整理することができる。

8.3.2　炭素－ハロゲンおよび酸素間に σ 結合をもつ化合物

　炭素－ハロゲン間に σ 結合をもつハロゲン化アルキルは，ハロゲンの電気陰性度により $C^{\delta+}\cdots X^{\delta-}$ に分極している。そのため，6.2.2 項で述べた脱離反応や 6.2.3 項で述べた求核置換反応により新たな化合物に変換することができる。

　炭素－酸素間に σ 結合をもつ化合物には，アルコールやフェノール，エーテルがある。アルコールはアルカンの一つの水素原子がヒドロキシ基（－OH）に置き換わった化合物である。アルコールは OH 基を用いて水素結合[17]を形成することができるため，同程度の分子量をもつ化合物に比べて高い沸点を有する。アルコールの反応は分極した O－H 結合の反応，C－O 結合の反応，そして酸化反応の三つに大別できる。

　O－H 結合の分極を利用することで，金属アルコキシド[18]を生成することができる。この金属アルコキシドを利用してハロゲン化アルキルと反応させることによりエーテルを合成することができる（**図8.4**）[19]。

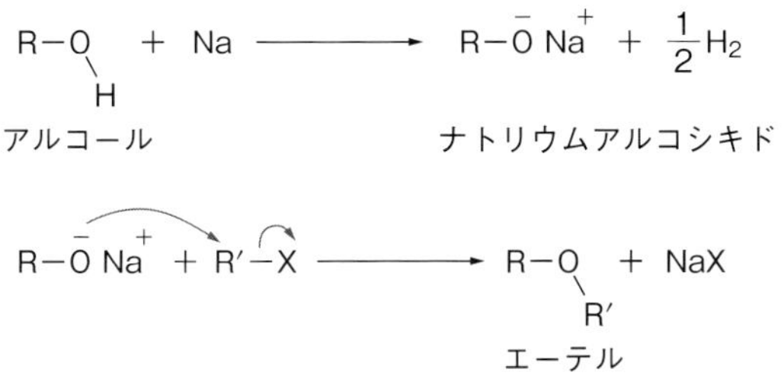

R−O−H + Na → R−O⁻ Na⁺ + 1/2 H2
アルコール
ナトリウムアルコシキド
R−O⁻ Na⁺ + R′−X → R−O−R′ + NaX
エーテル

図 8.4 アルコールの反応：エーテルの合成

炭素−酸素結合は比較的安定な結合であるが，酸触媒を利用することで，オキソニウムイオンの生成とそれに続く水分子の脱離反応が進行する。酸として HBr や HI を用いた場合には，Br^- や I^- が求核試薬として機能するため，水の脱離に伴い対応するハロゲン化エタンが生成する（**図 8.5**）。

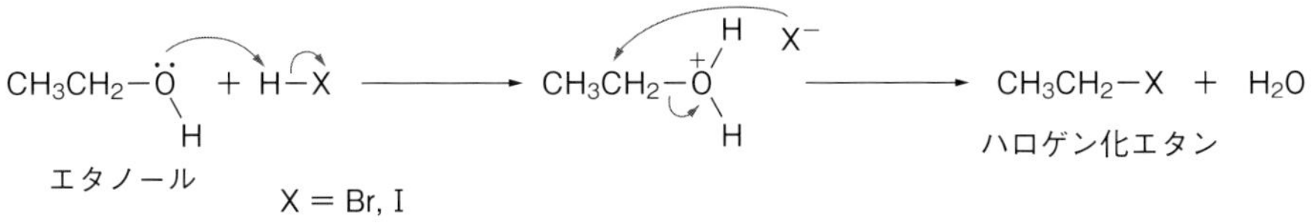

CH3CH2−O−H + H−X → CH3CH2−O⁺H2 X⁻ → CH3CH2−X + H2O
エタノール
X = Br, I
ハロゲン化エタン

図 8.5 エタノールと HX の反応：ハロゲン化エタンの生成

一方，硫酸のような求核性のない強酸を用いて高温で反応させると，オキソニウムイオンが生成して，それがもう一分子のエタノールと反応することにより，ジエチルエーテルが生成する（**図 8.6**）。ここではもう一分子のエタノールが求核試薬として作用し，求核置換反応により反応が進行していることに注意してほしい。この反応は第一級アルコール*[20] を用いた場合に限定されるが，工業的なジエチルエーテルの合成に用いられている*[21]。

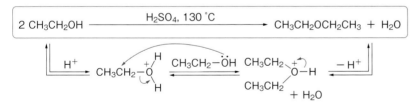

2 CH3CH2OH —H2SO4, 130 °C→ CH3CH2OCH2CH3 + H2O
H⁺
CH3CH2−O⁺H2
CH3CH2−OH
(CH3CH2)2O⁺−H
+ H2O
− H⁺

図 8.6 エタノールと硫酸の反応：ジエチルエーテルの生成

第一級アルコールを酸化するとアルデヒドが生成する。さらに酸化するとカルボン酸にまで酸化される。第二級アルコールの酸化ではケトンが生成する*[22]。しかし，第三級アルコールは酸化反応を受けない（**図 8.7**）。用いるアルコールの構造によって，反応性が異なる点に注意されたい。

フェノールはヒドロキシ基を有する芳香族化合物である。ヒドロキシ基がベンゼン環（共役した二重結合をもつ環状化合物）に結合しているため，アルコールに比べてプロトンを放出しやすい特徴を有する。そのため，フェノールはアルコールよりも高い酸性を有する化合物である。

*20 ハロゲン化アルキルやアルコールは，ハロゲン基やヒドロキシ基をもつ炭素に結合した炭素の数に基づいて第一級，第二級，第三級に分類される。

*21 この反応をさらに高温で行った場合，水の脱離に伴いエチレンが生成する。この反応においても，オキソニウムイオンの生成と水が塩基として機能する E2 脱離反応によりエチレンが生成する。

*22 それぞれの化合物については 8.3.3 項参照。

フェノール phenol

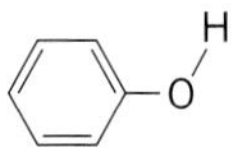

フェノール

第8章

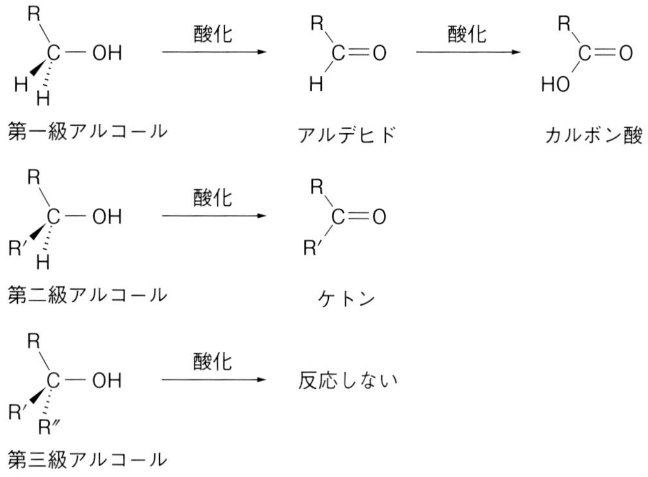

エーテル ether

*23 エタノールの沸点は約78℃であるのに対し，ジエチルエーテルのそれは約35℃である。アルコールのヒドロキシ基は水素結合を形成できる。そのため，沸点が高くなる。エーテルでは水素結合が形成できないために，沸点が低くなる。

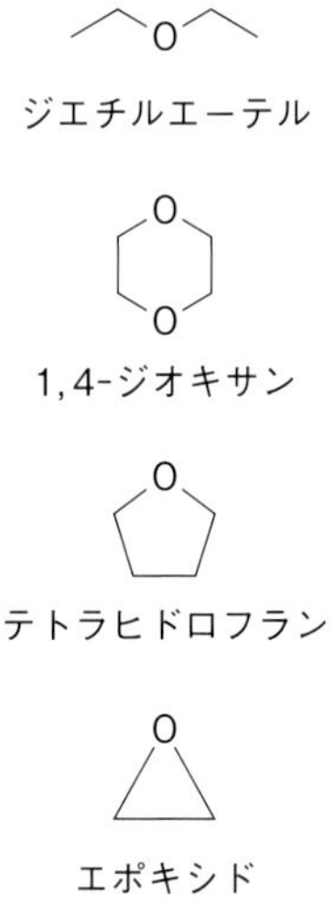

ジエチルエーテル

1,4-ジオキサン

テトラヒドロフラン

エポキシド

図8.8 代表的なエーテル化合物

*24 4.3節参照。

エポキシド epoxide

カルボニル基 carbonyl group

*25 カルボニル化合物の分類に基づく反応性については6.4節を参照してほしい。

図8.7 アルコールの酸化反応

エーテルはアルコールの水素原子が有機基で置き換わった化合物である*23（**図8.8**）。酸素上には二組の非共有電子対を有することから，強酸やルイス酸*24 と反応してプロトンが付加した化合物や，ルイス酸との付加物を形成する。しかしほとんどの試薬に対して安定であり，多くの有機物をよく溶かすため，ジエチルエーテルやテトラヒドロフラン，1,4-ジオキサンなどは反応溶媒としてよく用いられる。

酸素と二つの炭素から構成される3員環の化合物を**エポキシド**という。sp^3混成した炭素原子から構成される3員環化合物である。そのため，結合角はsp^3混成角（109.5°）よりも小さく，角度ひずみをもつため，通常のエーテルに比べて反応性に富んでおり，酸や求核試薬によって開環反応が容易に進行する。

8.3.3 炭素－酸素間に二重結合をもつ化合物

炭素－酸素間に二重結合をもつ官能基は**カルボニル基**と呼ばれ，数多くの物質に含まれる。カルボニル炭素に結合する二つの置換基によって，**アルデヒドやケトン**，**カルボン酸**，**エステル**，**アミド**および**酸ハロゲン化物**などに分類される。アルデヒドはカルボニル炭素に水素が結合した化合物であり，この水素の代わりに炭化水素基が結合した化合物を**ケトン**という。カルボニル炭素にヒドロキシ基が結合した化合物を**カルボン酸**といい，ハロゲンが結合した化合物を酸ハロゲン化物という。また，アミノ基（$-NH_2$）が結合した化合物はアミドという。カルボン酸のヒドロキシ基の水素が炭化水素基で置き換わった化合物をエステルという。代表的なカルボニル化合物を**図8.9**にまとめておく。カルボニル化合物の特徴は，C＝O結合の大きな分極に由来するとともに，カルボニル炭素に結合している置換基の種類により特有の反応性を示す*25。

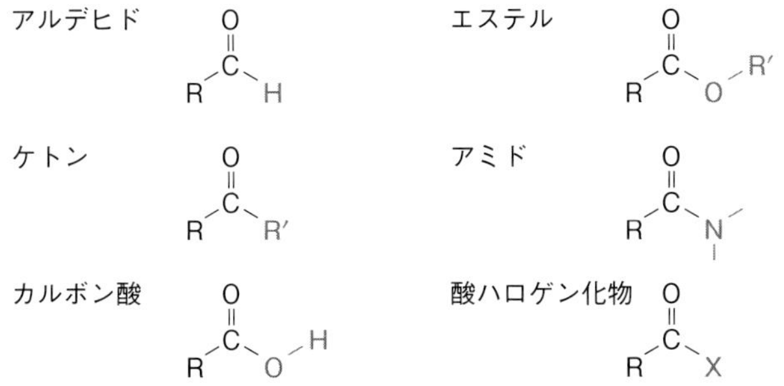

アルデヒド

ケトン

カルボン酸

エステル

アミド

酸ハロゲン化物

図8.9 種々の型のカルボニル化合物

アルデヒド aldehyde

ケトン ketone

カルボン酸 carboxylic acid

エステル ester

アミド amide

酸ハロゲン化物 acid halide

8.3.4 窒素を含む有機化合物

　アンモニアの水素原子が有機基[*26]に置き換わった化合物を**アミン**という。アミンは窒素上に非共有電子対を有するため，塩基性を示すとともに求核性を示す化合物である。アミンの化学的性質はこの非共有電子対に依存している。一般的なアミンの塩基性度を**表8.1**に示す。

　カルボン酸などの酸の酸性度の強さが酸性度定数 K_a を定義して測定できるのと同じように，アミンの塩基性の強さも**塩基性度定数**[*27] K_b を定義することができる。

[*26] 炭化水素基もしくは芳香族原子団。

アミン amine

塩基性度定数 basicity constant
[*27] 塩基解離定数とも呼ばれる。

表8.1 一般的なアミンの塩基性度（pK_aの値で示す）

名称	構造	アンモニウムイオンのpK_a
アンモニア	NH_3	9.26
第一級アルキルアミン		
メチルアミン	CH_3NH_2	10.64
エチルアミン	$CH_3CH_2NH_2$	10.75
第二級アルキルアミン		
ジエチルアミン	$(CH_3CH_2)_2NH$	10.98
ピロリジン	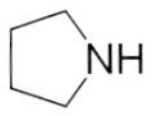 NH	11.27
第三級アルキルアミン		
トリエチルアミン	$(CH_3CH_2)_3N$	10.76
アリールアミン		
アニリン	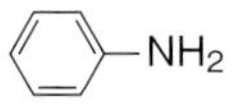 —NH_2	4.63
複素環アミン		
ピリジン	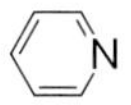 N	5.25
ピリミジン	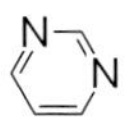 N,N	1.3
ピロール	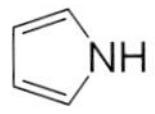 NH	0.4
イミダゾール	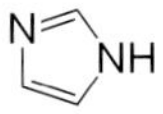 N,NH	6.95

第8章

$$RNH_2 + H_2O \rightleftharpoons RNH_3^+ + OH^-$$

$$K_b = \frac{[RNH_3^+][OH^-]}{[RNH_2]}$$

しかし，K_b は実際にはそれほど使われてはおらず，それぞれ対応する共役酸であるアンモニウムイオンの酸性度により評価される[*28]。すなわち，アンモニウムイオンの pK_a が大きな値となれば，H^+ を放出しにくいことを意味するので，そのアミンは強い塩基性度を有する化合物であると判断できる。

ここで，第一級アルキルアミン[*29]であるメチルアミンと，アリールアミンであるアニリンの塩基性度を比較してみよう（**表8.1**）。どちらも窒素上に二つの水素原子を有するアミンである。メチルアミンのアンモニウムイオン（$CH_3NH_3^+$）の pK_a は 10.64 であるのに対し，アニリンのアンモニウムイオン（$C_6H_5NH_3^+$）のそれは 4.63 である。pK_a の値が小さい方が酸として強いことを示しているので，メチルアミンのアンモニウムイオンに比べて，アニリンのアンモニウムイオンの方が H^+ イオンを放出しやすいことがわかる。すなわち，アニリンの方がメチルアミンに比べ弱い塩基である。アニリンはベンゼン環にアミノ基（$-NH_2$）が直接結合している。そのため，窒素上の非共有電子対はベンゼン環の π 電子と共鳴することができるようになり，非共有電子対の塩基としての能力が低下するからである（**図8.10**）。

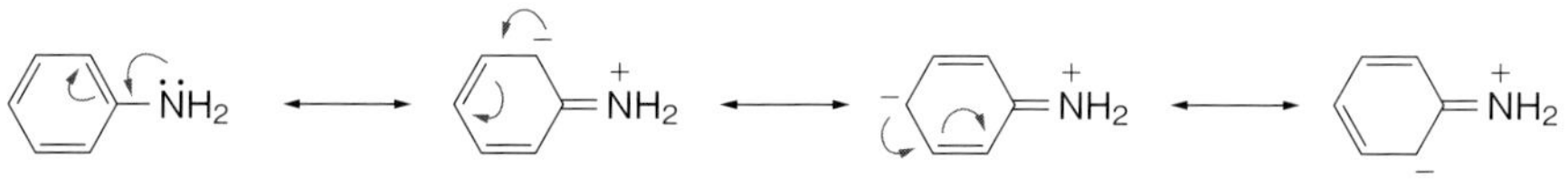

図8.10　アニリンの共鳴

ここで紹介した以外にも様々な有機化合物が存在する。有機化学は官能基の化学であることに注目し，対象とする化合物の電子状態や立体構造を理解することができれば，その化合物がどのような性質をもち，どのような反応性を示すのかを予測することが可能となる。

8.4　高分子化合物の種類

高分子化合物とは，**単量体**が数多くつながってできた高分子量物質のことである。高分子化合物を**ポリマー**，単量体を**モノマー**とも呼ぶ。高分子化合物は**有機高分子**と**無機高分子**に分類することができ，それぞれ**天然高分子**と**合成高分子**に分けられる。有機高分子は炭素原子を骨格とするのに対し，無機高分子はケイ素や酸素など，炭素以外の原子を骨格とする。高分子化合物の分類とその例を**表8.2**にまとめておく。

---

*28　酸と塩基，その共役塩基と共役酸については 4.3.1 項を参照のこと。

*29　アミンは窒素上の有機置換基の数によって第一級（RNH_2），第二級（R_2NH），第三級（R_3N）に分類される。実例は表 8.1 を確認のこと。

高分子化合物
　polymer compound または
　macromolecule
単量体（モノマー）　monomer
ポリマー　polymer
有機高分子　organic polymer
無機高分子　inorganic polymer
天然高分子　natural polymer
合成高分子　synthetic polymer

表 8.2　高分子化合物の分類と例

分類		化合物の例
有機高分子	天然高分子	タンパク質，多糖，天然ゴム など
	合成高分子	合成樹脂（ポリオレフィン，ポリ塩化ビニル） 合成繊維（ナイロン，ポリエステル） 合成ゴム
無機高分子	天然高分子	石英，雲母，黒鉛，ダイヤモンド など
	合成高分子	ガラス，ゼオライト，シリコーン など[*30]

通常，高分子といえば，有機高分子を指すことが多い。天然高分子は合成高分子が発明されるはるか前から知られており，動物由来の天然高分子としてはタンパク質などを，植物由来の天然高分子としては多糖や天然ゴムなどを挙げることができる[*31]。一般に天然高分子は一次構造や立体規則性，分子量などが揃っているものが多い。これに対して，多くの合成高分子ではそれらが不揃いな分子が混ざっている。高分子の構造やモノマーの結合の規則性は，高分子の物性に大きな影響を与えることが知られている[*32]。次に，高分子の合成について見ていくことにしよう。

高分子はモノマーどうしの連続的な化学反応の進行によって合成できる。このような反応を**重合反応**といい，重合の反応機構により連鎖重合と逐次重合に分類される（**図8.11**）。連鎖重合は付加重合と開環重合に分類され，逐次重合は，脱離成分が生じる重縮合，脱離成分がない重付加，そして付加と縮合を繰り返す付加縮合に分類される。

```
                        ┌ 付加重合
             ┌ 連鎖重合 ─┤
             │          └ 開環重合
高分子合成反応 ─┤
             │          ┌ 重縮合
             └ 逐次重合 ─┼ 重付加
                        └ 付加縮合
```

図 8.11　高分子合成反応の分類

連鎖重合は，モノマー分子間で新しい結合の生成と新しい活性点（反応点）の生成が同時に起こり，この反応を繰り返すことで高分子が生成する機構である。開始反応により重合が進行し始め，成長反応によりモノマーが結合していく（**図8.12**）。一方，**逐次重合**は，モノマーの官能基（反応点）間の反応により重合が段階的に進行していく反応である。二個のモノマー

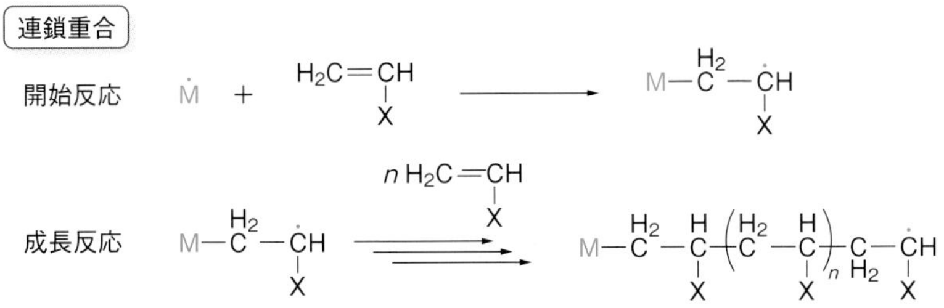

図 8.12　連鎖重合の反応機構の概略

*30　ゼオライトとは含水アルミノケイ酸塩（結晶水をもつアルミニウムとケイ素の酸化物）の総称で，細孔が規則的に空いている多孔質材料を指す。様々な構造および性質をもつゼオライトが人工的に合成されている。

シリコーンとはシロキサン結合
$$(-\underset{|}{Si}-O-)$$
による主骨格をもつ合成高分子の総称である。

*31　天然高分子については第10章を参照されたい。

*32　高分子の物性については9.4節で紹介する。

重合反応
polymerization reaction

連鎖重合　chain polymerization

逐次重合　step polymerization

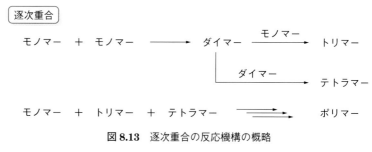

図 8.13 逐次重合の反応機構の概略

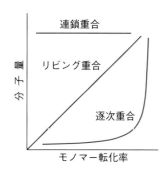

図 8.14 重合機構と分子量変化
の関係

*33 成長ポリマー鎖の活性点
が別の分子に移動する反応。

分子量分布
molecular weight distribution

リビング重合
living polymerization

どうしの反応による二量体(ダイマー)の生成,ダイマーどうしの反応による四量体(テトラマー)の生成を繰り返して高分子となる(**図8.13**)。

これら二種類の重合機構により得られる高分子の特徴として,連鎖重合では重合の進行とともに高分子鎖がそれぞれ成長し,生成したポリマーの分子量はほぼ一定となる。一方,逐次反応では,重合の進行とともにポリマーの分子量はダイマー,トリマー,テトラマーの順に増加傾向を示すが,高分子鎖の数は減少し,重合の終了が近くなると重合度が一気に上昇する傾向を示す。**図8.14**にモノマーの転化率(反応率)と高分子の分子量の関係を示す。

連鎖重合では,開始反応と成長反応に加えて,連鎖移動反応*33や停止反応が起こる。そのため,得られた高分子の分子量にある程度の分布が見られる。この分布を**分子量分布**という。しかし,連鎖重合において重合条件を精密にコントロールすることができれば,重合末端(活性点)が常に活性状態を保つように重合反応を進行させることができる。このような重合反応を**リビング重合**といい,得られる高分子の分子量とモノマーの転化率は直線関係になる。

本節では,高分子化合物の分類と重合反応の概略を紹介した。材料として利用されている高分子化合物は9.4節で紹介する。

Drop-in 乾燥剤としてのシリカゲル

本章でも紹介したように,シリカゲルは二酸化ケイ素を粒状にした物質である。ケイ素は酸素と高い親和性を有しており,水を吸着することができることから,シリカゲルは乾燥剤として食品などの保存に利用されている。小袋に詰められたシリカゲルをよく見ると,青色の粒が混じっていることに気が付くだろう。これはシリカゲルに塩化コバルトを吸着させたものであり,乾燥状態では塩化コバルトの青色を示す。しかし,水分を吸着すると,コバルトに水が結合する(これをコバルトに水が配位したという)ことにより,ピンク色を呈する。塩化コバルトと水との反応による色の変化を目印にして,乾燥状態を確認することができるのである。ちなみに,ピンク色を呈しているシリカゲルを乾燥させると青色に戻る。青色に戻ったシリカゲルは乾燥剤として再利用することが可能である。

章 末 問 題

8.1 セラミックスの種類を述べよ。

8.2 酸化アルミニウム（アルミナ，Al_2O_3）と二酸化ケイ素（シリカ，SiO_2）の構造の相違点を述べよ。

8.3 われわれの生活に非常に役立っていると考えられる無機固体物質を挙げよ。

8.4 有機化合物の官能基とは何か説明せよ。

8.5 炭素－ハロゲン間に σ 結合をもつハロゲン化アルキルに期待される反応性を述べよ。

8.6 炭素－酸素間に二重結合をもつ化合物を挙げよ。

8.7 窒素を含む化合物はルイス塩基として作用するものが多い。しかし，ピロール（表8.1参照）は期待される塩基性はほとんど示さない。この理由を述べよ。

8.8 高分子の合成反応にはどのようなものがあるか説明せよ。

8.9 リビング重合とは何か説明せよ。

第9章 物質と材料

材料は「金属」,「セラミックス」そして「高分子（ポリマー）」の三つに大別され，これらの材料を三大材料と呼ぶ。三大材料は豊かな物質文明を維持し発展させていくために必要不可欠な，私たちの生活になくてはならない物質である。本章では，これら三つの材料について学んでいこう。また，これら三大材料にさらなる機能を付与することで開発された新規材料についても紹介しよう。

9.1 金属・セラミックス・高分子材料の主な性質

それぞれの材料の説明に入る前に，三つの材料の主な性質を確認しておこう。三つの材料の相対的な比較を表9.1に示した。

表9.1 三大材料の主な性質の相対比較

	金属	セラミックス	高分子
融点	中	高	低
耐熱性	中	高	低
熱伝導性	高	中	低
電気伝導性	良	不良	不良
機械的な耐衝撃性	良	不良	良
熱的な耐衝撃性	良	不良	良
耐薬品性	不良	良	良
硬度	中	高	低
耐摩耗性	中	高	低
成型加工性	良	不良	良
軽量性	低	中	高

株式会社 KDA 社のホームページを参考に作成した。

それぞれの材料の性質は何に由来するのであろうか。この点を考えるために，各材料を構成する元素に注目してみよう。

金属材料は元素周期表の多くを占める金属元素から構成されている。身近な金属製品として，鉄やアルミニウムで作られた鍋を例に考えてみよう。調理のためにお湯を沸かしたりすることに使われる鍋は，直火に耐えられる融点や耐熱性が必要である。さらに日常的に使われる器材であることから，高い耐衝撃性を有していなくてはならない。すなわち，ちょっとしたことでは壊れない頑丈な構造体であることが求められる。金属の耐熱性や熱伝導性，耐衝撃性などの特徴をうまく活用することで鍋が作り出されている。しかし，金属は比較的密度が大きく，ほかの材料に比べ軽量化は難しいという面ももち合わせている。

セラミックスは一般に非金属元素の無機物質を作る元素から構成されている。セラミックス材料については 8.2.1 項で紹介したが，ここでは身近なお茶碗をイメージしながら，表に示したセラミックスの性質を見ていこう。「焼き固められたもの（焼結体）」であることから，高い耐熱性を有している

ことが理解できる。また，高い硬度や耐摩耗性を有することから，“しっかりした”構造体であることがわかる。ただし耐衝撃性は低く割れやすいが，薬品に対しては高い耐性を示すので，食器などに適した材料である。

　高分子材料は，炭素や水素，窒素，酸素などの，有機化合物を構成する元素から成り立っているものが多い。そのため，熱的な安定性は高くないが，成型加工性に優れているため，硬いプラスチックから柔らかいプラスチックまで，私たちの生活には欠かせない様々な用途に適した材料が高分子から作られている。高分子を構成する元素からもわかるように，金属に比べて密度が小さいことから軽量であるという特徴がある。

　三大材料について大まかな性質の比較を述べたが，それぞれの材料を構成する元素に着目すれば，どのような性質を示す材料であるかをより深く理解できるだろう。次に，それぞれの材料について特徴などを紹介しながら説明していこう。

9.2　金属材料

9.2.1　金属の性質：イオン化傾向

　第8章でもふれたように，金属は金属陽イオンと電子から構成され，金属陽イオンが密に詰まった規則正しい結晶格子を作り，その隙間を自由に動く電子（自由電子）が存在することにより金属結合を形成する。金属は展性（薄く広がる性質）や延性（細く延びる性質）を示すことから成型加工性に優れた材料であり，金属光沢や電気伝導性，熱伝導性といった性質を有している。さてここで，高校の化学で学んだ金属のイオン化傾向を復習しておこう。

　金属の**イオン化傾向**とは，金属が水溶液中で電子を放出して陽イオンに

イオン化傾向
ionization tendency

表 9.2　金属単体の反応性の比較

イオン化列	Li	K	Ca	Na	Mg	Al	Zn	Fe	Ni	Sn	Pb	H_2[†1]	Cu	Hg	Ag	Pt	Au
酸素との反応	速やかに酸化される				酸化され，表面に酸化物の被膜を生じる								酸化されない				
水との反応	常温で反応する				熱水と反応	高温の水蒸気と反応する	反応しない										
酸との反応	塩酸や希硫酸と反応して水素を発生する												硝酸や熱濃硫酸には溶ける		王水[†2] にのみ溶ける		
天然での存在状態	酸化物や塩化物，硫酸塩，炭酸塩として存在。水溶液中では陽イオンとして存在する				酸化物や硫化物などとして存在する										単体として存在する		

†1　水素 H_2 は金属ではないが，金属と同じ陽イオン H^+ になり，H_2 のイオン化傾向は金属と酸との反応を考えるうえで重要であることからイオン化列に含めた。イオン化列の左の元素はイオンになりやすく，右に行くほどイオンになりにくい。

†2　王水（aqua regia）は，濃塩酸と濃硝酸を 3：1 の体積比で混合してできる液体であり，強力な酸化力をもつ。王水は金や白金といった貴金属をはじめとして多くの金属を溶解できることから，錬金術師によってこのように命名されたといわれている。

イオン化列 ionization series

なろうとする性質のことであり，この傾向は金属の種類によって大きく異なる。金属のイオン化傾向を，その大きさの順に並べたものを**イオン化列**という。酸素，水あるいは酸などに対する金属の反応性は，イオン化傾向と深い関係がある。金属の反応性を**表9.2**にまとめた。

　例えば，ナトリウムは水と反応して水酸化ナトリウムと水素になる。このとき，ナトリウム金属はナトリウムイオン（陽イオン）と1個の電子を放出する。この反応で，電子を放出することができる Na は還元剤として作用している。還元剤として作用する物質は，それ自身は酸化される。すなわち，Na は酸化されて Na^+ になっている（**図9.1**）[*1]。

*1　1.5節で述べた原子の電子配置とイオンの関係を確認するとともに，5.4節で述べた酸化還元反応を復習してほしい。

$$Na + H_2O \longrightarrow NaOH + \frac{1}{2}H_2$$
$$\longrightarrow Na^+ + e^-$$

ナトリウムは還元剤として作用する（ナトリウムは酸化されている）

図9.1　ナトリウムと水の反応

　イオン化列の表で水素（H_2）の左隣に位置する鉛（Pb）を見てみよう。鉛は水素よりイオン化傾向が大きく，塩酸や希硫酸と反応して水素を発生する。先に述べたナトリウムは，水に浸しておくと水素を発生しながら完全に溶解する[*2]。しかし，鉛は長い時間，酸性溶液に浸しておいても完全に溶解することはない。この理由は，鉛と塩酸や希硫酸との反応では塩化鉛（$PbCl_2$）や硫酸鉛（$PbSO_4$）が生成するが，これらは酸性溶液中では溶解しないからである。そのため，酸性溶液に浸した初期段階で生成した塩化鉛や硫酸鉛が鉛の表面を覆い，酸との反応を防ぐことができるのである。

*2　金属ナトリウムは水と激しく反応するため，実験を行う際には細心の注意が必要である。

　金属の表面が反応性の低い物質で覆われることにより安定化される例がほかにも知られている。例えば，アルミニウムやチタン，クロムなどの金属は，空気中の酸素と接触するとその金属表面に酸化被膜を形成することで，内部の金属を腐食から保護している。このように，金属表面に腐食作用に抵抗する酸化被膜が生じた状態を**不動態**という。すべての金属が不動態になるわけではないが，鉛の例でも見たように，塩化鉛や硫酸鉛は不動態と同じ働きをしている。

不動態　passive state または passivity

9.2.2　材料としての鉄

　次に鉄について考えてみよう。鉄（Fe）は，酸化鉄（Ⅲ）（Fe_2O_3）を主成分とする赤鉄鉱をコークス（炭素）とともに高温で反応させることにより得られる。この反応は工業的な鉄の製錬に用いられ，酸化鉄の還元反応を利用したものである[*3]。では，逆の反応，すなわち酸化反応が進行したら鉄はどのようになるだろうか。例えば，釘などの鉄製品を雨水にさらしておくと，赤い錆が付着する。鉄が錆びるとは鉄の酸化反応であり，このと

*3　鉄の酸化反応と酸化鉄の還元反応については5.4節を参照してほしい。

き鉄は電子を放出して鉄イオンになっている。

　錆びない鉄，すなわち"イオン化しない鉄"を作り出すことができれば，利用価値が大きく向上することは容易に想像できるだろう。錆びない鋼材を作る一つの方法として，鋼材の化粧，すなわち**めっき**がある。鋼板のめっきとして亜鉛めっきが多用されている。

　イオン化列から判断すると，鉄よりも亜鉛の方がイオンになりやすいのに，なぜ，亜鉛でめっきするのであろうか。亜鉛は酸素と反応することにより酸化亜鉛になるが，これは水に不溶であり毒性がないので，保護被膜作用として働くためである。さらに，鉄よりもイオン化しやすいので，めっき表面に傷がついたとしても，亜鉛が鉄よりも先に溶け出し，鋼材の表面を保護する犠牲防食作用が働くためである。また，鉄と亜鉛が強固な結合を形成するため，通常の取り扱い（衝撃や摩擦）では剥離しにくいといった利点があるからである。さらに，ほかの金属に比べ融点が低く（419℃）溶融しやすいので，少ないエネルギーでめっき加工を行えるという工程上の利点もある。

　めっきのほかにも，錆びない金属として**合金**を挙げることができる。合金とは，単一の金属元素からなる純金属に対して，複数の金属元素，あるいは金属元素と非金属元素からなる金属様の物質を指す。純金属にほかの元素を添加し組成を調整することで，機械的強度や融点，腐食性などの性質を変化させ，材料としての性能を向上させた金属材料である。錆びない金属として身近な合金に**ステンレス鋼**がある。ステンレス鋼は鉄にクロム，またはクロムとニッケルを混入させた金属材料であり，一般にステンレスという名称で呼ばれている[*4]。

　鉄鉱石を還元して得られる銑鉄（せんてつ）は，4〜5%程度の炭素を含む合金である。この銑鉄をそのまま鋳型に流し込んで作った製品を「鋳物（鋳鉄）（いもの　ちゅうてつ）」と呼ぶ。鋳物は私たちの身近なところで使われており，例えばマンホールのふたは鋳物でできた鉄製品である。利用価値の高い鋳物であるが，もろいという欠点がある。この欠点を改良したものが鋼あるいは鋼鉄（はがね）と呼ばれ，炭素の含有量が0.04〜2%程度の鉄製品である。鋳物に含まれている炭素の量を減らすことで，強靭な鉄鋼材料として利用できるようになるのである。

9.2.3　汎用金属元素の材料と貴金属元素の材料

　鉄は地球上に豊富に存在する元素であるため，鉄を金属材料として用いることは自然な流れであろう。アルミニウムもまた地球上に豊富に存在する元素である。アルミニウムを用いた金属材料として**アルマイト**や**ジュラルミン**がある。アルマイトは，アルミニウムの表面に酸化アルミニウムの被膜を作ることにより耐蝕性や耐摩耗性を向上させた材料である。ジュラルミンはアルミニウムと銅やマグネシウム，マンガンの合金である。アル

めっき　galvanization

合金　alloy

ステンレス鋼　stainless steel

[*4]　ステンレス鋼はまったく錆びないわけではなく，鉄に比べ錆びにくい性質を有した金属材料というのが正しい表現であろう。

アルマイト　alumite または anodized aluminium

ジュラルミン　duralumin

第9章

ミニウムを主原料として用いていることから，軽量であり破断に強く構造材料として用いられ，航空機や金属製ケースなどの材料として利用されている[*5]。

　自然界に豊富に存在している金属元素のことを**汎用金属元素**と呼ぶ。私たちの生活を支えるうえで必要な金属材料のすべてが汎用金属元素から作り出されていれば，末永く豊かな物質文明の中で生活し続けていくことが可能になるであろう。しかし，**貴金属元素**を利用することで，私たちの豊かな生活が守られている現実もある。例えば，自動車の排ガスにはNO_xやSO_xと呼ばれる窒素酸化物や硫黄酸化物が含まれており，人体や環境に少なからず悪影響を及ぼしている。自動車の排ガス浄化触媒として貴金属元素を用いた触媒が利用されている[*6]。貴金属元素で構成されている触媒や金属製品を，汎用金属元素に代替することができれば，科学技術の進歩や環境問題に大きく貢献することが期待できる。

9.3　セラミックス材料

　セラミックスは，金属や非金属を問わず，酸化物，炭化物，窒化物，ホウ化物などの無機化合物の成形体，粉末，膜状の無機固体材料の総称として用いられている[*7]。これらの化合物は構成元素が規則正しく配列した繰返し構造を有しており，各原子は共有結合を形成している。アルミナやシリカのほかにも様々なセラミックス材料が開発されている。次に，いくつかのセラミックスについて見ていくことにしよう。

9.3.1　窒化ホウ素

　窒化ホウ素（BN）は窒素とホウ素から構成されており，元素周期表では炭素の両隣に位置する元素からなる物質である。そのため，炭素と似た性質を示すことが多い。すでに 8.1 節で学んだように，炭素にはダイヤモンドや黒鉛などの同素体があり，窒化ホウ素にもダイヤモンドと黒鉛に似た構造が存在する。すなわち，立方晶系の窒化ホウ素は結晶構造がダイヤモンドに類似しており，原子間距離もほぼ同じ値をとることから，ダイヤモンドに準じて硬い物質である。工業材料の硬さを表す尺度の一つとして，ヌープ硬度[*8]と呼ばれるものがある。ダイヤモンドのヌープ硬度は 7000 〜8000 $kgf\,mm^{-2}$ であるのに対し，立方晶系の窒化ホウ素は 4500 〜 4700 $kgf\,mm^{-2}$ であり，800 ℃ まで加熱しても硬度は変化しない。

　また，六方晶系の窒化ホウ素は黒鉛に類似した構造を有する物質であり，ホウ素と窒素が交互に六角形の頂点を占める平面状のシート構造をとる。黒鉛はシート構造の上下に π 電子を有していることから電気伝導性を示す。一方，六方晶系の窒化ホウ素は窒素上に非共有電子対をもつが，黒鉛

---

*5　アルミニウムの比重は約 $2.70\,\mathrm{g\,cm^{-3}}$ であり，鉄のそれは約 $7.87\,\mathrm{g\,cm^{-3}}$ である。

汎用金属元素　common metal または base metal

貴金属元素　noble metal

*6　排ガス浄化触媒は白金（Pt），パラジウム（Pd）そしてロジウム（Rh）からなる三元触媒が用いられている。環境汚染物質については 12.2 節で説明する。

*7　8.2 節では酸化物であるアルミナ（酸化アルミニウム，Al_2O_3）とシリカ（二酸化ケイ素，SiO_2）を紹介した。

窒化ホウ素　boron nitride

*8　ヌープ硬度は工業材料の硬さを表す尺度の一つであり，1 mm^2 当たりの重量の単位 $kgf\,mm^{-2}$ として表される（kgf はキログラム重（kilogram-force））。1 kgf は約 9.8 N（ニュートン）であり，1 $kgf\,mm^{-2}$ は約 9.8 MPa に換算できる。

のπ電子のように自由に動くことはできないため電気絶縁体である。シート状の窒化ホウ素は，弱いファンデルワールス力[*9]によりいくつものシートが積層した構造をもち，シート構造を保ったまま積層したシートがずれる（滑る）性質を有している。さらに，空気中でも1000℃程度まで安定に存在することができることから，六方晶系の窒化ホウ素は固体潤滑剤として利用されている。黒鉛や二硫化モリブデンも固体潤滑剤として利用されているが，熱安定性が低いため[*10]，窒化ホウ素は高性能な固体潤滑剤として幅広く利用されている。

　窒化ホウ素は白色の物質である。物質を構成する原子を替えても類似の構造が得られる点も興味深いが，色という物性が大きく異なる点はさらに興味深い。既存の物質を構成する元素を代替することにより，新たな物性を示す材料を生み出すことができるかも知れない。

9.3.2　炭化ケイ素

　次に，互いに同族の元素からなるセラミックスとして**炭化ケイ素**（SiC）に注目してみよう。炭素とケイ素はともに14族元素であることから共有結合を形成する。四面体構造の四つの頂点にケイ素原子あるいは炭素原子を配置し，四面体の重心に炭素原子あるいはケイ素原子を配置することで，炭化ケイ素の結晶が作られている。ダイヤモンドや立方晶系の窒化ホウ素と同じ四面体型構造を有していることから，硬い材料に分類される[*11]。炭化ケイ素は大気中，800℃以上で酸化されるが，表面に生成するSiO_2が酸化を防ぐ保護被膜として機能するため高い耐熱性を示す[*12]。さらに，酸や塩基との反応性が低いことから，耐薬品性の高い，化学的に安定な材料として利用されている。これらの特徴を生かして，研磨・研削材や耐火材として利用されている。

　同族元素どうしで構成される炭化ケイ素がダイヤモンドと同じような構造をとることは，ケイ素がsp^3混成した軌道を使って化合物を構築することを考えれば驚きに値しないであろう。しかし，ダイヤモンドは炭素のみから構成されており，700℃以上で炭化することが知られている。これに対して，炭化ケイ素は上に記したように，構成原子であるケイ素が酸化されてSiO_2の保護膜を形成することが耐熱性能の大幅な向上につながっている。こうした例からもわかるように，元素の性質を巧みに利用することによって材料の性能向上に寄与できるのである。

9.3.3　炭化ホウ素

　炭化ホウ素は炭素とホウ素から構成され，その組成は理論上B_4Cであるが，複雑な構造を有しているため，ホウ素と炭素の割合が常に4：1になるとは限らない。炭化ホウ素は比較的軽く，非常に硬いセラミックスである。

ファンデルワールス
van der Waals, J.
[*9]　ファンデルワールス力は，分子の電子密度の瞬間的な変化によって生じる非常に弱い相互作用であり，無極性化合物間に存在する引力である。ロンドン（London, F.）力とも呼ばれる。

[*10]　黒鉛や二硫化モリブデンは400℃以上にすると酸化が起こる。

炭化ケイ素　silicon carbide

[*11]　炭化ケイ素のヌープ硬度は2500 ～ 3200 kgf mm^{-2}であり，ダイヤモンドや窒化ホウ素ほどの硬さはない。

[*12]　空気中で1600℃付近まで安定，分解温度は2545℃とされている。

第9章

炭化ホウ素　boron carbide

そのため，戦車の装甲や防弾チョッキなどに用いられている。また，ホウ素の同位体である $^{10}\mathrm{B}$[13] は中性子を吸収することができるため，ホウ素含有量が高い炭化ホウ素は，様々な原子炉において核分裂反応制御材料や中性子遮蔽材料として利用されている。ホウ素の元素特性を巧みに利用した例といえる。

　この節で紹介した以外にも，様々な元素を利用したセラミックスが開発されている。セラミックス製品は一般に硬くて，耐熱性，耐蝕性，電子絶縁性などに優れた機能を示す。これらの特性に加え，機械的，電気的，電子的，光学的，化学的，あるいは生化学的に優れた機能をもつセラミックスを特に**ファインセラミックス**（あるいは**アドバンストセラミックス**）と呼び，半導体や自動車，情報通信，産業機械，そして医療などの様々な分野で重要な材料として利用されている。

9.4 　高 分 子 材 料

　3.6 節で紹介したように，炭素－炭素二重結合をもつモノマー（アルケン）が二重結合の開裂を伴って共有結合でつながり高分子となる。この高分子化合物を**ポリオレフィン**[14]といい，私たちの生活に欠かすことのできない材料として利用されている。ポリオレフィンは簡単なアルケンが連鎖重合により合成されるポリマーである。一方，有機官能基の反応を巧みに利用した逐次重合により合成される高分子化合物もある。いくつかの高分子について，有機化学反応の観点からその合成法を見ていくとともに，高分子材料を製品にするために必要な成型加工について紹介しよう。

9.4.1　逐次重合反応で合成される高分子化合物

　アミノ基（$-\mathrm{NH_2}$）とカルボキシ基（$-\mathrm{COOH}$）を反応させると，水分子の生成を伴って**アミド結合**が生成する。このような水が脱離する反応を**脱水縮合反応**といい，この反応を利用して二つのアミノ基を有する物質と二つのカルボキシ基を有する物質を連続的に結合させることにより，アミド結合を介した高分子化合物が合成できる。このような高分子の合成法を**重縮合反応**という。**ナイロン 66**[15]を例にして具体的に説明しよう（図9.2）[16]。ナイロン 66 はヘキサメチレンジアミンとアジピン酸から合成される。当量のヘキサメチレンジアミンとアジピン酸を室温で混合させると，1：1 の有機塩（ナイロン塩）が生成する。生成した有機塩を徐々に加熱し，$200 \sim 280\,^{\circ}\mathrm{C}$ 程度にすることで脱水反応が進行し，アミド結合を形成してナイロン 66 が得られる。ナイロン 66 は衣料品や魚網などに利用され，耐摩耗性に優れたエンジニアリングプラスチック（エンプラ）[17]としても利用されている。

---

*13　天然存在比は約 20%。

ファインセラミックス
fine ceramics または
advanced ceramics

ポリオレフィン　polyolefin
*14　オレフィンはアルケンの別名であり，高分子化合物を指す場合はポリアルケンとはいわない。

アミド結合　amide bond

脱水縮合反応
dehydration condensation reaction

重縮合反応
polycondensation reaction

ナイロン 66　nylon 66
*15　アミド結合を形成して得られる高分子をポリアミドという。一般に，脂肪族骨格を含むポリアミドをナイロンと総称し，これは初めて合成されたポリアミドであるナイロン 66（Du Pont 社の商標）に由来する。

*16　高分子化合物の化学式には繰り返し結合していることを示す "n" を記載するのが一般的であるが，この項では，正確性を欠くことにはなるが，簡略化することで理解しやすくなると考え省略した。

*17　9.4.3 項参照。

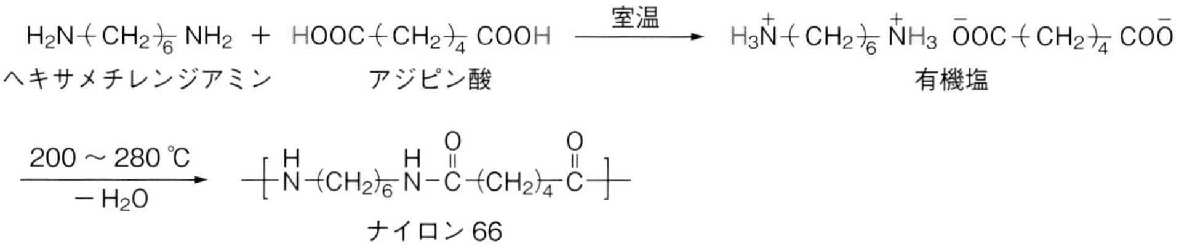

$$H_2N + CH_2 \overset{}{_6} NH_2 \ + \ HOOC + CH_2 \overset{}{_4} COOH \xrightarrow{\text{室温}} \ H_3\overset{+}{N} + CH_2 \overset{}{_6} \overset{+}{N}H_3 \ \ \overset{-}{O}OC + CH_2 \overset{}{_4} CO\overset{-}{O}$$

ヘキサメチレンジアミン　　　　アジピン酸　　　　　　　　　　　　　有機塩

$$\xrightarrow[- H_2O]{200 \sim 280\,^\circ\text{C}} \ \left[\begin{matrix} H \\ N \end{matrix} + CH_2 \overset{}{_6} \begin{matrix} H \\ N \end{matrix} \overset{O}{\overset{\|}{C}} + CH_2 \overset{}{_4} \overset{O}{\overset{\|}{C}} \right]$$

ナイロン66

図 9.2　ナイロン 66 の合成

　ナイロンにおけるジアミンやジカルボン酸の二つの官能基をつないでいる炭素鎖を，ベンゼン環に置き換えたポリアミドも合成されている。1,4-ジアミノベンゼンと *p*-フタル酸ジクロリドとの反応により得られるポリアミドはケブラー（商標, Du Pont 社）と呼ばれ，耐熱性に優れた高弾性率の高分子材料として防弾チョッキなどに利用されている（**図 9.3**）[*18]。

*18　この反応では，カルボン酸の代わりに酸塩化物を用いている。酸塩化物はカルボン酸よりもアミンとの反応性が高いため室温での合成が可能となる。

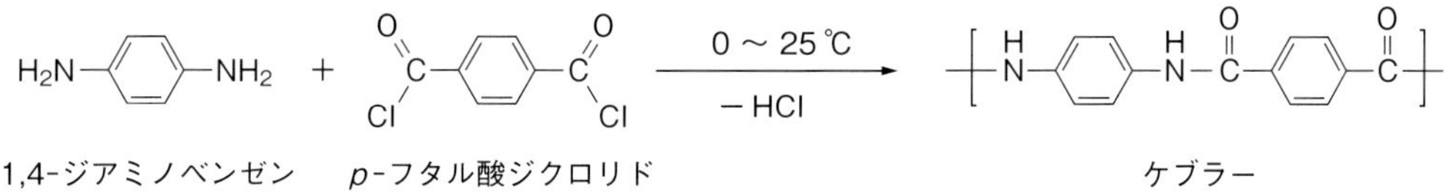

1,4-ジアミノベンゼン　　　*p*-フタル酸ジクロリド　　　　　　　　　　ケブラー

図 9.3　ケブラーの合成

　ポリアミドの合成に用いたジアミン類をジオール類に変えることでポリエステルを合成することができる。ジオールとジカルボン酸の重縮合反応は，触媒か縮合剤を用いることで容易に進行する。例えば触媒として五酸化アンチモン（Sb_2O_5）を用いて，エチレングリコールとテレフタル酸の直接脱水縮合反応を行うことで，高分子量のポリエチレンテレフタラート（PET）が工業的に製造されている（**図 9.4**）。

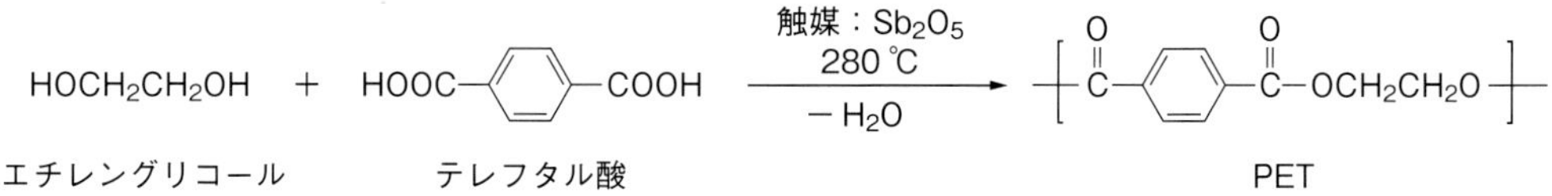

HOCH$_2$CH$_2$OH　　＋　　HOOC—⟨　⟩—COOH

$$\xrightarrow[- H_2O]{\substack{\text{触媒：} Sb_2O_5 \\ 280\,^\circ\text{C}}}$$

エチレングリコール　　　　　テレフタル酸　　　　　　　　　　　　　　PET

図 9.4　ポリエチレンテレフタラート（PET）の合成

　上で述べた重縮合反応を利用した高分子合成では水などの脱離成分が生じるのに対し，重付加反応では脱離成分がない。そのため，合成したポリマーの単離精製工程が簡便である。その一例として，**重付加反応**を利用したポリウレタンの合成を紹介しておく（**図 9.5**）。ポリウレタンはジイソシアナートとジオールが逐次的に反応して生成する。脱離成分を生じない，

重付加反応
polyaddition reaction

O=C=N–R^1–N=C=O　＋　HO–R^2–OH　$\longrightarrow$

ジイソシアナート　　　　　ジオール　　　　　　　　　　　　ポリウレタン

R^1 と R^2 はアルキル基やアリール基

図 9.5　ポリウレタンの合成

*19 原子効率はグリーンケミストリーの考え方からも重要である。6.5節を参照してほしい。

原子効率の高い反応である*19。しかし，重縮合反応に比べ，重付加反応に利用できる反応の種類やモノマーの種類は少ない。

9.4.2 高分子化合物の構造と物性の関係

　高分子は，用いた単量体が繰り返し結合した構造を有する物質である。重合度が大きくなれば分子量は大きくなり，異なる物性を示すことがある。高分子の構造と物性について見ていこう。

　温度変化に伴う高分子鎖の形態変化の模式図を**図9.6**に示す。高温状態の高分子は高い粘度をもつものの，流動性を示す物質に変化する。これを冷却すると固体になる。そのとき，高分子鎖が規則正しく配列するように折りたたまれると結晶性を示す。このような高分子を**結晶性高分子**という。規則的な形態をとらないまま固体になる場合は**非晶性高分子**，あるいは**無定形高分子**といい，非晶性高分子が冷却により固体になる現象を**ガラス転移**という。高分子が固体になるときに高分子鎖がどのように配列するかによって結晶性や非晶性の異なる物性を示す。すなわち，高分子鎖の構造は物性に対して大きな影響を与える。

結晶性高分子
crystalline polymer

非晶性高分子（無定形高分子）
amorphous polymer

ガラス転移 glass transition

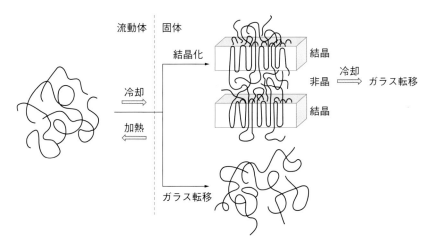

図9.6 高分子鎖の形態の温度による変化

　高分子の物性は，一次構造の規則性（位置規則性と立体規則性）や分子量ならびに分子量分布によって左右される。その一方で，汎用的に用いられている高分子は通常厳密な構造制御や分子量制御が行われていないが，それでも充分な性能を有し，かつ製造コストも抑えることができるため広範に利用されているのである。また，詳細は他の成書にゆずるが，高分子の物性を考える際は，熱的特性や力学的特性，溶液状態での性質，そして，電気的特性と光学的特性などに着目するとともに，特徴を生かした適材適所の材料として利用されていることを確認してほしい。

9.4.3　製品としての高分子材料

　高分子が材料として広く用いられている理由としては，金属などに比べて軽いこと，多種の有機化合物から様々な物質を合成できそれらを適材適所で用いることができること，異なる高分子材料を組み合わせて性能を複合化できること，成型加工が比較的容易なことなどを挙げることができる。さらに，有機合成化学の発展に伴い多様な高分子の合成が可能となり，立体規則性をもつ高分子を合成できるようになったことも大きく関係している。

　一般に**プラスチック**と呼ばれる**合成樹脂**は，**熱可塑性樹脂**と**熱硬化性樹脂**に分類できる。熱可塑性樹脂は加熱すると可塑化する（軟化する）樹脂である[20]。温めた樹脂を型に入れて成型することで様々な形にすることができる。熱硬化性樹脂は熱をかけることで架橋反応や重合反応が進み，硬化する樹脂であるが，これもやはり型に入れて加熱することで成型する。

　高分子材料を製品とするためには成型加工が必要である。この節の最後に成型加工に関する話題を紹介しておこう。

　ナイロンあるいはポリアミド繊維は，絹を模倣することにより合成された[21]。しかし当初はよい糸に加工することができず，一時は忘れられていた。ところが，別の高分子の加工を行っていたときにポリアミドを試したところ，優れた性能を示す糸が得られることがわかった。高性能な高分子材料を合成するために，物質の化学的構造が重要であることは言うまでもないが，どのように加工すればよい製品を作り出すことができるかということも工業的には重要な課題である。

　ポリスチレンは代表的な汎用樹脂であり，発泡スチロールやカップ麺の容器の原料として広く使われている。工業的にはラジカル重合法により生産されており，立体規則性をもたないために非晶性高分子であるが，透明性，成型加工性および形状の安定性などに優れた材料である。その反面，耐熱性や耐薬品性が低いといった欠点も有していた。その後，チーグラー-ナッタ触媒[22]を用いることにより，イソタクチックポリスチレン（iPS）[23]が合成され，240℃の融点をもち高い耐熱性を示すことがわかったが，結晶化速度が遅いために工業化には適さなかった。しかしその後，4族遷移金属であるTiの錯体を触媒に用いたシンジオタクチックポリスチレン（sPS）の合成法が開発された。シンジオタクチックポリスチレンは結晶化速度が速く，融点が270℃と，iPSの性能を大きく上回る物性を有していることが明らかになった。ポリマー構造の立体規則性（**図9.7**）がポリマーの物性を大きく向上させた好例である。

　ポリアミドやシンジオタクチックポリスチレンは機能を強化した合成樹脂であることから，**エンジニアリングプラスチック**（略して，**エンプラ**）と呼ばれる。エンプラは，工業用の過酷な条件下でも使用できるように耐熱

プラスチック　plastics
合成樹脂　synthetic resin
熱可塑性樹脂
　thermoplastic resin または
　thermoplastics
熱硬化性樹脂
　thermosetting resin または
　thermoset

[20]　熱可塑性の汎用プラスチックであるポリエチレンやポリプロピレン，ポリスチレンなどは広く用いられている。

[21]　自然界の生物が有する構造や機能を模倣して新しい技術を開発することを**バイオミメティクス**（biomimetics）という。例えば，クモの糸を模倣して作られた強靭な繊維もバイオミメティクスの成果の一例である。

ポリスチレン　polystyrene

[22]　四塩化チタンとトリエチルアルミニウムからなるチーグラー-ナッタ触媒により，これまでの重合法では得られなかった物性を示すポリオレフィンが合成できるようになった。チーグラー-ナッタ触媒については13.2節で紹介する。

[23]　アイソタクチックポリスチレンとも呼ばれる。

エンジニアリングプラスチック
　engineering plastics

第9章

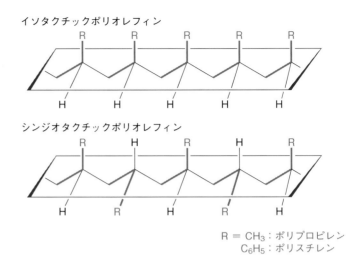

イソタクチックポリオレフィン

シンジオタクチックポリオレフィン

R = CH$_3$：ポリプロピレン
C$_6$H$_5$：ポリスチレン

図 9.7　ポリオレフィンの立体規則性

性や機械強度を向上させた合成樹脂の総称である。エンプラは金属部品と汎用プラスチック部品の中間的・補完的な材料であり，軽量化や低コスト化を可能にしている。

9.5　複合材料とハイブリッド材料

　三大材料である金属材料とセラミックス材料，そして高分子材料にさらなる機能を付与することで，新たな材料開発が行われている。ここでは，複合材料とハイブリッド材料を紹介しておこう。

複合材料 composite material

　複合材料とは，二つ以上の異なる材料を組み合わせることにより一体化させ，それぞれの材料の特性を生かしながらさらなる機能化を施した材料のことを指す。例えば 9.2.2 項で紹介した合金は複合材料である。繊維強化プラスチックなども複合材料の一つである。

ハイブリッド材料
　hybrid material

　一方**ハイブリッド材料**とは，もとの材料の特性を単に引き継ぐのではなく，原子レベルや分子レベルで精密に制御して合成することにより，まったく新しい機能を発現するような材料を指す。例えば，5.3 節で紹介したポリアセチレンは電気伝導性をほとんど示さないが，臭素やヨウ素を反応（ドーピング）させて主鎖上にある π 電子を引き抜くことにより電子の移動が可能となった（13.2.2 項参照）。一般的には電気を通さないプラスチックが，高い電気伝導性を示す物質に生まれ変わったわけである。このように，原子・分子レベルでの修飾を行うことにより元の材料（ポリアセチレン：絶縁体）とはまったく異なる新たな物性（導電性）を発現することができる材料をハイブリッド材料というのである。

Drop-in ナイロン 66 の発見

本章でも紹介したナイロンはポリアミド合成樹脂である。世界初の合成繊維であるナイロン 66 は，1935 年に，アメリカのデュポン社の研究者であったカロザース（Carothers, W.）により，アジピン酸とヘキサメチレンジアミンの重合によって合成された。

カロザースは非常に優秀な有機化学者であったと伝えられている。しかし，目的のポリアミドの合成には成功したものの，繊維としての製品化にはたどり着くことができなかった。その後，共同研究者の一人が，繊維を伸ばす（冷延伸）ことでナイロンが合成繊維として利用できることを見出した。合成されたばかりのナイロンは絡み合った毛玉のような状態なので，それを引っ張ることで繊維が一方向に伸び揃い，結果として強度が増した繊維となったのである。

しかし，発見者であるカロザースはこの大成功を見ることはなかった。彼はうつ病にかかり，ナイロンの製品化の前に自ら命を絶ったのである。「運も実力のうち」というが，運命の神様がいるのなら，その気まぐれさを感じさせる出来事の一つである。

章末問題

9.1 三大材料について述べよ。また，それぞれの材料の特性について比較せよ。

9.2 金属のイオン化傾向とは何か説明せよ。

9.3 錆びない金属としてどのような材料があるか答えよ。

9.4 汎用金属元素とは何か説明せよ。

9.5 セラミックス材料である窒化ホウ素には，ダイヤモンドや黒鉛に似た構造が存在する。それぞれの構造を有する窒化ホウ素の物性の違いを説明せよ。

9.6 ファインセラミックスとは何か説明せよ。

9.7 アミド結合で構成されている高分子化合物の例を挙げよ。

9.8 結晶性高分子と非晶性高分子について説明せよ。

9.9 合成樹脂は二つに分類される，これらの樹脂の総称を答えよ。また，それぞれの樹脂の特徴を述べよ。

9.10 複合材料とハイブリッド材料の違いを説明せよ。

第9章

第10章 生命体を構成する物質

本章では生体に見られる物質である生体分子（炭水化物，タンパク質，脂質）について学ぶ。炭水化物は自然界に最も多く存在する生体分子である。アミノ酸を構成要素とするタンパク質は最も多彩な機能をもつ。脂質は官能基をほとんどもたず，多くの炭素−炭素および炭素−水素結合をもつため有機溶媒に溶ける。これらの物質はいずれも有機化合物であり，生命活動を維持するために必要不可欠な物質群である。

10.1 炭水化物

炭水化物 carbohydrate

バイオマス biomass

*1 バイオマスとは，生物資源（bio）の量（mass）を表す概念で，一般的には「化石資源を除く，再生可能な生物由来の有機性資源」をバイオマスと呼ぶ。バイオマスには，廃棄物系バイオマス，未利用バイオマス，そして資源作物の三種類がある。エネルギーや製品の製造を目的に栽培されるサトウキビやトウモロコシは資源作物である。

糖質 saccharide

*2 炭水化物という名前は，グルコースなどの単糖の分子式が $C_6H_{12}O_6$ であり $C_6(H_2O)_6$ と書き直すことができることに由来する。すなわち"炭素の水和物"とみなせることからこの名前が付けられた。

光合成 photosynthesis

単糖 monosaccharide

アルドース aldose

ケトース ketose

D-グルコース D-glucose

D-フルクトース D-fructose

炭水化物は自然界に最も多く存在する生体分子であり，地上の**バイオマス**[*1]の50%近くを占める物質群である。炭水化物は**糖質**とも呼ばれる[*2]。

炭水化物は緑色植物や藻類による**光合成**で合成される。光合成とは，太陽からの光エネルギーを用いて，二酸化炭素と水をグルコースと酸素に変換する反応である（**図10.1**）。体内でグルコースが代謝されると，二酸化炭素と水，そして大量のエネルギーが生み出される。このようにして，炭水化物（グルコースなど）は化学エネルギーの貯蔵庫としての働きを担っているのである。

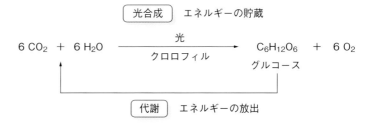

図10.1 光合成と代謝：化学エネルギーの貯蔵と利用

10.1.1 単糖

最も単純な炭水化物は**単糖**と呼ばれ，3〜7個の炭素原子をもち，鎖状構造のものは，末端炭素（C1），またはその隣の炭素（C2）にカルボニル基（>C=O）が存在する。ほとんどの炭水化物では，残りの炭素原子にヒドロキシ基（−OH）が結合している。単糖の構造式は，カルボニル基を上側に置いて垂直に描かれる。C1炭素にカルボニル基をもつ場合はアルデヒドに分類され，**アルドース**という。C2炭素にカルボニル基をもつ場合はケトンに分類され，**ケトース**と呼ぶ。単糖を構成する炭素数に対応して，トリオース（3炭素），テトロース（4炭素），ペントース（5炭素）そしてヘキソース（6炭素）などと呼ばれる。

6炭素からなる**D-グルコース**と**D-フルクトース**を例に説明しよう（**図10.2**）。D-グルコースはアルデヒドをもつ単糖であるからアルドヘキソー

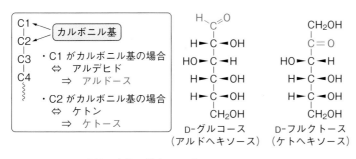

図 10.2 単糖の名称と構造：D–グルコースと D–フルクトース

スである。一方の D–フルクトースは C2 炭素がカルボニルであるケトンな
のでケトヘキソースとなる。これらの化合物は互いに構造異性体であるこ
とに注意してほしい[*3]。

　ここで単糖の表示方法について説明しておこう。先にも述べたように，
単糖はカルボニル基を上側において垂直に描かれる。カルボニル炭素以外
の炭素原子はすべて sp^3 混成であることから四面体の構造である。これら
の炭素原子から水平方向の結合は，紙面から手前に出ており（くさびで表
記），垂直方向の結合は奥側にあるものとみなす[*4]。この決まりをもとに，
簡略化した形で表記する方法は**フィッシャー投影式**と呼ばれ，十文字で書
き表される（**図 10.3**）。

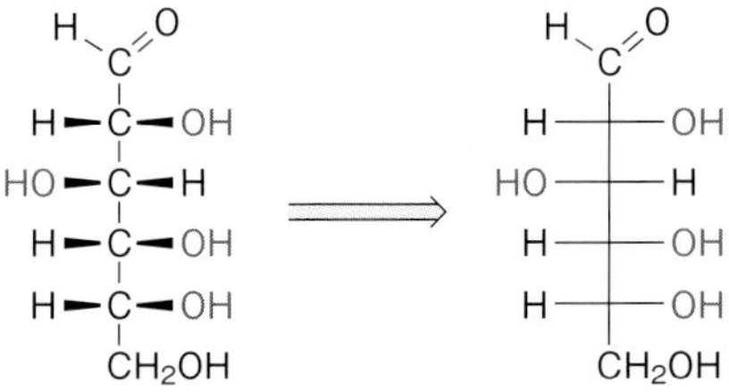

図 10.3 D–グルコースのフィッシャー
投影式

アルドヘキソース[*5]には四つの立体中心が存在するので，$2^4 = 16$ 種類
の立体異性体，つまり 8 組の鏡像異性体が存在する。ケトヘキソースには
三つの立体中心が存在するので $2^3 = 8$ 種類の立体異性体，すなわち 4 組の
鏡像異性体が存在する。立体中心の立体配置を表す接頭語として R/S 表示
法が用いられることはすでに述べた[*6]。単糖の場合も R/S 表示法が用いら
れるが，D/L 表示法も用いられる。この D/L 表示法は，カルボニル基から
最も離れた立体中心に結合した OH 基がフィッシャー投影式で右側に存在
する糖を D 体，左側に存在する糖を L 体とするものである。天然の糖はす
べて D 体であるので，この炭素の立体中心は R 配置をもつことになる[*7]。

　単糖は一般に甘みを有しており，融点の高い極性化合物である。水素結
合が可能なヒドロキシ基を有しているため水溶性である。一方で，多くの
有機化合物とは異なり，有機溶媒には不溶であるという性質をもっている。

　単糖の構造式は複数のヒドロキシ基をもつ非環状カルボニル化合物とし
て描かれるが，カルボニル基は分子内に存在するヒドロキシ基（アルコー

[*3] 異性体については 4.1 節を
参照のこと。

[*4] 紙面奥側への結合は正式に
は破線のくさびで表記するところ
であるが，ここでは実線で表記し
ている。

フィッシャー Fischer, E.

フィッシャー投影式
 Fischer projection

[*5] C1 炭素がアルデヒドで 6 炭
素の単糖（図 10.2 参照）。

[*6] 有機化合物の立体表示法に
ついては 4.1 節を参照のこと。

[*7] L 体は S の立体配置をもつ
糖である。

第10章

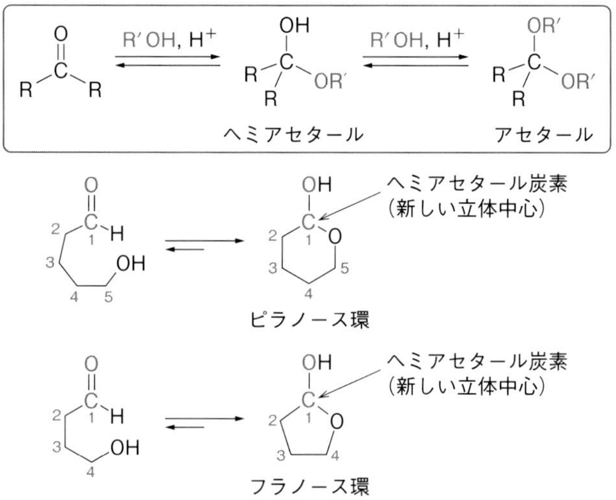

図 10.4　カルボニル化合物とアルコールの反応および環状ヘミアセタール

ヘミアセタール　hemiacetal

ピラノース環　pyranose ring

フラノース環　furanose ring

アノマー炭素　anomeric carbon

アノマー　anomer

ルとみなすことができる）と反応して，**ヘミアセタール**と呼ばれる6員環あるいは5員環化合物になる。これらを環状ヘミアセタールと呼ぶ（**図10.4**）。この環状化合物は酸素原子を一つ含み，6員環を**ピラノース環**，5員環を**フラノース環**と呼ぶ。環状生成物が形成されると，ヘミアセタール炭素（カルボニル炭素）は**アノマー炭素**と呼ばれ，新しい立体中心となる。すなわち，二種類の立体異性体が生成することになり，これらの異性体を**アノマー**と呼ぶ。アルドヘキソースであるグルコースでは，通常6員環であるピラノース環を形成する。D-グルコースからの環状ヘミアセタールの生成について見ていくことにしよう（**図10.4**）。

　D-グルコースのカルボニル基から最も離れた立体中心（C5）に直接結合しているヒドロキシ基の酸素原子は，カルボニル炭素から数えて6番目の原子であり，環化によってピラノース環（6員環）を形成するために適切な位置にある。非環状グルコースを環状ヘミアセタールに変換するために，環化の前段階の構造に描き直そう（**図10.5**）。すなわち，C5炭素を中心に回転したあと折り曲げることで，環化前の非環状グルコースを描くことができる。ここでピラノース環の酸素原子は6員環の右端の角を占めるよう

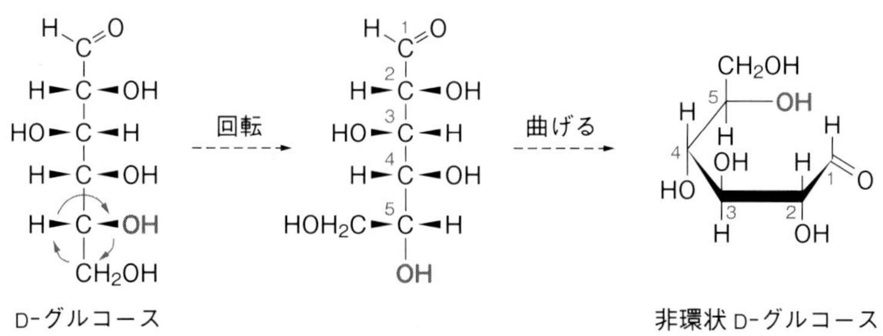

図 10.5　D-グルコースから環状ヘミアセタールを形成するための変換

に描かれるため，図10.5に示すような構造として描いた。

　環状ヘミアセタールの生成に伴い，新しい立体中心ができるため，α ア
ノマーとβアノマーの二つの環構造が存在する（**図10.6**）。αアノマーでは
新しく生成するOH基は下側，すなわちC5に結合しているCH$_2$OH基とト
ランスの関係になる。一方，βアノマーのOH基は上側に位置し，C5の
CH$_2$OH基とはシスの関係になる。生成したD-グルコースのαアノマーを
α-D-グルコース，または6員環構造を強調するためにα-D-グルコピラノー
スと呼ぶ。βアノマーも同様に命名される。αアノマーとβアノマーは，ア
ノマー炭素の立体配置のみが異なる異性体であることからジアステレオ
マーであることに注意されたい。

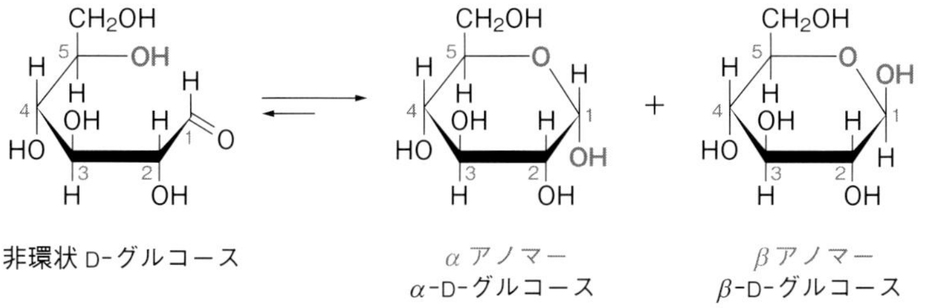

図10.6　非環状D-グルコースからの環状D-グルコース（環状ヘミアセタール）の生成

　非環状グルコース（アルデヒド体）と二つの環状ヘミアセタールは，それ
ぞれ別々に結晶化することにより単離できる。しかし，いずれの化合物も
溶液状態にすると平衡になり，37%のαアノマーと63%のβアノマー，そ
してごく微量の非環状グルコースとして存在する。この現象を**変旋光**とい
う[*8]。

変旋光 mutarotation

[*8] 第4章 側注8（p.37）参照。

第10章

　二つの環状グルコース（ヘミアセタール）は6員環構造を有している。よ
り実際に近い三次元構造である いす形構造に書き直したものが**図10.7**で
ある。βアノマーに注目すると，すべての水素原子は**アキシアル**位にあり，

アキシアル axial

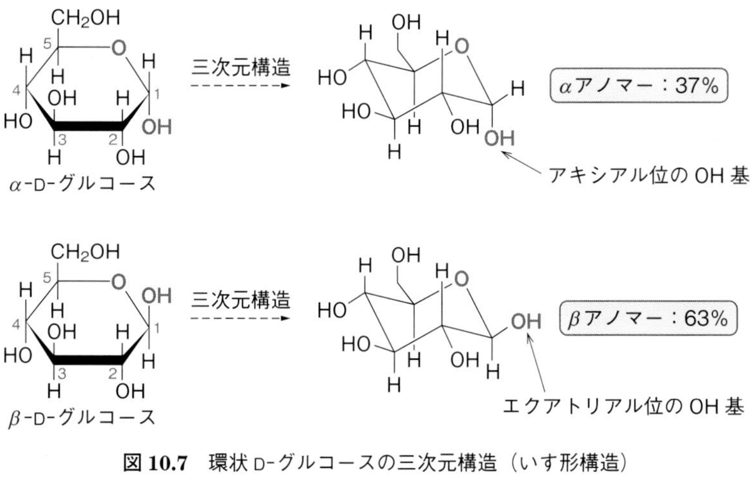

図10.7　環状D-グルコースの三次元構造（いす形構造）

エクアトリアル　equatorial

*9　シクロヘキサンのように sp³ 混成した原子からなる 6 員環はいす形配座をとる。6 員環に対して上下（垂直方向）に位置する結合をアキシアル（*ax*）といい、横方向に位置する結合をエクアトリアル（*eq*）と呼ぶ。

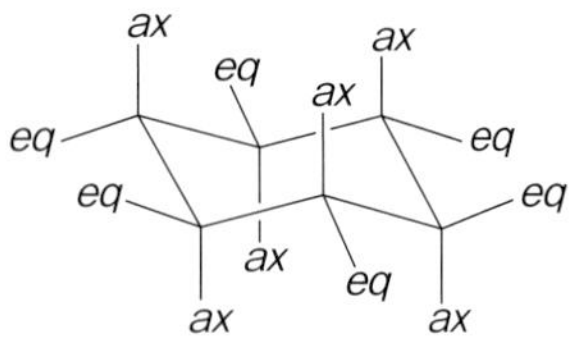

グリコシド　glycoside

*10　β-D-グルコースを用いても二種類のグリコシドが生成する。

水素原子より大きな置換基のすべては空間的に広い**エクアトリアル**位を占めた安定な構造をとっている*9。一方、α アノマーは、アノマー炭素に結合した OH 基がアキシアル位を占めることで立体反発が存在する。すなわち、β アノマーに比べ α アノマーは安定性が低いことから、先に示した平衡での存在比（α アノマー 37：β アノマー 63）になるのである。

　単糖をメタノール（CH₃OH）と塩酸で処理すると、**グリコシド**と呼ばれるアセタールに変換される。すなわち、アノマー炭素に結合していた OH 基が OCH₃ 基に変換された化合物が生成する。生成するグリコシドは二種類の異性体（ジアステレオマー）、α-グリコシドと β-グリコシドである（**図 10.8**）*10。

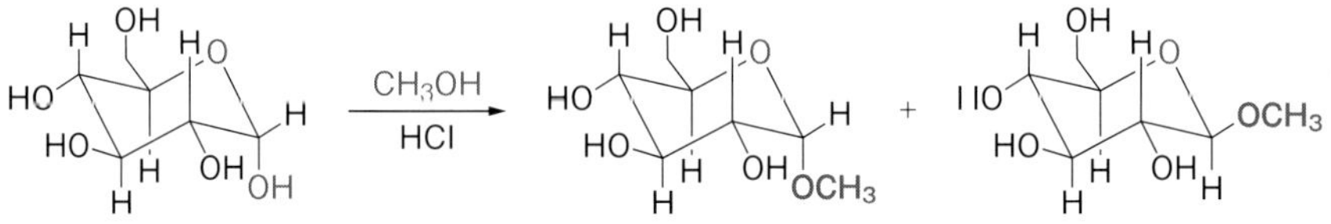

図 10.8　グリコシド（アセタール）の生成

　環状ヘミアセタールは結合の開裂と再結合を伴う平衡（α アノマーと β アノマーの生成）が存在するのに対し、グリコシド（アセタール）は、単に溶液状態にしただけでは異性化は起こらない。すなわち、α-グリコシドと β-グリコシド間に平衡は存在しない*11。グリコシド結合でつながった二糖や多糖は、この結合様式の違いにより異なる性質を示す。次に二糖について見ていくことにしよう。

*11　グリコシドは酸性水溶液で処理すると、ヘミアセタールとアルコールに加水分解される。

10.1.2　二　糖

　二つの単糖がグリコシド結合でつながった糖を**二糖**という。最も豊富に存在する二糖にはマルトース、ラクトース、そしてスクロースがある。これらの二糖について説明していこう。

二糖　disaccharide

マルトース（麦芽糖）　maltose

グリコシド結合
　glycosidic linkage

　マルトースは**麦芽糖**とも呼ばれ、デンプンの加水分解により得られる二糖であり、発芽した大麦などの穀類に含まれる。マルトースは二つのグルコース単位からなり、1→4-α-**グリコシド結合**により互いにつながっている*12（**図 10.9**）。マルトースはアセタール炭素とヘミアセタール炭素を含

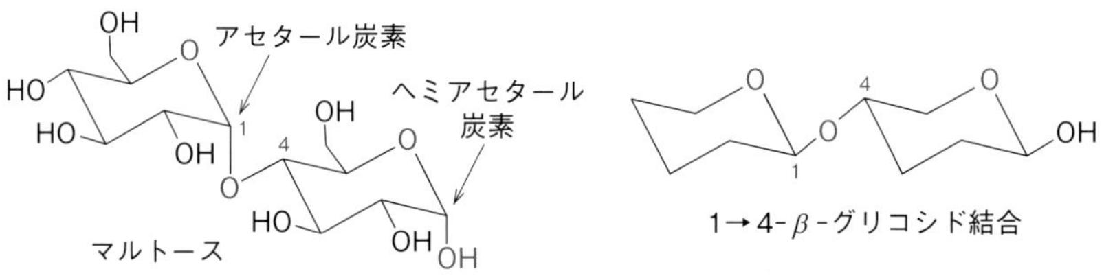

*12　二つの単糖がグリコシド結合でつながった二糖の結合を示す方法として「1→4-α-」のような表記を用いる。これは、1 位と 4 位でグリコシド結合が形成され、α アノマー構造を有することを示している。

図 10.9　マルトース（1→4-α-グリコシド結合）と 1→4-β-グリコシド結合

んでいるため，加水分解により生成するグルコースはアノマー混合物となる[*13]。

　ラクトースは**乳糖**とも呼ばれ，ヒトやウシの乳に含まれる主要な二糖である。ほかの単糖や二糖とは異なり，ラクトースはそれほど甘みはない。ラクトースはガラクトース1分子とグルコース1分子からなり，ガラクトースのアノマー炭素からグルコースのC4炭素への $1 \rightarrow 4$-β-グリコシド結合によってつながっている（**図10.10**）。ラクトースもヘミアセタールを含んでおり，α および β アノマー[*14]の混合物として存在している[*15]。

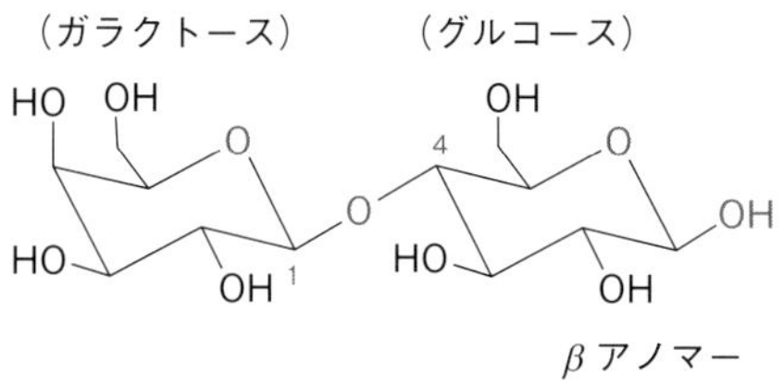

（ガラクトース）　　（グルコース）

図10.10　ラクトース
（$1 \rightarrow 4$-β-グリコシド結合）

β アノマー

　スクロースは**ショ糖**とも呼ばれ，サトウキビやテンサイなどに含まれる二糖であり，白砂糖として使われている。天然で最も一般的な二糖であり，グルコース1分子とフルクトース1分子からなる。ここでフルクトースは5員環構造を有しており，C2の炭素でグルコースと α-グリコシド結合している（**図10.11左**）。スクロースは心地よい甘みを有する化合物であることから多くの食品に使われている。しかし炭水化物であるスクロースはカロリーが高い。そこで，充分な甘さをもち，カロリーの低い人工甘味料が開発されている。その一つに**アスパルテーム**がある（**図10.11右**）。アスパルテームはショ糖の $100 \sim 200$ 倍の甘みをもつ物質である[*16]。

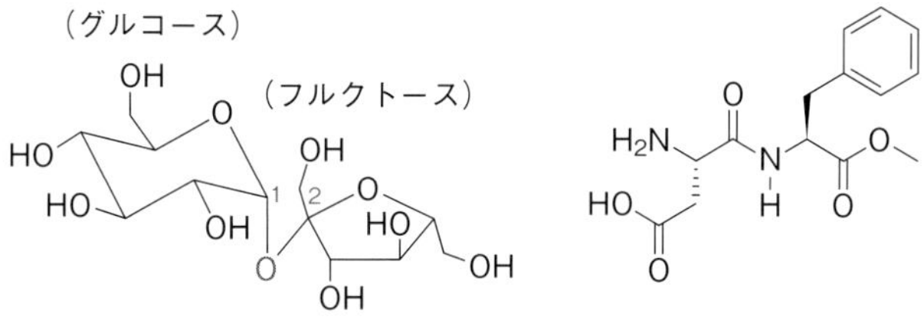

（グルコース）
（フルクトース）

図10.11　スクロース（$1 \rightarrow 2$-α-グリコシド結合；左）とアスパルテーム（右）

10.1.3　多　糖

　三つ以上の単糖が互いにつながった物質を**多糖**といい，セルロース，デンプン，グリコーゲンの三つが天然に広く存在している[*17]。いずれの多糖も，異なるグリコシド結合でつながったグルコース単位の繰返しからなる。

　セルロースはほとんどすべての植物の細胞壁にみられる。綿はほぼ純粋なセルロースである。セルロースは，グルコースが $1 \rightarrow 4$-β-グリコシド結合で繰り返しつながった枝分かれのない高分子である（**図10.12**）。そのた

[*13]　図10.9は α アノマーを示す。併せて $1 \rightarrow 4$-β-グリコシド結合の構造を図の右に示しておく。

ラクトース（乳糖）　lactose

[*14]　図10.10には β アノマーのみを示してある。

[*15]　ラクトースは酵素ラクターゼによって $1 \rightarrow 4$-β-グリコシド結合が切断されて単糖が生成することから，体内で消化される。酵素ラクターゼの量が不足している人（アジア系とアフリカ系の人に多い）はラクトースを消化し吸収することができない。こうした人が牛乳などの乳製品を摂取すると腹部のけいれんや下痢を引き起こすことが知られている。

スクロース（ショ糖）　sucrose

アスパルテーム　aspartame

[*16]　アスパルテームについては次節を参照のこと。

第10章

多糖　polysaccharide

[*17]　単糖がグリコシド結合により数個結合したものを**オリゴ糖**（oligosaccharide）という。オリゴはギリシャ語で"少ない"を意味する言葉である。

セルロース　cellulose

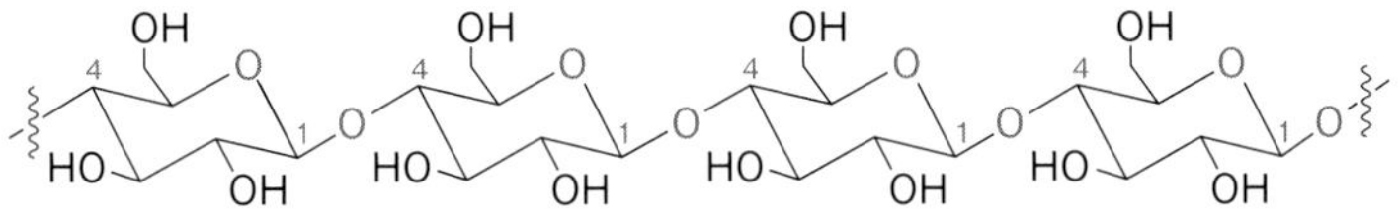

図 10.12 セルロース

め，セルロースは長い直線的な鎖となり，それがシート状に積み重なることにより三次元的に広がっており，鎖やシートの間には分子間での水素結合により網目構造が形成されている。セルロースは高い極性をもつ化合物であるが水に不溶である*18。

*18 細胞内では，セルロースは酵素 β-グルコシダーゼにより加水分解されてグルコースになる。ヒトはこの酵素をもたないためセルロースを消化できない。ウシやウマなどの草食動物は消化系にこの酵素を含む細菌をもっているため，草などを食べて栄養を摂取することができる。

デンプン starch

アミロース amylose
アミロペクチン amylopectin

トウモロコシ，米，麦，イモなどに含まれている**デンプン**は，グルコースが α-グリコシド結合でつながった高分子化合物であり，**アミロース**と**アミロペクチン**と呼ばれる二つの化合物がよく知られている（**図 10.13**）。

デンプンの約 20% を占めているアミロースは，グルコースが分岐することなく 1→4-α-グリコシド結合で直線的につながった高分子である。アミロペクチンはデンプンの約 80% を占めており，1→4-α-グリコシド結合で高分子の主鎖を形成し，1→6-α-グリコシド結合で分岐構造を形成している。デンプンは水分子と容易に水素結合することができるため，セルロースに比べて水溶性が高い*19。

*19 ヒトは消化系にデンプンの加水分解を触媒する酵素 α-グルコシダーゼをもっているので，小麦粉や米，トウモロコシから作られた食品は消化されやすいデンプン源となる。

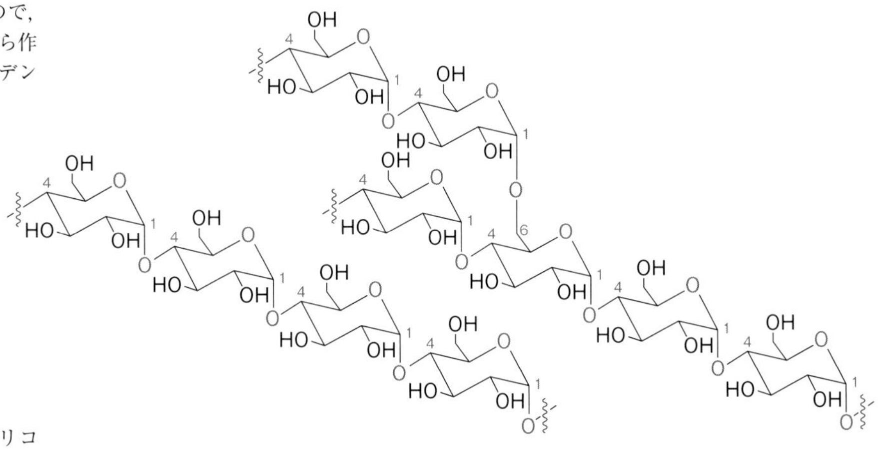

図 10.13 アミロース（左）とアミロペクチン（右）

グリコーゲン glycogen

*20 グリコーゲンは α-グリコシド結合でつながったグルコースの高分子で，アミロペクチンと同じ枝分かれ構造をもつ。アミロペクチンに比べはるかに多い枝分かれを有しており，それによってグリコーゲンはグルコースが必要なときに素早く供給できる仕組みになっている。

グリコーゲンは動物においてエネルギー貯蔵物質として機能する多糖である。主に肝臓と筋肉に蓄えられ，細胞がエネルギーとしてグルコースを必要とするとき，グリコーゲンからグルコースが加水分解され，エネルギーを放出しつつ代謝される*20。

10.2 アミノ酸とタンパク質

タンパク質 protein
アミノ酸 amino acid

タンパク質は様々な種類の**アミノ酸**が結合してできた高分子化合物であ

り，あらゆる細胞の中に存在する。タンパク質は筋肉や臓器などを構成する材料となるほか，生体内で起こる様々な化学反応を円滑に進める酵素の主成分でもあり，生物にとって最も重要で多彩な機能をもつ物質である。本節ではタンパク質とその構成主成分であるアミノ酸について学んでいこう。

10.2.1　アミノ酸

一分子中にアミノ基（$-NH_2$）とカルボキシ基（$-COOH$）をもつ化合物を**アミノ酸**といい，これら二つの官能基が同じ炭素原子（α炭素）[*21] に結合したものを**α-アミノ酸**という（**図10.14左**）。天然には20種類のα-アミノ酸が存在し，α炭素に結合した置換基Rによって区別される。この置換基Rをアミノ酸の**側鎖**という。

アミノ酸はアミノ基とカルボキシ基をあわせもつ化合物であることから，塩基としても酸としても機能する。そのため，アミノ酸は電荷をもたない中性の状態ではなく，酸性のカルボキシ基から塩基性のアミノ基にプロトンが移動した**双性イオン**と呼ばれる塩の状態で存在している（**図10.14右**）。塩として存在するアミノ酸は高い融点をもち，水に溶けやすい性質をもつ。

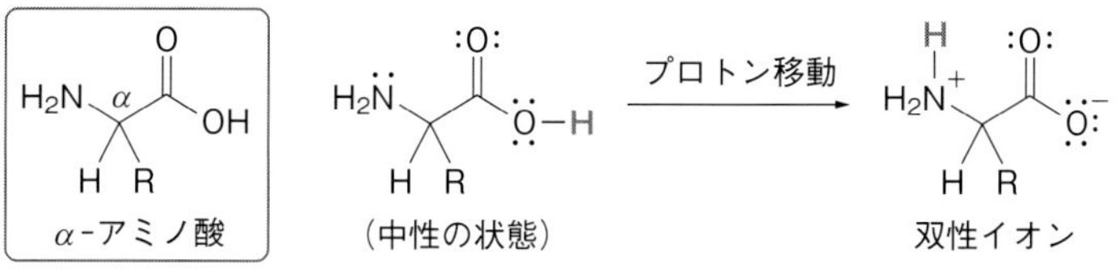

図10.14　α-アミノ酸とプロトン移動による双性イオン構造

グリシンは最も単純なアミノ酸であり，側鎖Rは水素である。側鎖が水素以外の場合，α炭素は立体中心となり，二つのエナンチオマーが存在しうる。天然に存在するアミノ酸のうち，側鎖が CH_2SH の場合（システイン）を除き，α炭素の立体中心はS配置をもつ。古い命名法では，天然に存在するアミノ酸のエナンチオマーをL体とし，非天然のエナンチオマーをD体として区別している。すべてのアミノ酸はアルファベットの3文字または1文字で省略表記される。例えば，グリシンはGlyまたはGと略記される。側鎖にカルボキシ基あるいはアミノ基をもつアミノ酸を，それぞれ酸性アミノ酸および塩基性アミノ酸という。20種類の天然アミノ酸の構造と略号の一覧を**図10.15**に示す。

一つのアミノ酸のカルボキシ基が別のアミノ酸のアミノ基と脱水縮合してできた化合物を**ペプチド**といい，このとき生じたアミド結合（$-CONH-$）を特に**ペプチド結合**という。二分子のアミノ酸から得られるペプチドをジペプチド，三分子からなるものをトリペプチド，多数からなるものを

----

*21　官能基と隣接した1番目の炭素をα炭素，その隣の2番目のものはβ炭素と呼ぶ。

α-アミノ酸　α-amino acid
側鎖　side chain

双性イオン　zwitterion

ペプチド　peptide

ペプチド結合　peptide bond

第10章

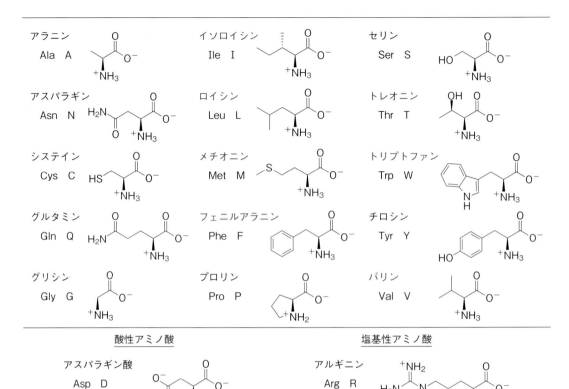

アラニン　Ala A

イソロイシン　Ile I

セリン　Ser S

アスパラギン　Asn N

ロイシン　Leu L

トレオニン　Thr T

システイン　Cys C

メチオニン　Met M

トリプトファン　Trp W

グルタミン　Gln Q

フェニルアラニン　Phe F

チロシン　Tyr Y

グリシン　Gly G

プロリン　Pro P

バリン　Val V

酸性アミノ酸

アスパラギン酸　Asp D

グルタミン酸　Glu E

塩基性アミノ酸

アルギニン　Arg R

ヒスチジン　His H

リシン　Lys K

必須アミノ酸*22 は名称を青色で表した。

図 10.15　天然に存在する 20 種類のアミノ酸（名称と略号，構造）

必須アミノ酸

essential amino acid

*22　ヒトはタンパク質合成に必要な 20 種のアミノ酸のうち 11 種しか合成できない。残り 9 種のアミノ酸は必須アミノ酸と呼ばれ，食物から栄養分として摂取しなければならない。アルギニンは小児では必須アミノ酸に含まれる。

アラニン（Ala）　＋　システイン（Cys）　→　Ala-Cys

ペプチド結合

システイン（Cys）　＋　アラニン（Ala）　→　Cys-Ala

図 10.16　ペプチド結合をもつジペプチド

ポリペプチドという。一般に，40 個以上のアミノ酸からなる高分子体をタンパク質と称することが多い。

　二つの異なるアミノ酸からペプチド結合が形成されるとき，二種類のジペプチドが生成しうる。アラニンとシステインから得られるジペプチドを例に説明しよう。**図10.16** の上式は，アラニンの COO$^-$ 基とシステインの NH$_3$$^+$ 基との間でペプチド結合が生成したジペプチド（Ala-Cys）である。一方，下式はシステインの COO$^-$ 基とアラニンの NH$_3$$^+$ 基との反応によるジペプチド（Cys-Ala）である。生成したジペプチドは互いに構造異性体である[*23]。

　ここでペプチド（アミド）結合の特徴をまとめておこう（**図10.17**）。ペプチド結合では，窒素上の非共有電子対が隣接するカルボニル基との共鳴により非局在化している。そのため，ペプチド結合の炭素－窒素結合は二重結合性を帯び，C−N 結合軸での回転が制限され，*s*-トランスと*s*-シス[*24] の二つの**立体配座**をとることができる[*25]。

　ペプチド結合における共鳴安定化により，ペプチド結合に関与している 6 個すべての原子は同一平面上に存在し，結合角はおおよそ 120° となる。さらに，C=O および N−H 結合は互いに 180° をなしている。

　前節で紹介した人工甘味料であるアスパルテームは，アスパラギン酸とフェニルアラニンのジペプチド（Asp-Phe）のメチルエステルである[*26]（**図10.18**）。アスパルテームを構成している二つのアミノ酸はどちらも天然の L-立体配置である。どちらか一方のアミノ酸を D 体で置き換えると，その化合物は苦くなることが知られている。

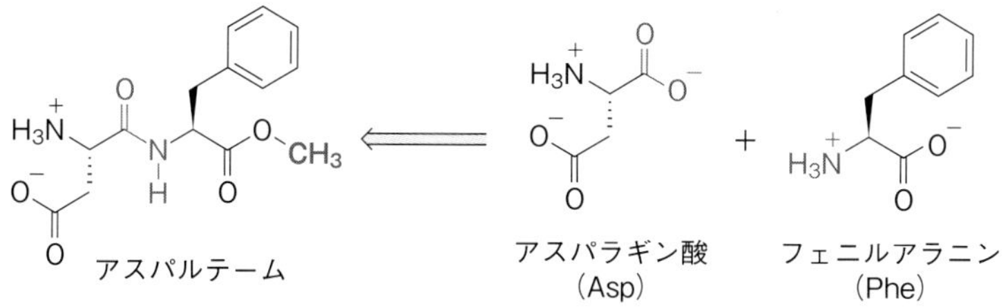

*23　図 10.16 に示すように，N 末端アミノ酸（アミノ基がペプチド結合に関与していないアミノ酸）は鎖の左側に，C 末端アミノ酸（カルボキシ基がペプチド結合に関与していないアミノ酸）は右側に描かれる。

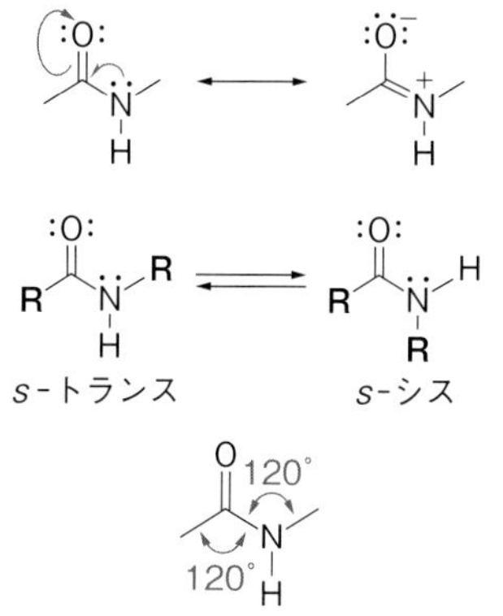

図10.17 ペプチド結合の特徴

*24　*s*-トランス，*s*-シスの "*s*" は単結合（single bond）を意味しており，この結合に対して置換基がトランス/シスの相対配置であることを表している。

立体配座 conformation
*25　立体配座については第4章 側注5（p.36）参照。

*26　カルボン酸の水素がアルキル基に置き換わった化合物をエステルという。中でも，メチル基が結合したエステルのことを，メチル基を強調する意味を込めてメチルエステルと呼ぶ。

図10.18 アスパルテーム（双性イオンとして記載）

10.2.2　タンパク質

　タンパク質はアミノ酸からなる高分子化合物であり，生きた細胞の構造や多くの機能を担っている。タンパク質の構造について紹介しよう。

　タンパク質の**一次構造**とは，ペプチド結合で互いにつながったアミノ酸の配列を指す。上に記したようにペプチド（アミド）結合部分の回転は制限されているが，そのほかの σ 結合は自由に回転することにより安定な配座をとることができる。そのため，ペプチド鎖はねじれたり曲がったりして様々な配座をとるので，その結果，タンパク質の**二次構造**が構成される。

タンパク質 protein

一次構造 primary structure

二次構造 secondary structure

第**10**章

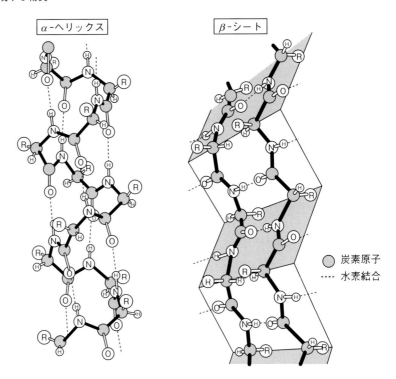

図 **10.19** 　*α*-ヘリックスと *β*-シート　田村隆明著『コア講義 生化学』（裳華房, 2009）より転載。

タンパク質の局所的な領域の三次元立体配座を二次構造という。二次構造の形成には，一つのアミド結合の N−H のプロトンと，別のアミド結合の C＝O の酸素との間の水素結合が関与する。これらの水素結合には，特に安定な二つの構造があり，それぞれ **α-ヘリックス**と **β-シート**[*27] と呼ばれる（**図10.19**）。

α-ヘリックス　α-helix
β-（プリーツ）シート
　β-(pleated) sheet
*27　*β*-シートは *β*-プリーツシートと呼ばれることもある。

*28　アミノ酸3.6分子を意味する。

α-ヘリックスは，ペプチド鎖が右巻き（時計回り）のらせんを形成するようにねじれることにより形成される。ヘリックスはアミノ酸3.6残基[*28] ごとに1回転し，4残基離れた N−H と C＝O 間で水素結合が形成されている。すべてのアミノ酸が *α*-ヘリックスを形成できるわけではない。例えば，プロリンは窒素原子が5員環に組み込まれた剛直な構造をもち，さらに水素結合を形成するための N−H プロトンをもたないため，*α*-ヘリックスを構成する要素になることができない。

β-シートは，二つ以上のペプチド鎖が隣り合って列をなし，異なるペプチド鎖の間で水素結合が形成されることによってシート状のタンパク質となる。そのため，アラニンやグリシンのような，側鎖が立体的に小さい場合によく見られる。側鎖が大きくなると立体障害のために鎖どうしが接近しにくくなり，安定なシート構造を形成できなくなる。

三次構造　tertiary structure

実際のタンパク質では，二次構造以外にも，側鎖どうしの相互作用により折りたたまれた特有の立体構造をもつものが多い。このような構造を**三次構造**という。さらに，三次構造を形成したタンパク質のいくつかが集合

して形成された複合体の形状を**四次構造**という*29。

10.2.3 生体に重要なタンパク質

　この節の最後に，生体にとって重要ないくつかのタンパク質を紹介しておこう。*α*-ケラチンは，髪の毛や爪，皮膚，羊毛などにみられるタンパク質であり，多数のアラニンおよびロイシン残基をもち，長い*α*-ヘリックスを形成し，水にはまったく溶けないタンパク質である。多くのシステイン残基を含む*α*-ケラチンは，システインのチオール基に由来するジスルフィド結合（S-S 結合）の割合によって，強度などの物性が変化する。例えば，髪の毛がジスルフィド結合を有している場合，その髪の毛はまっすぐに保たれる。そこにジスルフィド結合を切断する薬剤で処理*30した後，髪の毛をカーラーなどに巻きつけ，再びジスルフィド結合を作るために薬剤（酸化剤）で処理すると，カールされた髪の毛になる*31。

　コラーゲンは，骨や腱，歯，血管などの組織にみられるタンパク質であり，グリシンとプロリン（図 10.15 参照）がアミノ酸残基として豊富に含まれている。プロリンが豊富に含まれているので，*α*-ヘリックス構造をとることはできないが，3 本のポリペプチド鎖が束になって絡み合い，右巻きのスーパーヘリックスと呼ばれる構造をとっている。

　球状タンパク質である**ヘモグロビン**と**ミオグロビン**は，タンパク質単位と，補欠分子族と呼ばれる非タンパク質分子から構成されており，**複合タンパク質**と呼ばれる。これらの補欠分子族は**ヘム**と呼ばれ，窒素を含むヘテロ環からなるポルフィリンに 2 価の鉄イオンが取り込まれた複雑な構造（金属錯体）の化合物である（**図 10.20**）。この鉄イオンは血中で酸素と結合し，酸素の輸送や貯蔵の役割を担っている*32。

10.3 脂 質

　脂質は有機溶媒に可溶な生体分子であり，特定の官能基の存在により分類されたものではなく，物理的性質に基づいて定義される唯一の有機分子である。そのため，脂質の構造は様々で，生体内で担う機能も多様である。
　脂質は加水分解されるものとされないものに分類される。加水分解される脂質はエステル部位をもつものが多い（**表 10.1**）。次に，これらの物質のいくつかについてその構造と特徴を紹介しよう。

10.3.1 加水分解される脂質

　ろう（ワックスともいう）は加水分解される脂質の中で最も単純な物質であり，分子量の大きなアルコール（R′OH）と脂肪酸（RCOOH）から生成するエステル（RCOOR′）である。長い炭化水素鎖をもつため疎水性が高

四次構造 quaternary structure
*29 より高度な機能を示すヘモグロビンのようなタンパク質は，固有の立体構造を形成することにより，その特異な機能を発現することができるようになるのである（次の 10.2.3 項参照）。

***α*-ケラチン** *α*-keratin

*30 チオール（−SH）基に還元する反応。

*31 タンパク質の反応性を巧みに利用したパーマの原理である。

コラーゲン collagen
ヘモグロビン hemoglobin
ミオグロビン myoglobin

複合タンパク質
　conjugated protein

ヘム heme

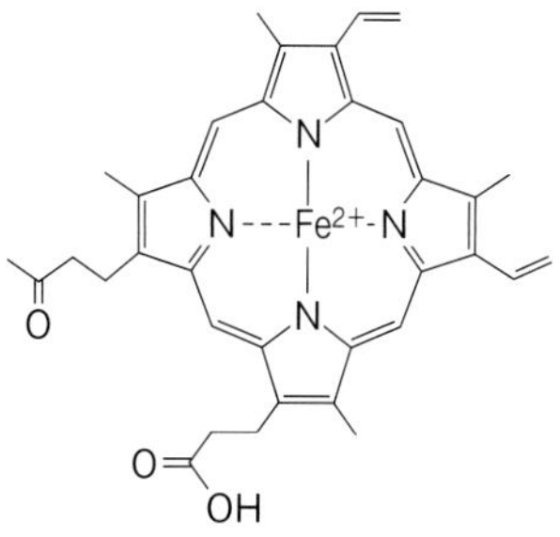

図 10.20 ヘムの構造

*32 ヘモグロビンの鉄イオンは一酸化炭素と強固な結合を形成する。一酸化炭素がこの鉄イオンに結合すると，肺から体内の組織への酸素の運搬ができなくなるために，中毒症状を引き起こしてしまうのである（本章 Drop-in 参照）。

脂質 lipid

表 10.1 脂質の分類

加水分解される脂質
ろう
トリアシルグリセロール
リン脂質
加水分解されない脂質
脂溶性ビタミン
エイコサノイド
テルペン
ステロイド

ろう（蝋） wax

第10章

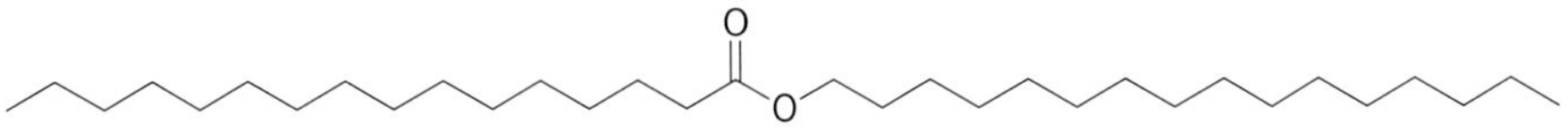

図 10.21 鯨ろうの構造

く，鳥の羽に保護膜を形成して水をはじくとか，植物の葉の表面に存在して水の蒸発を防ぐなどの役割を担っている。マッコウクジラの頭から単離されたろうは，$CH_3(CH_2)_{14}COO(CH_2)_{15}CH_3$ を主成分とするエステルである（**図 10.21**）。長鎖アルキル基に比べてエステル基の存在が小さい構造であることがわかる。

油脂 fats and oils

　動物脂肪や植物油は最も広く存在する脂質であり，一般に**油脂**と呼ばれる。油脂は化学的には，グリセリン（グリセロール）と三つの長鎖カルボン酸（脂肪酸）がエステル結合によりつながったトリアシルグリセロール（トリグリセリドともいう）である。脂肪酸は通常，枝分かれはしておらず（直鎖），12〜20の偶数個の炭素原子を含んでいる。単結合のみの炭素鎖からなる脂肪酸を**飽和脂肪酸**といい，二重結合が含まれているものを**不飽和脂肪酸**という。また，一つのトリアシルグリセロール分子中の三つの脂肪酸が互いに異なるものもある。

飽和脂肪酸 saturated fatty acid

不飽和脂肪酸
　unsaturated fatty acid

　脂肪酸の炭素鎖に二重結合の数が増えると融点が下がるため，不飽和脂肪酸は液体であるものが多く，飽和脂肪酸は固体状態をとりやすい。そのため，融点が高く室温で固体のものを**脂肪**といい，融点が低く室温で液体のものを**油**といって区別する。トリアシルグリセロールの加水分解反応と，飽和脂肪酸であるパルミチン酸（C_{16}）とステアリン酸（C_{18}），不飽和脂肪酸であるオレイン酸とリノール酸（ともに C_{18}）を**図 10.22** に示す。

脂肪 fat
油 oil

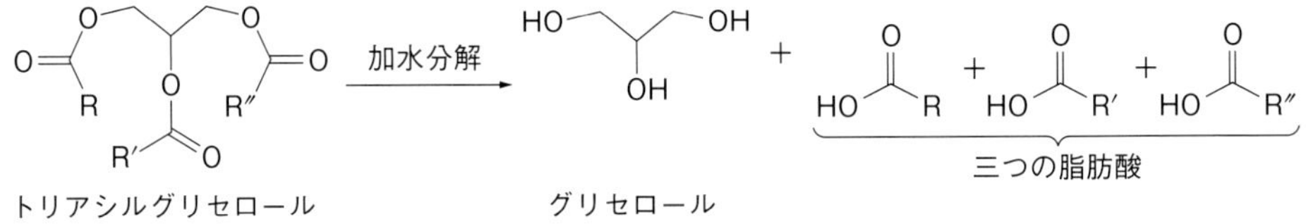

トリアシルグリセロール　　　　　グリセロール　　　　　三つの脂肪酸

飽和脂肪酸		融点（℃）
パルミチン酸（C_{16}）	$CH_3(CH_2)_{14}COOH$	61-63
ステアリン酸（C_{18}）	$CH_3(CH_2)_{16}COOH$	67-72

不飽和脂肪酸		融点（℃）
オレイン酸（C_{18}）	$CH_3(CH_2)_7CH=CH(CH_2)_7COOH$	13-14
リノール酸（C_{18}）	$CH_3(CH_2)_4(CH=CHCH_2)_2(CH_2)_6COOH$	−5

図 10.22 トリアシルグリセロールの加水分解と代表的な脂肪酸

ビタミン vitamin
*33　水溶性ビタミンとは水に溶けやすいビタミンの総称で，ビタミンCやビタミンB群を挙げることができる。

10.3.2　加水分解されない脂質：ビタミン

　ビタミンは代謝の際に少量必要な有機化合物であり，脂溶性と水溶性*33 に分類される。このうち，脂溶性ビタミンは脂質に分類される物質群で，

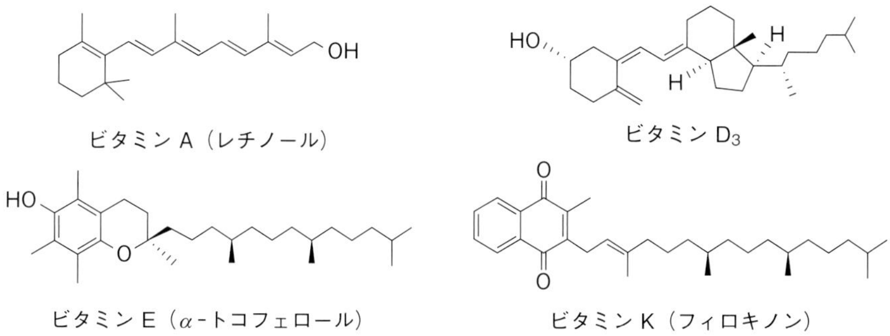

ビタミンA（レチノール）

ビタミンD₃

ビタミンE（α-トコフェロール）

ビタミンK（フィロキノン）

図 10.23 脂溶性ビタミン

　四つの脂溶性ビタミン（A, D, E および K）がある。われわれヒトの細胞は
ビタミンを合成することができないので，それらを食事から摂取しなけれ
ばならない。毎日摂取する必要はなく，過剰なビタミンは脂肪細胞に蓄積
され，必要なときにそこから使われる。四つの脂溶性ビタミンの構造を**図
10.23**に，その働きを**表10.2**に示す。

表 10.2　主な脂溶性ビタミンの働き

ビタミンA（レチノール）：魚の肝油や乳製品から得られ，ニンジンのオレンジ色素であるβ-カロテンから体内で合成される。ビタミンAは脊椎動物の視力を担う光感受性化合物に変換される。ビタミンAが不足するとドライアイや乾燥肌，夜盲症を引き起こす。
ビタミンD₃：ビタミンDの中でも最も豊富に存在しており，体内ではコレステロールから合成されている。ビタミンD₃は食品（特に牛乳）の栄養価を高める目的で添加されている。ビタミンDはカルシウムやリンの代謝を助けるため，不足すると骨障害などを引き起こす。
ビタミンE：構造的に類似した化合物の総称であり，特に重要なのはα-トコフェロールである。ビタミンEは抗酸化剤として働き，神経系にとって重要な物質である。
ビタミンK：血液の凝固に必要なタンパク質の合成を制御しており，不足すると，出血時に血液が固まらず大量出血を引き起こし，ときには死に至ることがある。

10.3.3　加水分解されない脂質：ステロイド

　ステロイドは四環式[*34]の脂質であり，その多くが生理活性をもつ物質
である。ステロイドは三つの6員環と一つの5員環が互いにつながって構
成されている（**図10.24**）。ステロイドのそれぞれの環はA, B, C, D と表示
され，17個の環内炭素は図のように番号付けされる。環内炭素のC10と
C13にはメチル基が結合しており，それぞれC19およびC18と番号付けさ
れる。

　ステロイドはいずれも同一の縮環骨格[*35]をもっているが，この骨格に
結合する置換基の種類や位置に違いがある。コレステロールは8個の立体
中心（環内に7個，側鎖に1個）をもち，$2^8 = 256$種類の立体異性体が存
在しうる。しかし天然には**図10.25**に示した立体異性体しか存在しない。
コレステロールは細胞膜の重要な成分であり，ほかのすべてのステロイド
の出発物質となることから，生命に必要不可欠な物質である。コレステロー
ルは肝臓で合成され，血流に乗って体内のほかの組織に運ばれるので，食

ステロイド　steroid

*34　四つの環構造からなる骨格。

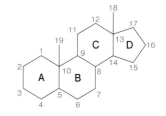

図 10.24　ステロイドの環構造

*35　縮環化合物は，2個以上の環が2個またはそれ以上の原子を共有して結合した化合物である。

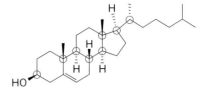

図 10.25　コレステロール
青丸は 8 個の立体中心となる
キラルな炭素を示す。

ホルモン　hormone

女性ホルモン

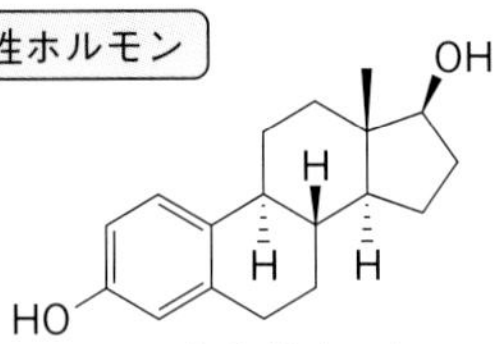

エストラジオール
（エストロゲン）

男性ホルモン

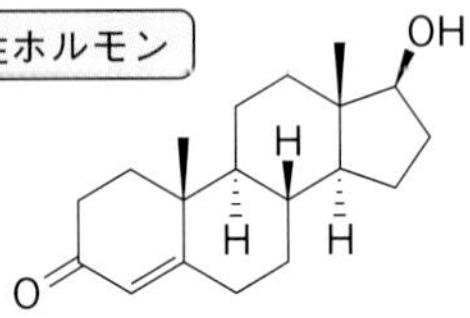

テストステロン
（アンドロゲン）

図 10.26　性ホルモン

*36　合成ステロイドはその後、
運動選手やボディービルダーに
よって使われるようになったが、
ドーピング剤となることから、競
技者はその使用を認められてい
ない。ステロイド類の長期使用や過
剰使用は、高血圧、肝障害、心筋
疾患などの健康問題を引き起こす
ことが明らかにされている。

事から摂取する必要はない。構造を見てもわかるように、コレステロール
は極性の OH 基が一つあるのみで、そのほかはすべて無極性の C—C と
C—H 結合から構成されている。そのため、水には（したがって血液の水環
境中にも）溶けない。

　コレステロールのほかに重要なステロイドとして、内分泌腺から分泌さ
れる多くの**ホルモン**があり、性ホルモンと副腎皮質ステロイドの二つに分
類される。

　性ホルモンのうち、女性ホルモンにはエストロゲンとプログステロンの
二種類があり、男性ホルモンはアンドロゲンと呼ばれる。これらのホルモ
ン群の中で重要な物質の構造を**図 10.26** に示す。

　同化ステロイドと呼ばれる合成ステロイドがある。男性ホルモンとして
紹介したアンドロゲンの合成類縁体は筋肉の成長を促進する。これらは手
術後などに筋肉が痩せ衰えてしまった人のために開発されたものであ
る*36。

　もう一つのステロイドホルモンである副腎皮質ステロイドは、副腎の外
層（副腎皮質）で合成される。代表的なステロイドとして、コルチゾンとコ
ルチゾール、それにアルドステロンがある（**図 10.27**）。コルチゾンとコル
チゾールは抗炎症剤として機能し、炭水化物の代謝も制御する。アルドス
テロンは体液中の Na^+ と K^+ の濃度を調整して血圧や血流量を制御する。

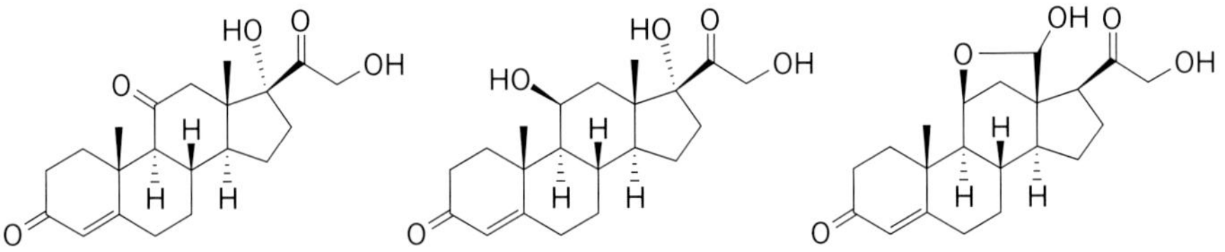

コルチゾン　　　　　　　　コルチゾール　　　　　　　アルドステロン

図 10.27　副腎皮質ステロイド

　ここで紹介した以外にも、多種多様な物質が脂質として分類されている。
これらの物質が生体内でどのように作り出され消費されているのか、どの
ような機能を担っているのかなどを学習することで、さらに理解は深まる
であろう。

Drop-in ヘモグロビンと一酸化炭素

メタンなどのアルカンを完全に燃焼すると二酸化炭素と水が発生することはすでに述べた（7.1 節参照）。しかし，燃焼時に充分な酸素が供給されない状況では不完全燃焼が起こり，一酸化炭素（CO）が発生する。一酸化炭素は常温・常圧で無色・無臭の気体であり，可燃性を示す。ヘモグロビンとミオグロビンからなる複合タンパク質に含まれる鉄イオンは，私たちの体内で酸素の輸送や貯蔵を行っているが（10.2.3 項参照），鉄イオンは一酸化炭素と非常に強い結合を形成する。

一酸化炭素が鉄に結合し（これを配位結合という；3.3.1 項参照），一酸化炭素が配位した鉄錯体が生成する。通常，このような錯体では，金属は配位子のもつ電子を受け入れることで結合を形成するが，一酸化炭素は金属の電子を受け入れることができる。すなわち，一酸化炭素から金属への電子の供与と金属から一酸化炭素への電子の供与（これを金属から配位子への π 逆供与という；図参照）により，金属と一酸化炭素は非常に安定な結合を形成することになるのである。焼き肉をするときには，一酸化炭素中毒にならないように気をつけなくてはならない。

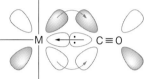

M = 遷移金属元素

章末問題

10.1 次のフィッシャー投影式を破線−くさび形表記法を用いて書き直し，キラル中心の R,S 配置を決定せよ。

(a)

$$CH_2OH$$
$$Br \!-\!\!\!\!-\!\!\!\!-\! CH_3$$
$$H$$

(b)

$$CHO$$
$$Cl \!-\!\!\!\!-\!\!\!\!-\! H$$
$$CH_3$$

10.2 D-アルドヘキソース（八種類）と D-ケトヘキソース（四種類）の構造をフィッシャー投影式で示せ。

10.3 二糖であるマルトース，ラクトース，スクロースの構造を示し，これらの相違点を述べよ。

10.4 多糖であるセルロースとデンプンについて説明せよ。

10.5 一般に，アミノ酸は電荷をもたない中性の状態ではなく，双性イオンとして存在する。双性イオンに起因するアミノ酸の性質を述べよ。

10.6 図 10.15 に示したアラニン，イソロイシン，セリンのキラル中心の R,S 配置を決定せよ。

10.7 ペプチド結合の構造的な特徴を述べよ。

10.8 タンパク質の反応性を利用した身近な現象を説明せよ。

10.9 脂質について，具体例を挙げてその分類を説明せよ。

10.10 図 10.26 に示した性ホルモン以外の合成ステロイドについて調べ，構造やその機能をまとめよ。

10.11 多種多様な物質が脂質として分類されている。10.3 節で紹介した脂質以外について調べ，どのような機能を担っているのかをまとめよ。

第10章

この章では，生態系を構成する物質として，水と大気，そして地球を形成している物質について学ぶ。現在の地球は，表面に存在する土壌・岩石などからなる地圏，海や河川，湖，地下水などからなる水圏，さらに窒素や酸素などの気体で構成される気圏（大気圏）によって覆われており，これらの環境の中で様々な生物が活動している。私たちの生活に身近な環境である生態系を構成する物質について見ていこう。

11.1 物質としての水

11.1.1 水の分子構造と電子状態

*1 2.2節を参照されたい。

水の分子は一つの酸素原子と二つの水素原子から構成され，折れ曲がった形をしている*1。水分子が折れ曲がった構造をとるのは，酸素原子がsp^3混成軌道を使って二つの水素原子と結合するからである。すなわち，酸素原子は基底状態で$[He] 2s^2 2p^4$の電子配置をとっており，これがsp^3混成軌道を形成すると，四つの混成軌道のうち，二つの軌道に非共有電子対を収容し，残りの二つの軌道を使って，それぞれ二つの水素原子と共有結合を形成する（**図11.1**）。

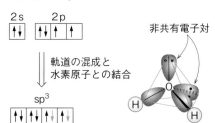

$O : [He] 2s^2 2p^4$

軌道の混成と水素原子との結合

図11.1 酸素のsp^3混成軌道と水分子の構造

非共有電子対

*2 ポーリングの電気陰性度の値。電気陰性度については3.4節を復習のこと。

極性共有結合
polar covalent bond

誘起効果 inductive effect
*3 σ結合を介した電子の偏りを誘起効果といい，π電子や非共有電子対のπ結合を介した電子の授受を共鳴という。すでに第6章で学んだ内容であるが，重要な概念なのでしっかりと復習してほしい。

双極子モーメント
dipole moment

双極子 dipole
*4 分子内の電子の偏りにより生じた正の電荷と負の電荷の重心が一致しない電荷の配置を双極子という。

酸素の電気陰性度は3.5であり，水素のそれは2.1である*2。結合に関与している原子間で電気陰性度の差が0.5〜1.7の場合には，電子は二つの原子間で均等には共有されず，分極した共有結合（**極性共有結合**）を形成する。すなわち，酸素原子の方が結合に関与している電子をより強く引き付ける。このように電子が酸素原子に引き付けられることを**誘起効果**と呼ぶ*3。誘起効果により部分的に生じた正電荷と負電荷は，ギリシャ文字のδ（デルタ）を用いて$\delta+$あるいは$\delta-$で表す。このような電荷の偏りが生じることにより，分子全体としても極性をもつことになる。

分子全体の極性は，個々の結合の極性と分子中の非共有電子対の寄与のベクトル和によって得られ，**双極子モーメント**（μ）と呼ばれる量として表される。双極子モーメント（μ）は，分子の**双極子***4のいずれか一方の電荷Qに二つの核間の距離rを乗じた量として定義され，デバイ単位（D）で表

される。**図11.2**に水分子の分極と双極子モーメント（$\mu = 1.85\,\mathrm{D}$）を示す[*5]。水は比較的大きな双極子モーメントをもつ物質であり，塩化ナトリウムのような極性の大きい物質は極性溶媒である水によく溶ける。これに対してベンゼンのような非極性の物質は水には溶けない。

分極した水分子は，複数の水分子との間で水素結合を形成することができる[*6]。高い水素結合形成能を有する水分子は，同程度の分子量をもつメタンやアンモニアと比べ，融点や沸点が高いという性質を示すことになる。

11.1.2　水の性質

多くの物質は，温度が上がるにつれて膨張して密度が小さくなる。水の場合は，4℃で最大の密度を示し，そこから温度が上昇するに伴い密度は減少する。5.1節「物質の三態」で学んだように，水は0℃で氷（固体）になるが4℃で最大の密度となる。このことは生態系において非常に重要な意味をもつ[*7]。

水のもつ特別な性質としては，① 融点・沸点が異常に高いことに加え，② 比熱容量が非常に大きいため，「温まりにくく冷めにくい」性質を有している。そのため，海辺や水辺では昼夜や季節の温度差が小さくなるといった，地球の気温変化を穏やかなものにすることに一役買っている。さらに，③ 蒸発熱が大きく，④ 極性のある物質をよく溶かすといった特徴も挙げることができる。これらの性質は水分子が極性をもつ分子であることに起因している。

地球上の水の総量は14億km³であると推測されているが，そのうちの97.5%は塩水であり，湖沼や河川などの淡水はわずか0.01%程度であると見積もられている[*8]。大部分の水は塩水として存在していることになるが，水は固体，液体そして気体と，その状態を変えながら地球上を循環す

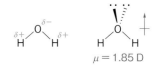

図11.2　水分子の分極と双極子モーメント

[*5]　双極子モーメントのベクトルの向きは，図11.2に示す矢印で表される。

[*6]　水素結合は共有結合などに比べて弱い結合であるが，分子の性質などに大きな影響を与える。4.2節を復習してほしい。

[*7]　湖の表面が氷で覆われたとしても，4℃の水は氷よりも密度が大きいため湖底まで凍りつくことはなく，生物は生命をつなぐことができる（5.1節参照）。

[*8]　2.5%の淡水の大部分は氷河や氷山，地下水である。

第11章

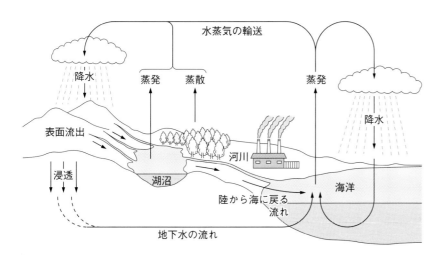

図11.3　地球上における水循環　La Rivière：日経サイエンス（1989）より改変。

る。すなわち，海洋や湖沼などの水は水蒸気となって大気中に移り，大気中で凝固することにより雲を形成する。そして雨や雪となって地表に戻る。こうして地表に戻った水は，地下水や河川水となって再び海洋や湖沼に戻る。このような水の移動を**水循環**という（**図11.3**）。

　水は地球上を常に循環し，物質移動や化学反応を行う場を提供する役割を担っている。例えば，工場や自動車などから排出される窒素や硫黄の酸化物（NO_x や SO_x）は，空気中で水蒸気となった水と反応して，**酸性雨**となって地表に降り注ぐ[*9]。水が物質移動や反応を行う場としてふるまう一例である。

　水に限らず，分子は絶えず変形している。つまり，分子を構成している原子間の結合は伸びたり縮んだり，あるいは角度を変えたりしている。これらの動きはそれぞれ，分子の**伸縮振動**，**変角振動**と呼ばれる。このような振動に伴い双極子モーメントが変化する場合，その分子は赤外光のエネルギーを吸収することができる。**図11.4** に，水分子の伸縮振動である対称伸縮振動と逆対称伸縮振動を示す。水分子の伸縮振動は双極子モーメントの変化を伴うため，水分子は赤外光エネルギーを吸収することになる。

　冬の夜を思い出してみよう。雲一つない満天の星空の下では寒く感じ，逆に雲で覆われた夜は暖かく感じたことはないだろうか。これは，大気中に存在する水蒸気（水分子）が雲となり，地球表面から放射される赤外線のエネルギーを吸収しているからである。すなわち，雲は地球表面の布団のような役割を果たすため保温効果が働くのである。このことは，別の見方をすると，水（水蒸気）は**温室効果ガス**として**地球温暖化**に寄与する物質であると考えることができる。しかし先にも述べたように，水は地球上を循環しており，過去から現在に至るまで，温暖化に与える影響は大きく変化していないと見積もられている。ところが，大気中の飽和水蒸気量は気温上昇に伴い増えるため，今後，さらなる気温の上昇が続くとすれば，水（水蒸気）による地球温暖化の影響が無視できなくなる。地球の温暖化に大きな影響を与える温室効果ガスとして，二酸化炭素の濃度上昇が懸念されている[*10]。

11.1.3　私たちの生活と水との関係

　普段，私たちは水道の蛇口をひねるだけで水を利用することができる。一般に飲料水として用いられる水にはカルシウムやマグネシウムなどのイオンが含まれており，これらの含有量が多い水を**硬水**，少ない水を**軟水**と分類している。**水の硬度**[*11] は次ページの式で近似され，WHO（世界保健機関）では硬度120以下を軟水と定義している。日本の水道水では，一般に硬度80以下の軟水に分類される水が供給されている。

水循環　water cycle

酸性雨　acid rain

[*9]　酸性雨については12.2.1項で学ぶ。

伸縮振動　stretching vibration
変角振動　bending vibration

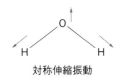

対称伸縮振動

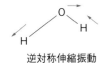

逆対称伸縮振動

図 11.4　水分子の伸縮振動

温室効果ガス　greenhouse gas
地球温暖化　global warming

[*10]　温室効果ガスについては12.2.3項で学ぶ。

硬水　hard water
軟水　soft water
水の硬度　water hardness

[*11]　硬度を表す方法は国によって異なる。日本やアメリカはカルシウムとマグネシウムの量を炭酸カルシウム（$CaCO_3$）に換算したものを硬度として用いており，濃度（$mg L^{-1}$）で表記される。一方，ドイツ硬度はカルシウムやマグネシウムの量をすべて酸化カルシウム（CaO）量に換算して表し，水100 mL中にCaO 1 mgを含むとき，硬度1として表記する。

硬度 (mg L^{-1}) ≈

Ca の濃度 (mg L^{-1}) × 2.5 ＋ Mg の濃度 (mg L^{-1}) × 4.1

　硬水と軟水は溶け込んでいるカルシウムイオンやマグネシウムイオンの量によって分類されるが，これらのイオンが含まれる硬水には注意を払わなければならない[*12]。

　私たちの生活に密着した例として，**セッケン**と水の関係を紹介しよう。1 分子の 1,2,3-プロパントリオール（グリセリン）に 3 分子の高級脂肪酸（オレイン酸やステアリン酸など）がエステル結合したトリグリセリドを油脂という[*13]。高校の化学でも学んだように，油脂に水酸化ナトリウム水溶液を加え加熱すると加水分解反応が進行して，グリセリンと脂肪酸のナトリウム塩が生成する。この反応は**けん化**と呼ばれ，ここで生成する脂肪酸のナトリウム塩はセッケンである（**図 11.5**）。

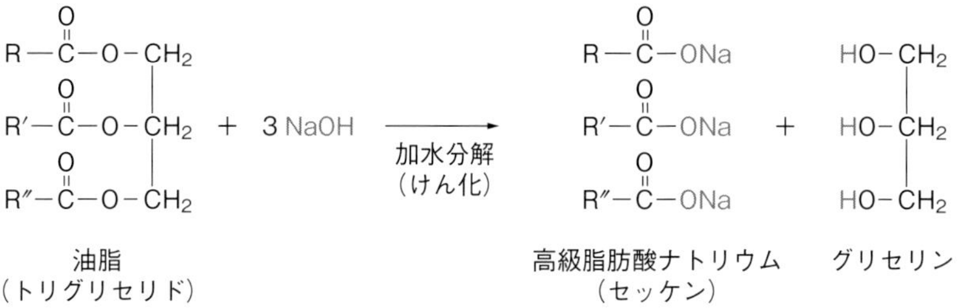

*12　下剤や便秘薬のことを瀉下薬という。これらの薬にはカルシウムやマグネシウムのイオンを含むものが用いられており，これらのイオンが薬としての効能に大きく関与している。そのため，硬水を大量に摂取するとおなかが緩くなることがあるので注意を要する。

セッケン（石鹸） soap

*13　10.3.1 項参照。

けん化 saponification

図 11.5　けん化：油脂の加水分解反応[*14]

*14　この反応は求核アシル置換反応である（6.4.1 項参照）。

界面活性剤 surface-active agent
　または surfactant

　セッケンは**界面活性剤**の一つであり，汚れを落とす洗浄作用を示す物質である。しかし，硬水中でセッケンを用いても期待される洗浄作用を示さない。これは，硬水中のカルシウムイオンやマグネシウムイオンがセッケン中のナトリウムイオンと交換することにより，水に不溶性の脂肪酸塩となってしまうためである。この問題を解決するために，硬水中でも洗浄作用を示す合成洗剤が開発された。

　水は，私たちの生活だけでなく，地球上のあらゆる生命体にとって欠かすことのできない物質である。地球環境を守り維持していくためにも，水を大切に使い，水をとりまく環境に悪影響が及ばないよう心掛けることが重要である。

第 11 章

11.2　大気を構成する物質

11.2.1　大気を構成する物質：窒素と酸素

　地球は大気の層に覆われており，大気の全質量の約 9 割は**対流圏**が占めている。地球の直径はおおよそ 13000 km であるのに対し，対流圏の厚さは 15 km ほどである。地球全体から見れば薄い膜のような対流圏に存在している大気について見ていくことにしよう。

対流圏 troposphere

表 11.1 大気の成分

窒素	78.08%
酸素	20.95%
アルゴン	0.93%
二酸化炭素*	0.03%
その他	0.01%

＊ 二酸化炭素濃度は増加傾向にあり，2020 年現在では 0.04%に達している。

地球大気の主な組成を**表11.1** に示した。大気のほとんどは，窒素（N_2, 約 78%）と酸素（O_2, 約 21%）が占めている。このほか，アルゴン Ar や二酸化炭素 CO_2, 水蒸気 H_2O などが含まれている。水蒸気や二酸化炭素は地表付近に発生源があるため，鉛直方向，すなわち高度が高くなるとその比率が大きく変化する。一方，大気の主成分である窒素や酸素は，高度上昇に伴い気圧が下がっても比率は一定であり，高度 90 km 付近まではほとんど変化しないことが知られている。

次に，大気を構成する物質である酸素分子 O_2 と窒素分子 N_2 について見ていくことにしよう。

酸素 O_2 は，植物などが行う光合成によって生産され，呼吸などにより消費される。生命体を維持するためには酸素はなくてはならない物質である。しかし，酸素は窒素に比べ非常に反応性が高いということをご存知だろうか。例えば，地球上の鉱物のほとんどが酸化物として産出されている。様々な遷移金属元素や典型金属元素が酸素と反応し，その結果，酸化物として地殻に存在するのである。生命活動に必要な酸素であるが，反応性の高い酸素をそのまま摂取すると人体に悪影響を及ぼすことが知られている。酸素の高い反応性を軽減（低下）させるために，大気中には窒素が豊富に存在しているのかもしれない。すなわち，窒素で希釈された酸素でなければ生命体を維持することは難しくなるのである。

一方，窒素 N_2 は，常温・常圧の条件下では反応性の低い安定な気体である。窒素はアミノ酸やタンパク質を構成する重要な元素であるが，その安定性のために，ほとんどの生物は，大気中の窒素を直接利用して有用な窒素化合物に変換することはできない。しかし，ある種の細菌や植物は，空気中の窒素を取り込んで簡単な窒素化合物を作り出すことができる。こうして作り出された窒素化合物は，別の植物により新たな窒素化合物に変換され，これらを食料として摂取することにより，動物の体が形作られているのである。そして最終的には，これらの窒素化合物は細菌によって分解され再び窒素として大気中に戻る。これを，先に紹介した水の循環になぞらえて**窒素循環**という。

窒素循環 nitrogen cycle

窒素と酸素は元素周期表では隣どうしに位置するにもかかわらず，このように反応性が大きく異なる原因はどこにあるのだろうか。このことを考察するために，それぞれの分子に注目してみよう。

11.2.2 窒素分子と酸素分子：等核二原子分子

窒素分子と酸素分子について，各々の分子を構成する原子の基底状態における電子配置から出発することにしよう。窒素は $[He]\,2s^2\,2p^3$, 酸素は $[He]\,2s^2\,2p^4$ の電子配置である。点電子構造*15 を用いて窒素分子と酸素分子を書いてみると**図11.6** のようになる。ルイス構造を書くときは，分子

*15 ルイス構造（3.3.1項参照）。

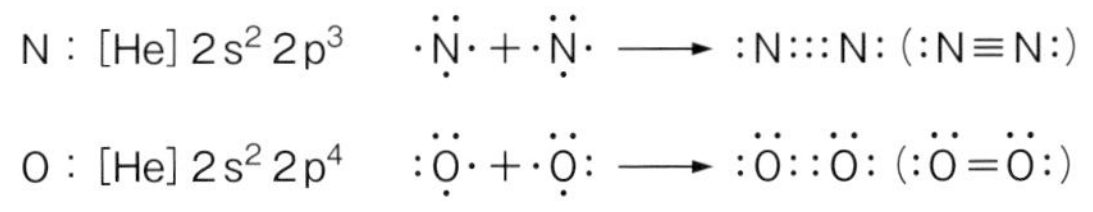

N：[He] 2s² 2p³　　·N̈· + ·N̈·　——→　:N⋮⋮⋮N: (:N≡N:)

O：[He] 2s² 2p⁴　　:Ö· + ·Ö:　——→　:Ö::Ö: (:Ö=Ö:)

図 11.6　窒素分子と酸素分子のルイス構造

中のそれぞれの原子がオクテット則を満たしているかどうかに注意を払うことが必要である*¹⁶。

　5個の価電子を有する窒素原子が窒素分子を構築する際，互いの窒素原子は6個の電子を共有することになるため，窒素−窒素間には三重結合が存在し，それぞれの窒素は一対の非共有電子対をもつ。一方，酸素分子は酸素−酸素間に4個の電子が共有されているので二重結合をもつ物質である。さらに，それぞれの酸素原子は二対の非共有電子対をもつ。

　ルイス構造を描くことにより，窒素分子や酸素分子が多重結合をもつ物質であることは理解できるが，それぞれの反応性を考察するには至らない。そこで**分子軌道法**の立場から，それぞれの分子がどのように成り立っているのか見ていくことにしよう。

　窒素分子や酸素分子は二つの同じ原子から構成されている分子であることから，**等核二原子分子**と呼ばれる。最も単純な等核二原子分子は水素分子 H_2 である。最初に水素分子の分子軌道を説明しよう。

　分子軌道法によれば，相互作用する軌道どうしが重なると，もとの軌道より安定な**結合性分子軌道**と，もとの軌道より不安定な**反結合性分子軌道**ができる。電子は波動としての性質をもつため，二つの波が重なるとき，同じ位相であれば強め合い（結合的；＋の符号どうしの軌道の重なり），逆の位相であれば弱め合う（反結合的；＋と−の符号をもつ軌道の重なり）と考えればよい。

　水素原子の1s軌道どうしが同位相で重なると，もとの1s軌道より安定な結合性分子軌道ができ，逆位相で重なると，1s軌道より不安定な反結合性分子軌道ができる。水素分子の分子軌道を**図 11.7**に示す。このようにして出来上がった分子軌道に対して，各水素原子からの計2電子が結合性分子軌道に収容されることにより，水素分子が形成される。1s軌道どうしが重なってできた分子軌道は結合軸の周りで対称であることから，このよう

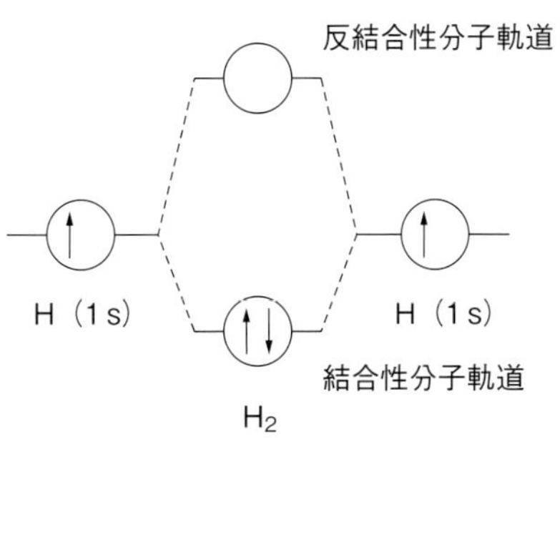

*16　オクテット則は，原子の最外殻電子の数が8個であると化合物やイオンが安定に存在することができるという経験則である。1.5節，3.1節を復習してほしい。

分子軌道法
molecular orbital method

等核二原子分子
homonuclear diatomic molecule

結合性分子軌道
bonding molecular orbital

反結合性分子軌道
anti-bonding molecular orbital

第11章

図 11.7　水素分子の結合性分子軌道と反結合性分子軌道

な結合を σ 結合と呼ぶ。

水素分子にさらに2電子を加えて $H_2{}^{2-}$ とすれば，加えられた2電子は反結合性分子軌道に収容され，結合性分子軌道を電子が占めることによって得た安定化が打ち消される。その結果，水素分子の原子間の結合が開裂することになる。

水素は 1s 軌道しかもたないが，窒素や酸素は 2s 軌道に加え，2p 軌道を用いて分子軌道を形成する。方向性を有する p 軌道と，s 軌道あるいは p 軌道との重なりを考えたとき，同位相での軌道の重なりは**図 11.8** に示す三種類の結合性の相互作用が可能である。

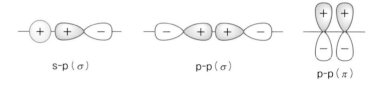

図 11.8 結合性分子軌道を形成する同位相の軌道の重なり

s 軌道の ＋ の符号と p 軌道の ＋ の符号が重なり合う s-p (σ) に加え，p 軌道が互いに ＋ の符号が重なり合う p-p (σ) の結合性分子軌道を形成することができる。これらの相互作用によりできた結合は，結合軸に対して対称な形となるので σ 結合である。一方，p-p (π) のように p 軌道が横側から重なり合うことで結合性の分子軌道を形成することができる。こうしてできた結合は，結合軸に対して 180° 回転するともとの形に一致する。このような結合を π 結合と呼ぶ[*17]。

図 11.8 に同位相の軌道の重なる例を示したが，一方で，位相が互いに逆の符号となる場合は反結合性分子軌道となる。

11.2.3 酸素と窒素の分子軌道エネルギー準位図

図 11.9 には，酸素分子の分子軌道のエネルギー準位を示した。酸素原子は 2s 軌道と 2p 軌道を原子価軌道として結合を形成するので，1s 軌道は内殻軌道[*18] として結合には関与しないと考えてよい。

二つの 2s 軌道からなる分子軌道は，結合性の σ (s) と反結合性の σ^* (s) 軌道を作り，2s 軌道の 4 個の電子が収容される。2s 軌道の電子を用いた結合は打ち消し合うことになるので，結合には関与していないと考えてよい。2p 軌道を用いた分子軌道では，一組の結合性 σ (p) 軌道（図 11.8 の p-p (σ) に相当する）と二組の結合性 π (p) 軌道（図 11.8 の p-p (π) に相当する）ができあがる。これら三組の結合性分子軌道に対応する反結合性分子軌道が，エネルギー的に高い位置に作られる。酸素原子がもっている電子を酸素分子の分子軌道に収容する場合，エネルギーの低い軌道から順に収容されるので，反結合性軌道である二つの π^* (p) 軌道に 1 個ずつの電子

*17 π 結合については，アルケンの π 結合を思い出してほしい（3.3 節参照）。

*18 原子核に近い軌道を内殻軌道という。内殻軌道に収容されている電子は結合には直接関与しない。

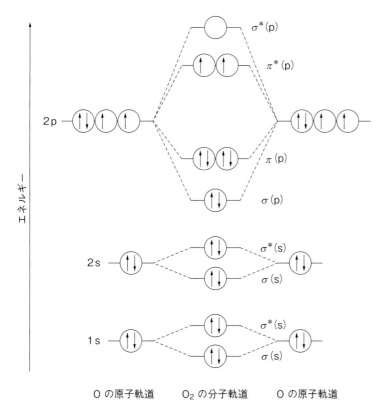

エネルギー

O の原子軌道 　　O$_2$ の分子軌道 　　O の原子軌道

図 11.9 酸素分子の分子軌道のエネルギー準位図

が収容される。ここで，二つの $\pi^*(p)$ 軌道には対になっていない電子（不対電子）が収容されている[19]。p 軌道からなる三つの結合性分子軌道に 6 個の電子が収容され，反結合性分子軌道である $\pi^*(p)$ 軌道に 2 個の電子が収容されているので，6 電子 － 2 電子 ＝ 4 電子となるため，**結合次数**[20]は 2 であり，酸素分子は二重結合をもつ分子であることがわかる。

　窒素分子を見てみよう（**図 11.10**）[21]。先に示した酸素の分子軌道と異なる点は，窒素の分子軌道では 2p 軌道から形成される $\sigma(p)$ 軌道は $\pi(p)$ 軌道よりもエネルギー準位が高くなっていることである。詳細は省略するが，酸素分子では 2s 軌道と 2p 軌道のエネルギー差が大きく，これらの軌道間の相互作用は無視できる程度であるのに対し，窒素分子ではこのエネルギー差が小さく，その相互作用が分子軌道のエネルギー準位に大きな影響を与えるためである。分子軌道のエネルギー準位に変化が生じるものの，酸素分子とは異なり，窒素分子では 2p 軌道から形成される反結合性分子軌道は空であり，さらに，すべての電子は対になって各分子軌道に収容されている。また，2p 軌道からなる三つの結合性分子軌道に 6 個の電子が収容されているので，窒素分子は原子間に三重結合をもつ分子であることがわかる。このことは，ルイス構造による書き方でも分子軌道法を用いた書

[19] 電子が軌道に収容される規則は 2.1 節を復習のこと。

結合次数　bond order
[20] 結合性分子軌道に収容されている電子数と，反結合性分子軌道に収容される電子数の差の半分が結合次数として定義される。

[21] ここでは 1s 軌道からなる分子軌道は省略した。

第11章

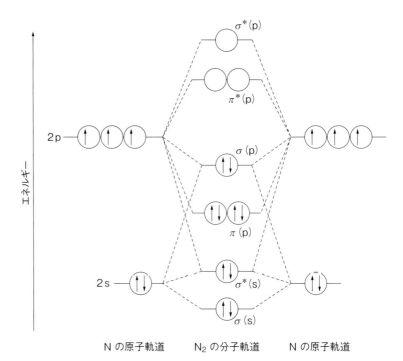

図 11.10　窒素分子の分子軌道のエネルギー準位図

液体窒素　liquid nitrogen
＊22　液体窒素は液化窒素とも呼ばれ, 主な用途は冷却剤である。生体組織に付着すると容易に凍傷を引き起こし, また密閉空間で急激に気化させると酸素欠乏症を招くため, 慎重な取扱いが必要である。液体窒素は気化すると 700 ～ 800 倍の体積を占めることになるので, 保存には密閉容器を用いてはならない。

三重項　triplet

液体酸素　liquid oxygen

常磁性　paramagnetism

＊23　液体酸素は強い酸化作用をもつため, 有機物が接触すると速やかに酸化反応が進行する。場合によっては爆発的な反応が起こることがある。また液体酸素を取り扱う際には, 酸素が液化しないよう細心の注意を払わなくてはならない。

き方でも理解できる。

　窒素は大気中に最も多く含まれる気体であり, 融点は −210 ℃ で沸点は −196 ℃ である。常温常圧下では極めて安定 (不活性) であり, アルゴンなどの貴ガスに比べると安価な気体であるため, 嫌気性条件下や乾燥条件下で化学反応を行う場合, 不活性ガスとして用いられることが多い。また, **液体窒素**は安価で比較的安全な冷却剤 (寒剤) としても利用されている[*22]。

　一方, 酸素分子は, ルイス構造でも分子軌道法の書き方でも原子間に二重結合をもつ物質であることはわかるが, ルイス構造の書き方では, 2 個の不対電子を有する物質であると判断することはできない。そのため, 電子状態を理解するためには, 分子軌道法による解釈が必要である。このように, 不対電子を 2 個有する酸素は, その電子状態から**三重項**酸素分子と呼ばれる。対を作らない二つの電子はビラジカル (二つラジカルがあること) として存在するため, 窒素に比べて高い反応性を示すことになる。酸素の沸点は −183 ℃ であり, 気体状態の酸素を液体窒素温度に冷却すると液体の酸素 (**液体酸素**) が得られる。この液体酸素はビラジカルを有していることから**常磁性**を示し (磁石に引き寄せられる), 薄い青色を呈する液体である[*23]。

　ある物質とある物質が反応して, 既存の結合が切断され新たな結合が生成するためには, 電子が関与している。これまでも述べてきたように, そ

の物質の電子状態がどのようになっているかを理解することができれば，それを足掛かりにして，その物質の性質やほかの物質との反応性を考えていくことができるのである。

11.3 地球を構成する物質

　私たちが生活している地球の内部は，中心から核，マントル，地殻そして地表の層構造になっている。ここでは，私たちの生活と密接に関係している地表面に存在する物質について見ていくことにしよう。

　鉄は私たちに非常になじみ深い金属である。酸化鉄（III）（Fe_2O_3）を主成分とする赤鉄鉱をコークス（炭素）とともに高温で反応させることにより鉄（Fe）を得ることができる[24]。この赤鉄鉱は地球の表面から採掘したものである。すなわち，地球の表面（内部を含めて）には，様々な種類の元素が化合物として蓄積されていることになる。地球上の地表付近に存在する元素の割合を，火成岩の化学分析結果に基づいて推定した存在率（重量パーセント濃度）を**クラーク数**という。一番多い元素は酸素であり，ケイ素，アルミニウム，鉄の順に続く。クラーク数で20番目までの元素とその存在率を**表11.2**に示す。

[24] 酸化鉄（III）とコークスの反応は還元反応である。酸化と還元については5.4節を復習してほしい。

クラーク数 Clarke number

表11.2 クラーク数

順位	元素	存在率（%）	順位	元素	存在率（%）
1	酸素	49.5	11	塩素	0.19
2	ケイ素	25.8	12	マンガン	0.09
3	アルミニウム	7.56	13	リン	0.08
4	鉄	4.70	14	炭素	0.08
5	カルシウム	3.39	15	硫黄	0.06
6	ナトリウム	2.63	16	窒素	0.03
7	カリウム	2.40	17	フッ素	0.03
8	マグネシウム	1.93	18	ルビジウム	0.03
9	水素	0.83	19	バリウム	0.023
10	チタン	0.46	20	ジルコニウム	0.02

　酸素とケイ素は主にケイ酸塩として岩石中に豊富に存在する。アルミニウムはケイ酸塩や酸化物，粘土鉱物として存在している。鉄もまた酸化物などの鉱物として存在している。電気の送電に必要な電線や電化製品に欠かせない銅は，クラーク数では25番目の元素であり存在率は0.01%である。希少な元素を効率よく利用していく知恵が必要である。

　レアアースという言葉を聞いたことがあると思うが，レアアースとレアメタル（希少金属）を混同している方が多いのではないだろうか。レアアースは**希土類元素**を指す言葉である。希土類元素は，元素周期表の3族に属するスカンジウム（原子番号21番），イットリウム（原子番号39番）そして原子番号57番のランタンLaから71番のルテチウムLu[25]の計17元素

希土類（レアアース）元素
　rare-earth element

[25] これら15種の元素はランタノイド（lanthanoid）と呼ばれる。

第11章

の総称である。希土類元素は同族元素であることから，化学的性質が互いによく似ている。プロメチウム（原子番号 61, Pm）は天然に存在しない元素である。残りの希土類元素は同じ鉱石中に存在していることが多いため，単体として分離（単離・精製）することが難しく，一般的に貴金属並みに高価である。しかしこれらの元素は，蓄電池や発光ダイオード，磁石などのエレクトロニクス製品の性能向上に必要不可欠である。さらに，ランタノイドはほかの元素と異なり，4f 軌道に電子を有している。その結果，特異な性質を示すことが知られており，水素吸蔵合金や光学ガラス，強力な希土類磁石などの材料として利用されている。

　一方**レアメタル**とは，鉄や銅，亜鉛，アルミニウムなどのベースメタル[*26] や，金や銀などの貴金属元素以外の，産業に利用されている希少な金属元素を指し，様々な遷移金属元素や典型金属元素が当てはまる。これらの元素をベースメタルに添加（合金を形成）することで，材料としての機能性を向上させることができる。さらに電子材料や磁性材料など，様々な製品に必要不可欠な元素である。

　一般にレアメタルが希少な理由としては，（1）地殻中の存在量が比較的少なく，採掘と製錬のコストが高い，（2）単体として取り出すことが技術的に難しい，そして（3）産出地が限られている，などを挙げることができる。特に，これらのレアメタルは日本ではほとんど産出されないため，（3）の産出地の問題は，国際情勢などの社会的な問題とも密接な関係がある。

　狭い島国である日本では，地表からの鉱物の産出には限りがある。ところが，日本を取り囲む四方の海には豊富な海洋資源が蓄積されていることが明らかになってきた。マンガン団塊，コバルト・リッチ・クラスト，メタンハイドレートなど，今後の開発に期待がもたれている[*27]。

　本節では，地球を構成する物質として，地表に存在する元素に注目して紹介してきた。希少な元素を効率的に使うことで，豊かで持続可能な文明社会を維持し発展させていくことが可能となった。しかし，これらの資源の利用には限界があることを考えておかなくてはならない。このような背景のもと，日本の科学者たちによって「元素戦略」プロジェクトが 2012 年にスタートした。これは，資源的制約を克服して材料技術にかかわる国際競争力を維持・強化するために，高機能材料の特性・機能発現の鍵を握る希少元素の代替を可能とする革新的技術の創出を目指すものである。希少な金属元素を汎用金属元素で代替する手法を開発することは重要な課題である[*28]。

レアメタル　rare metal

[*26]　コモンメタルや汎用金属元素とも呼ばれる。

[*27]　**マンガン団塊**：深海の表面に 1 ～ 10 cm 程度の塊として存在しており，主成分は鉄やマンガンであるが，銅やニッケル，コバルトなどを含むことから，重要な海底鉱物資源と目されている。

コバルト・リッチ・クラスト：深海底に存在する鉱物資源の一つで，1000 m 以深の海山の斜面などの岩盤表面を覆うように存在している。マンガン団塊に比べ，コバルトの含有量が多い（時には 1% 以上）。

メタンハイドレート：水分子が低温かつ高圧の条件下で，かご状の構造を形成する。このかご構造の中にメタン分子が取り込まれたものをメタンハイドレートといい，「燃える氷」と呼ばれる。

[*28]　元素戦略については 13.4 節で紹介する。

Drop-in 窒素固定 −ハーバー-ボッシュ法−

　地球大気の約78%を窒素（分子）が占めている。窒素分子は非常に安定な分子，すなわち反応性に乏しい分子であることから，窒素ガスは，酸素や湿気に対して不安定な化合物を取り扱う化学実験を行う際に不活性ガスとして利用されている。窒素は様々な物質に含まれている身近な元素であり，農作物を育てるための肥料には欠かせない元素である。

　空気中に多量に存在する窒素分子を反応性の高いほかの窒素化合物，例えばアンモニアなどに変換するプロセスを**窒素固定**（nitrogen fixation）という。工業的には，鉄を主体とする触媒を用いて，水素と窒素を400〜600℃，200〜1000気圧で直接反応させることによりアンモニアが製造されている。この方法を**ハーバー-ボッシュ**（Haber-Bosch）**法**といい，高温・高圧条件を必要とするプロセスである。しかし自然界では，ある種の細菌がもっている酵素のニトロゲナーゼが，大気中の窒素をアンモニアに変換する働きをもつことが知られている。すなわち，自然界では常温・常圧の条件下で窒素からアンモニアが合成されているのである。科学者の大きな目標の一つとして，自然界で行われている反応をフラスコの中で実現する手法の開発を挙げることができる。この目標に向かって，常温・常圧条件下で窒素からアンモニアを合成する研究が活発に進められている。

章 末 問 題

11.1 水の分子構造と電子状態について説明せよ。また，同程度の分子量をもつメタンやアンモニアに比べ，性質が大きく異なる点を述べよ。

11.2 硬水と軟水の相違点について述べよ。

11.3 酸素分子のルイス構造を書け。また，分子軌道法の観点から酸素分子の構造を説明し，ルイス構造では説明できない酸素分子の性質を述べよ。

11.4 大気のほとんどは，窒素と酸素が占めている。それぞれの割合は窒素約78%，酸素約21%で，これは生命活動に必要な酸素が窒素で希釈されている状態と考えることができる。なぜ大気中の酸素は希釈される必要があるのか。この理由を考察せよ。

11.5 窒素固定とは何か説明せよ。

11.6 赤鉄鉱の主成分である酸化鉄（III）（Fe_2O_3）とコークス（炭素）との反応により鉄（Fe）が得られる。この反応の化学反応式を示せ。

11.7 レアアースとレアメタルの違いを説明せよ。

第
11
章

第12章 環境と物質

　科学の発展により様々な物質を作り出すことができるようになり，私たちはこれらの物質を手に取って利用できる恩恵に浴している。一方で，このような発展は環境に対しても様々な影響を及ぼし，その結果，環境問題として表面化してきている。いくつかの問題については，早急に対策を講じなければ，私たちをとりまく良好な環境を維持することは難しくなるであろう。本章では，私たちの生活環境をとりまく物質の安全性や環境汚染物質，そして放射性物質について学んでいこう。

12.1 物質の安全性

12.1.1 プラスチック材料[*1]

　物質の安全性について，レジ袋[*2]を題材にして考えてみよう。

　コンビニエンスストアやスーパーマーケットで買い物をすれば，買った商品はレジ袋に詰めてくれる。このレジ袋の主原料はポリエチレンである。軽くて強いレジ袋は，繰り返し使用しても問題がないほどの耐久性を有している。さらに，炭素と水素からなるポリエチレンは塩素を含まないことから，焼却処理をしても，有害なダイオキシン（次項参照）は原理的には発生しない。その意味では，環境への負荷が低い物質であると考えられる。一方で，街中を漂う（捨てられた）レジ袋は，誰かが回収してゴミ箱に入れない限り，いつまでも分解することなく自然界に存在し続ける。ここでの「分解」とは，レジ袋が細かく粉々になった状態ではなく，原子や分子レベルへの変換を意味する。細かくなったポリエチレン製のレジ袋などは，近年，マイクロプラスチックと呼ばれ，海洋プラスチック汚染などに大きく関与していることがクローズアップされている。

　この事例からわかるように，耐久性のある人工物質（材料）はいつまでも自然界にとどまることから，その影響について考えなくてはならない。本節では，物質の安全性について，その物質を使用する際の安全性と廃棄（処分）に注目して考えていくことにしよう。

　汎用樹脂であるポリエチレンやポリプロピレン，ポリスチレンは，いずれも炭素と水素のみからなる高分子化合物である。これらの高分子化合物がその役割を終えた後の廃棄について考えてみよう。すぐに思いつく廃棄方法は焼却処理だろう。炭素と水素からなるこれらの化合物を燃焼すれば，下式のように二酸化炭素と水が生成する[*3]。

$$\text{-}(CH_2\text{-}CH_2)_n + 3n\,O_2 \longrightarrow 2n\,CO_2 + 2n\,H_2O$$

　ご存じのとおり，水は無害な物質である。一方，二酸化炭素は無害な物質とはいえず，酸性雨の原因となったり，温室効果ガスとして地球環境に影響を及ぼす。二酸化炭素は植物などの光合成により酸素と糖に変換され

*1　プラスチック（plastics）はギリシャ語の plastikos（可塑性のある）に由来するように可塑性物質という意味があり，主に石油から作られる高分子化合物を原料とした可塑性の物質と定義されている。原料として用いる高分子を合成樹脂という。プラスチックは合成樹脂を原料に用いた製品を指す。

*2　レジ袋の使用削減が求められている。2020年7月より，レジ袋は有料化された。

*3　5.4節で紹介したが，燃焼反応は酸素との反応であることを思い出そう。

るため，燃焼で生じた二酸化炭素はそのまま地球上に存在し続ける訳ではないが，植物の光合成にも限度があることから，二酸化炭素の排出を抑制することは重要である。

エチレンの一つの水素が塩素に置き換わった化合物をクロロエチレン，または塩化ビニル（$CH_2=CHCl$）と呼ぶ。これをモノマー原料として合成された高分子化合物をポリ塩化ビニル，または単に塩ビと呼ぶ。ポリ塩化ビニルは汎用樹脂の一つであり，耐薬品性や耐水性が高く，難燃性で，高い強度や電気絶縁性に優れ，さらに加工性の良さも併せもつ，私たちに身近なところで活躍している材料（樹脂）である[*4]。

ポリ塩化ビニルは塩素を含む物質であることから，かつては，焼却処理に伴うダイオキシンの発生や，環境ホルモン（次項参照）としての影響が懸念された。今でも，ポリ塩化ビニルはダイオキシンの主たる発生源と思い込んでいる人が多いのではないだろうか。しかし，焼却炉の改良（焼却方法の改善）により，現在では，ポリ塩化ビニルの焼却に伴うダイオキシンの発生は見られなくなり，環境への影響はほとんどないことが明らかにされている。さらに，先に挙げた汎用樹脂に比べ，ポリ塩化ビニルは塩素が重量比で半分程度を占めていることから，二酸化炭素の排出割合が低く，環境への負荷が小さい樹脂であるとの認識に至っている。高分子合成に用いられる代表的なモノマーについて，各化合物の炭素含有率（重量パーセント）を**表12.1**に示す。

[*4] 優れた性質をもつポリ塩化ビニルの用途は，衣類や壁紙，絶縁体として電線被覆，そして水道パイプ，ビニールハウスなど多岐にわたる。

表12.1　各モノマーの炭素含有率

化合物	$H_2C=CH$（Cl）	$H_2C=CH_2$	$H_2C=CH$（CH_3）	$H_2C=CH$（○）
	クロロエチレン	エチレン	プロピレン	スチレン
分子式	C_2H_3Cl	C_2H_4	C_3H_6	C_8H_8
炭素含有率（wt%）	38.4	85.6	85.6	92.3

塩素を含まないポリエチレンと塩素を含むポリ塩化ビニルを，「廃棄する」という観点から比べてみた。現在では，塩素を含む材料は有害なダイオキシンの発生源ではないが，思い込みや間違った解釈などによって物質本来の特徴を見誤ってしまうことがある。ある物質について正しく理解することは，風評被害を避けるとともに，安全な環境を維持していくうえで重要である。

ある物質（材料）について考える場合，その物質の製造に必要なエネルギーやコストのみならず，廃棄時における有害物質等の発生についても注意を払い，これからの社会で必要とされる化学へと発展させていかなくてはならない。

第12章

ダイオキシン　dioxin

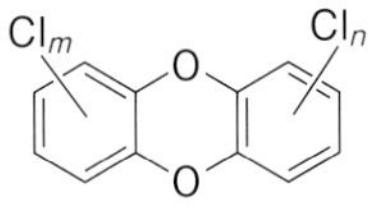

PCDDs の一般構造
m と n は 0〜4 の整数
$m + n$ は 0〜8 の整数

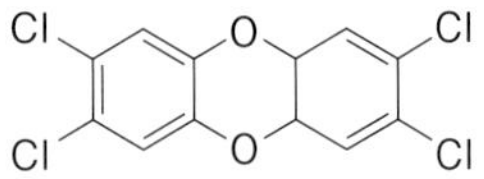

2, 3, 7, 8-テトラクロロ
ジベンゾジオキシン

2, 3, 7, 8-テトラクロロ
ジベンゾフラン
（代表的な PCDFs）

図 12.1　ダイオキシンの構造
と名称

＊5　環境ホルモンとは内分泌撹
乱化学物質のことで，環境中に存
在する化学物質のうちで，生体に
対してホルモン作用を起こす物質
やホルモン作用を阻害する物質を
指す。ダイオキシン類は環境ホル
モンの代表的な物質である。

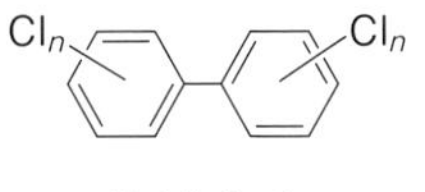

図 12.2　ポリ塩化ビフェニル
（n は 1〜10 の整数）

ポリ塩化ビフェニル
polychlorinated biphenyl

＊6　ポリ塩化ビフェニルの "ポ
リ" は，塩素が複数個結合してい
ることを意味する "ポリ" であっ
て，塩化ビフェニルが複数個結合
していることを表しているのでは
ないことに注意する。

12.1.2　ダイオキシンとポリ塩化ビフェニル

　ポリ塩化ビニルの廃棄（燃焼）に関連して紹介した**ダイオキシン**は，人体に有害な物質である。ダイオキシンとは，一般に，75 種類の異性体をもつポリ塩化ジベンゾパラジオキシン（PCDDs）および 135 種類の異性体をもつポリ塩化ジベンゾフラン（PCDFs）の総称であり，これらをまとめてダイオキシン類と呼ぶ（**図 12.1**）。ダイオキシン類はほかの多くの化学物質とは異なり，製造を目的として合成されたものではなく，物の燃焼や化学物質の合成の過程で副産物として生成したものである。環境中では極めて安定で，生物に対して高い毒性を示すものが多い。一般に塩素の結合する位置および数によって毒性の強度が異なり，2,3,7,8-テトラクロロジベンゾジオキシンが最も毒性が高い。天然にはダイオキシンよりも毒性の高いものが知られているが，人工物質としては最も高い毒性をもつ物質といわれている。

　ダイオキシン類は，主に肝臓と脂肪組織に蓄積し慢性的な諸障害を引き起こす。さらに，生殖障害が大きな問題となっており，環境ホルモン＊5 として注目を集めている。

　ダイオキシン類だけでなく，ポリ塩化ビフェニル（PCB）もまた高い毒性を有する化合物群である。次に，ポリ塩化ビフェニルを紹介しよう。

　ポリ塩化ビフェニルは，ベンゼン環が二つ結合し，ベンゼン環に結合している水素のいくつかが塩素に置き換わった化合物である（**図 12.2**）。多くの（ポリ poly）塩素が結合したビフェニルであることから，ポリ塩化ビフェニルと称される＊6。

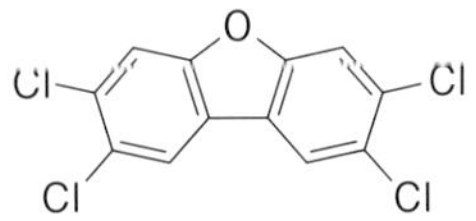

　ポリ塩化ビフェニルは化学合成された有機塩素化合物の一つで，塩素の置換形式により 209 種類の異性体が存在する。ポリ塩化ビフェニルは無色透明な液体であり，化学的に安定で耐熱性が高く，絶縁性や非水溶性など優れた性質を有していることから，電気機器の絶縁油として広く利用された。しかし，ポリ塩化ビフェニルは生体内に取り込まれやすく残留性が高い。そのため，人体に対して強い毒性を示すことから，1973 年には製造・輸入・使用が原則として禁止されている。

12.2　環境汚染物質

12.2.1　酸性雨の原因物質

　本節では，第 11 章でふれた酸性雨や地球温暖化に関係する物質について学んでいこう。

　炭酸（H_2CO_3）が溶け込んだ水を炭酸水といい，清涼飲料水として日ごろから接している。炭酸は，二酸化炭素（CO_2）が水に溶解し，水が付加することで生成する。炭酸は水溶液中で二段階の解離を起こす。すなわち，下

式に示すように H$^+$ を放出することができるため, 酸 (ブレンステッド酸) として機能する[7].

$$H_2CO_3\,(aq) \rightleftharpoons H^+\,(aq) + HCO_3^-\,(aq)$$
$$HCO_3^-\,(aq) \rightleftharpoons H^+\,(aq) + CO_3^{2-}\,(aq)$$

そのため, 大気中に放出された二酸化炭素は水蒸気などの水と反応して, 炭酸を含む雨となって地表に降り注ぐことになる. このような雨を**酸性雨**という. 二酸化炭素は大気中を漂う物質であることから, 発生源から遠く離れた地域でも酸性雨が降ることがある. 二酸化炭素が飽和した水の酸性度 (pH) は 5.6 になるが, 通常の雨水は二酸化炭素で飽和されてはいないため, その pH は 6 程度である.

　石油や石炭などの化石燃料を燃やすと, 二酸化炭素だけでなく, **窒素酸化物**[8]や**硫黄酸化物**[9] などが発生する. 窒素酸化物はその化学式 NO$_x$ からノックスと呼ばれ, 硫黄酸化物は SO$_x$ と表されソックスと呼ばれる. 大気中に存在する NO$_x$ や SO$_x$ が雨に溶け込むと, 炭酸よりもはるかに酸性度の高い, それぞれ硝酸 HNO$_3$ や硫酸 H$_2$SO$_4$ が生成し (pH は 5.6 以下), 酸性雨の原因物質となる.

　NO$_x$ や SO$_x$ の発生を抑えるためには, 化石燃料を使用しないことが一番の対策である. しかしエネルギー供給の観点から考えた場合, 現状ではその実現性は低いであろう. 現行の対策としては, 窒素成分や硫黄成分の含有量の低い原油の輸入や, 遷移金属触媒を用いた水素化脱硫法と呼ばれる水素化反応により, 窒素はアンモニアとして, 硫黄は硫化水素として除去するプロセスが用いられている. **図12.3** には石油に含まれる代表的な有機硫黄化合物を示す.

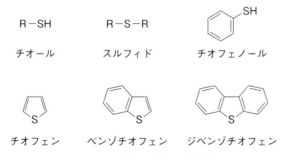

R−SH　　　R−S−R　　　チオフェノール
チオール　　スルフィド

チオフェン　　ベンゾチオフェン　　ジベンゾチオフェン

図12.3　石油中の有機硫黄化合物

　化石燃料を用いた際に発生する排ガスに含まれる SO$_x$ や NO$_x$ の除去も行われている. 排ガスからの SO$_x$ の除去には, 石灰石 (炭酸カルシウム CaCO$_3$) と水の混合液に排ガスを通すことで, 石膏 (硫酸カルシウムの水和物, CaSO$_4$・2H$_2$O) として取り出す方法がある. NO$_x$ の除去には, 排ガスにアンモニア (NH$_3$) を吹き込むことにより, アンモニアによる NO$_x$ の還元反応を利用した除去方法が用いられている. また, 自動車の排ガスには

*7　酸・塩基については 4.3 節を復習してほしい. なお, (aq) は水溶液であることを示す.

酸性雨　acid rain

窒素酸化物　nitrogen oxides
*8　NO, NO$_2$, N$_2$O$_4$ など.

硫黄酸化物　sulfur oxides
*9　SO$_2$, SO$_3$ など.

第12章

*10　自動車の排ガス処理装置には貴金属元素を用いた三元触媒が利用されている。これらの貴金属元素は日本国内ではほとんど産出されないため，海外からの輸入に頼らざるを得ない。

*11　大気汚染に関しては環境省のホームページなどを参照していただきたい。

オゾン層　ozonosphere または
　ozone layer
対流圏　troposphere
成層圏　stratosphere

*12　南極上空のオゾン層が極端に減少する現象を**オゾンホール**（ozone hole）という。オゾン層に穴があいたような状況になることからその名がつけられた。

$$O_2 \xrightarrow{\text{紫外線}} 2O \quad (1)$$

$$O_2 + O \longrightarrow O_3 \quad (2)$$

$$O_3 \xrightarrow{\text{紫外線}} O_2 + O \quad (3)$$

$$O_3 + O \longrightarrow 2O_2 \quad (4)$$

図 12.4　オゾンの生成と消滅

フロン　flon

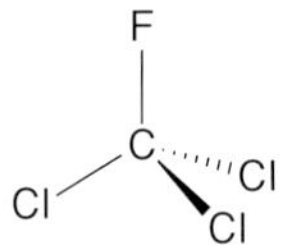

トリクロロフルオロメタン
（フロン 11）

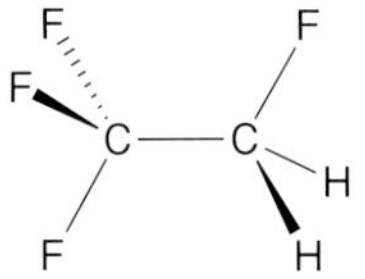

1, 1, 1, 2-テトラフルオロエタン
（HFC-134a）

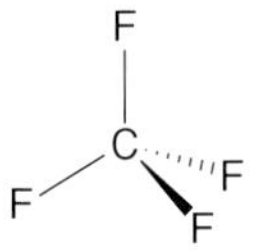

テトラフルオロメタン
（PFC-14）

図 12.5　フロンと代替フロンの例

NO_x だけでなく一酸化炭素（CO）などの有害物質が含まれている[*10]。

　NO_x や SO_x は酸性雨の原因となるだけではなく，大気汚染を引き起こす物質でもあることから，大気汚染防止法により環境基準が定められている[*11]。

12.2.2　オゾン層を破壊する物質

　次に，**オゾン層**について考えていこう。地上 15 km 程度までの大気を**対流圏**といい，対流圏の上から高度 50 km 付近までを**成層圏**という。成層圏の一部にはオゾン O_3 を多く含む層が存在し，宇宙から照射される有害な紫外線を遮断（吸収）し，生命体を保護する役割を担っている。近年，オゾンの濃度が減少して環境問題が深刻化している[*12]。

　オゾン O_3 の生成と消滅を**図 12.4** に示す。酸素分子 O_2 が紫外線を吸収し，酸素分子の解離が起こり酸素原子 O が生成する（式 (1)）。生成した酸素原子が酸素分子と結合することでオゾン O_3 が生成する（式 (2)）。このようにして生成した O_3 は紫外線を吸収して O_2 と O に分解する（式 (3)）。式 (2) の反応により O_3 が再生するか，式 (4) に示した反応により O_2 になる。この反応を繰り返すことで，成層圏のオゾンの濃度は一定に保たれている。ところが，一定の濃度に保たれているはずの成層圏中の O_3 濃度が減少すると，オゾン層の破壊が進行する。ここではオゾン層破壊の原因となる化学物質に注目して見ていくことにしよう。

　オゾン層の破壊に大きな影響力をもつ物質として，日本では**フロン**と呼ばれている物質を挙げることができる。フロンは塩素，フッ素，炭素からなる化合物（クロロフルオロカーボン）の総称で，CFC と略される（**図 12.5**）。フロンは，エアコンや冷蔵庫などの冷媒，スプレー缶の噴射剤，電子部品の洗浄剤などとして大量に生産され使用されてきた。安定な化合物であるため，大気中に放出されると長期間とどまり，成層圏に達しオゾン層の破壊に影響を及ぼす。フロンは安定な化合物であると述べたが，紫外線により分解されて塩素ラジカルが生成する。この塩素ラジカルが O_3（あるいは O）と反応することで，オゾン濃度が低下する。その結果，オゾン層の破壊につながるのである[*13]。

　ここでフロンの問題点を考えてみよう。先にも示したように，フロンの炭素−塩素結合は紫外線によってラジカル開裂を起こし，生成した塩素ラジカルが O_3 や O と反応するため，オゾン層の破壊につながっている。そこで，塩素を含まないフロンに似た物質を作り出すことができれば，オゾン層の破壊をくい止めることができると考えられる。すなわち，塩素を含まず，炭素−塩素の結合よりも強固な結合をもつ「代替フロン」を設計すればよい。このような化合物の設計指針は何を根拠にすればよいのであろうか。例えば，7.2 節で紹介した結合解離エネルギーが一つの目安になる

であろう。

こうした考えから，代替フロンとしてハイドロフルオロカーボン[*14]や
ペルフルオロカーボン[*15]が開発された。炭素－塩素結合に比べ，炭素－
水素および炭素－フッ素結合は強固であるため，紫外線による分解を防ぐ
ことに成功した。しかし同時に，これらの物質は非常に強力な温室効果ガ
スであることも明らかにされた。

物質の長所だけを上手に伸ばすことができればよいが，時には，欠点
までもが増幅してしまうこともある。より良い物質を開発するという観点だ
けでは充分とはいえない。根本的な解決策というわけではないが，合成し
た化学物質を環境に放出しないような利用方法の改良も重要になってくる
のである。

12.2.3 地球温暖化に影響を与える物質：温室効果ガス

地球温暖化に大きな影響を与える物質として**温室効果ガス**がある。すで
に 11.1.2 項で述べたように，水分子は温室効果ガスとして作用する。温室
効果ガスとして作用する物質は，赤外線を吸収して熱に変換することがで
きる物質である。代表的な温室効果ガスである二酸化炭素について見てい
くことにしよう。

赤外線を吸収する分子を赤外活性分子，吸収しない分子を赤外不活性分
子と呼ぶ。ここで，赤外活性分子は，分子運動(振動)によって双極子モー
メント[*16]がゼロではなくなる，すなわち電荷の偏りが生じる分子である。

二酸化炭素は直線型の O＝C＝O 構造を有する物質である。二酸化炭素
の炭素原子は，sp 混成軌道を用いて二つの酸素原子と二重結合を形成して
いる。炭素の電気陰性度は 2.5 であり，酸素のそれは 3.5 である。そのた
め，二酸化炭素は炭素が $\delta+$，酸素が $\delta-$ に分極した電子構造をもち，炭
素から両方の酸素に向かう逆向きの双極子モーメントを書くことができ
る。これら二つの双極子モーメントは互いに打ち消し合うため，トータル
としての双極子モーメントはゼロとなるので無極性分子である。しかし，
すべての分子は常に固定されている訳ではなく，分子運動（振動）をしてい
る。次に，二酸化炭素の分子運動（振動）を見てみよう。

二酸化炭素の分子運動には対称伸縮振動と逆対称伸縮振動がある。対称

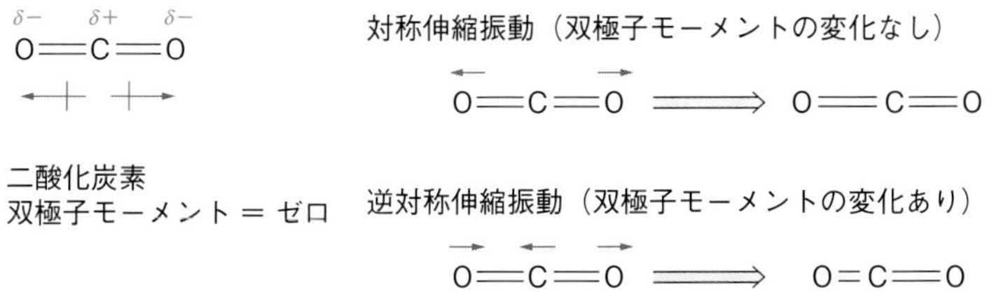

温室効果ガス　greenhouse gas

[*13]　オゾン層を守る取り組み
として，オゾン層を破壊する化学
物質の具体的な規制を定めたもの
がモントリオール議定書（1987
年）である。その後，オゾン層破
壊が予想以上に急速に進行したこ
とから議定書の見直しが行われ今
日に至っている。

[*14]　HFC：塩素を水素に置き換
えた化合物（図 12.5 に HFC-134a
を示した）。

[*15]　PFC：フッ素と炭素のみ
から構成される化合物（図 12.5 に
PFC-14 を示した）。

[*16]　折れ曲がった構造をもつ
水分子は，伸縮振動により双極子
モーメントの変化を伴うため，赤
外光エネルギーを吸収できること
を 11.1.2 項で紹介した。直線構造
の二酸化炭素がどのように赤外光
エネルギーを吸収するのか理解し
てほしい。

第12章

図 12.6　二酸化炭素の構造と分子運動

伸縮振動の場合，双極子モーメントの変化は伴わないが，逆対称伸縮振動では双極子モーメントに変化が生じる（**図 12.6**）。その結果，逆対称伸縮振動では赤外線を吸収することができ，温室効果ガスとして作用することになる。

　天然ガスの主成分であるメタンもまた，温室効果ガスの一つである。メタンは湖沼や火山の噴火などにより放出されるだけでなく，近年ではメタンハイドレート[*17]などの形態で海底に大量に埋蔵されていることが明らかになってきた。正四面体型のメタンの双極子モーメントはゼロであるが，分子振動により双極子モーメントがゼロではない状態になる。そのため，メタンも赤外線を吸収することができ，地球温暖化に影響を与える物質として作用する。

　では，地球の大気に多く含まれている窒素や酸素，アルゴンといった物質は，温室効果ガスとして作用しないのだろうか。酸素や窒素は同一の原子から構成された等核二原子分子であるため，双極子モーメントをもたない分子であり，分子の振動に伴う双極子モーメントの変化は生じない。そのため，赤外線を吸収することはないのである。アルゴンもまた赤外線を吸収しない。それはアルゴンが単一原子からなる物質だからである。

　本節では，どのような物質が温室効果ガスとして作用するのか，その原理とともに述べてきた。実際に地球温暖化に与える影響を考える場合は，温室効果ガスの存在量や，その温室効果を考慮に入れる必要がある。

12.3　放 射 性 物 質

12.3.1　放射性同位体の種類と崩壊

　「放射性物質」という言葉から何を連想されるだろうか。おそらく，原子力発電所の事故を連想される方が多いのではないかと思う。本節では，放射性物質について学んでいこう。

　放射性物質（**放射性同位体**）の話に入る前に，元素と同位体について復習しておこう。第 1 章で学んだように，元素の陽子数（原子番号）と中性子数は多くの場合は同じで，その和はその元素の質量数を示すが，なかには陽子数と中性子数の異なる核種があり，それを同位体という。質量数の小さい核種は陽子数と中性子数がほぼ等しく，安定に存在することができるが，陽子数と中性子数のバランスが一定の範囲を超えると不安定な核種となり，放射線を放出して異なる核種に変化する。この変化（反応）を**放射性崩壊**という[*18]。質量数が増すにつれて，陽子数に比べ中性子数が大きく上回り不安定になる。不安定な核種は過剰なエネルギーを**放射線**として放出して，より安定な核種に移行する。

　放射線を放出して異なる核種に変化する同位体を放射性同位体と呼ぶ。

*17　メタンハイドレートについては，11.3 節 側注 27 (p.136) を参照のこと。

放射性物質
  radioactive substance

放射性同位体　radioisotope

放射性崩壊　radioactive decay
*18　放射性壊変，放射壊変ということもある。

放射線　radiation

表 **12.2** 放射線の種類

名称	記号	構成	電荷	放射源の原子核に生じる変化
アルファ線 （α 線）	^4_2He または α	2個の陽子と2個の中性子	2+	質量数が4減る 原子番号が2減る
ベータ線 （β 線）	$^0_{-1}\text{e}$ または β	1個の電子	1−	質量数は変化なし 原子番号が1増える
ガンマ線 （γ 線）	$^0_0\gamma$ または γ	1個の光子	0	質量数は変化なし 原子番号も変化なし

ここで，放射線とはアルファ線（α 線），ベータ線（β 線），ガンマ線（γ 線），そして X 線などの総称である。**α 線**とは原子核から放射される正に帯電した粒子（これを α 粒子と呼ぶ）であり，2個の陽子と2個の中性子から構成されているヘリウムの原子核である。このヘリウム原子核は電子をもたないので2＋の電荷をもつことになる。一方，**β 線**は原子核から放出される高速の電子であり，これを β 粒子と呼ぶ。負の電荷をもつ非常に小さな質量の粒子である。**γ 線**は原子核から放射される電荷も質量ももたない電磁波の一つで，波長が短く高いエネルギーをもつ光である。**X 線**は γ 線と同じ電磁波であり，X 線の波長の方が γ 線のそれに比べ幾分長い光[*19]である。放射線の特徴を**表12.2**にまとめる。

α 線　α-ray

β 線　β-ray

γ 線　γ-ray

X 線　X-ray

[*19] γ 線に比べ X 線の方がエネルギーは小さい。なお，電磁波と光については 5.2 節を参照されたい。

　表 12.2 にある「放射源の原子核に生じる変化」は，すでに述べたように，放射性同位体が放射線を放出して異なる核種になる変化を意味している。すなわち，放射性崩壊によって異なる核種になる反応である。一般的な化学反応であるメタンの燃焼を例に，反応の違いを説明することにしよう。

　メタンが燃焼（酸素と結合）すると水と二酸化炭素を生じるが，メタンと二酸化炭素に含まれる炭素原子は不変である。結合に関与している炭素の電子数（4個）に変化はなく，原子核にも何の変化も生じない。反応が起こっても，出発物質に含まれていた炭素原子は生成物中に同じ炭素原子として存在するのである。これに対して，放射性同位体は放射線を放出すると異なる核種に変わるのである。

　原子番号が 84 のポロニウム Po 以上の核種はほとんどが不安定な核種であり，α 粒子を放出して安定化する傾向を有している。放射線として α 粒子を放出することを**α 崩壊**と呼ぶ。例えば，原子番号 88 で質量数 226 のラジウム $^{226}_{88}\text{Ra}$ は，下式のように α 粒子を放出して貴ガスであるラドン $^{222}_{86}\text{Rn}$ に移行する。

α 崩壊　α-decay

$$^{226}_{88}\text{Ra} \longrightarrow \; ^{222}_{86}\text{Rn} + \;^4_2\text{He}$$
（単に α と記すことがある）

^{238}U，^{239}Pu，^{218}Po，^{220}Rn なども α 崩壊する核種である。ここで，226 の質量数をもつラジウムの放射性同位体は，原子番号も記載した「$^{226}_{88}\text{Ra}$」や，原子番号を省略し質量数だけの「^{226}Ra」，あるいは「ラジウム 226」と表記される。

第**12**章

β崩壊　β-decay

　原子番号が 83 以下の核種は β 線を放出する，すなわち **β崩壊**する傾向を有する。β 崩壊では 1 個の電子を放出することから，質量数に変化はないが，原子番号が 1 増加した核種へと変化する。例えば，放射性炭素 14 (^{14}C) は β 崩壊により原子番号が 1 大きい窒素 (^{14}N) に変化する。これは下式のように炭素 14 の原子核の中で中性子が陽子に変化したためである。

$$^{14}_{6}C \longrightarrow {}^{14}_{7}N + {}^{0}_{-1}e$$

（単に β と記すことがある）

　放射線は非常に大きなエネルギーをもつ。放射性同位体の崩壊によりエネルギーが作り出される仕組みは，アインシュタインの方程式 $E = mc^2$（c は光の速度）から説明される。すなわち，エネルギー E と質量 m は等価性をもつため，通常の化学反応，例えば燃焼により発生する熱量（エネルギー）に比べ，**核分裂**[20] で発生するエネルギーは，1 mol 当たり 100 万倍もの大きさになる。

核分裂　nuclear fission
[20]　核分裂とは，不安定核が二つ以上の核種に分裂する反応である。一方，放射性崩壊は不安定核が放射線を出して別の安定な核種に変化する現象である。

半減期　half-life

12.3.2　放射性同位体の寿命：半減期

　放射性同位体は放射線を放出して崩壊する。すなわち，ある核種が壊れて別の核種に移行していくわけであるが，崩壊していく速度を**半減期**という指標を用いて表す。半減期は文字通り，放射能が半分になる時間を示すものであり，核種によって異なる半減期を示す。ある一定の時間が経過すると，放射能は半分に減少する。さらにそこから放射能が半減するためには，同じ時間を要するのである。放射能が完全に消滅するためには，核種の半減期によってはかなりの時間を必要とすることが想像できるであろう。放射性元素の崩壊の様子を表した図と代表的な放射性同位体の半減期を**図 12.7** に示す。

　半減期は放射性元素の寿命を示すが，放射性元素の物理的・化学的な状態にはほとんど影響を受けない定数である。例えば，二酸化炭素に含まれ

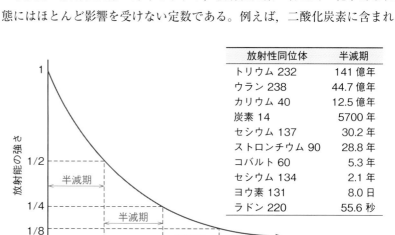

図 12.7　放射性同位体の寿命：半減期

る炭素 14 も，セルロースに含まれる炭素 14 も，その半減期は同じである。
この性質を利用して，古い遺跡などから発掘された炭素を含む試料中の炭
素 14 の崩壊数を調べることにより，どの時代に作られたものであるかなど
の年代推定が行われている。

　すべての放射性同位体が人工的に作られたわけではない。炭素 14 が年代
測定に利用されることからわかるように，自然界にも放射性同位体（元素）
が存在する。ここで，炭素 14 の生成を紹介しておこう。

　炭素 14 は下式のように窒素への中性子の照射によって合成される。

$$^{14}_{7}N + {}^{1}_{0}n \longrightarrow {}^{14}_{6}C + {}^{1}_{1}H$$

　この変換反応は，大気圏上空で宇宙線に含まれる中性子によって絶えず
日常的に行われている。この放射性の炭素 14 は二酸化炭素（$^{14}CO_2$）に含ま
れ，直接的あるいは間接的にわれわれヒトや動植物の体内に取り込まれて
いく。セルロースが植物を構成する重要な化合物であることを考えれば，
遺跡などから発掘された木材試料の分析により年代測定が可能となること
が理解できるであろう。

　原子力発電所などでそのエネルギー源として用いられている**ウラン**につ
いて見ていこう。ウランは天然に存在する元素であるが，安定同位体をも
たない。天然に存在するウランは三つの主要な同位体からなる。ウラン 234
（天然存在比，0.0054%），ウラン 235（0.71%）そしてウラン 238（99.28%）
であり，いずれも放射性同位体である。ウラン 238 は α 崩壊によりトリウ
ム 234 になる。そして最終的には安定な元素である鉛 206 になる[*21]。

　一方，ウラン 235 は核分裂を起こし，様々な核に分裂する。ウラン 235
は天然に存在する同位体の中で唯一核分裂を起こす核種であり，核分裂に
より放出された中性子が，さらにほかの核種に衝突することによりその核
種の核分裂を引き起こす。そのため，中性子の発生を制御しなければ，急
激な連鎖反応が進行することになり，一度に大量のエネルギーが放出され
爆発が起こる。これを軍事目的に利用したのが**原子爆弾**である。また，**原
子力発電所**では，3% 程度のウラン 235（二酸化ウラン，$^{235}UO_2$）を核燃料と
して，核分裂で得られるエネルギーを用いて発電している。ウラン 235 の
核分裂で生成する放射性同位体には様々な核種があるが，その中でもスト
ロンチウム 90 とヨウ素 131 は人体に深刻な影響を与える。

　ストロンチウム 90 は，天然ストロンチウムに存在する安定同位体（^{84}Sr,
^{86}Sr, ^{87}Sr, ^{88}Sr）に比べ中性子数が多いため，β 崩壊を起こしてイットリウ
ム 90 になる。イットリウム 90 はさらに β 崩壊を起こして安定なジルコニ
ウム 90 になる。ストロンチウム 90 の半減期は 28.8 年である。ストロンチ
ウムは元素周期表でカルシウムのすぐ下に位置する元素であることから，
化学的性質がカルシウムに似ている。そのため，骨のカルシウムと置き換
わりやすく，体内に取り込まれたストロンチウム 90 は長期間にわたって体

ウラン　uranium

*21　この崩壊過程はウラン系
列と呼ばれる。

原子爆弾　atomic bomb

原子力発電所
　nuclear power plant

第**12**章

内にとどまり，放射線による障害を引き起こす。

　ヨウ素131の半減期は約8日である。ヨウ素131はβ崩壊とγ崩壊を経て安定なキセノン131になる。半減期が短いにもかかわらず，ヨウ素131が怖いのは，摂取されたヨウ素のほとんどが甲状腺に集まるからである。甲状腺ではヨウ素を原料にして甲状腺ホルモンを作り出している。このホルモンは身体の発育促進や新陳代謝を活発にする重要な働きを担っている。そこに，放射性同位体であるヨウ素131が蓄積されれば，甚大な健康障害を引き起こすことになる。そのため，放射能汚染が発生した場合，放射性同位体ではないヨウ素（ヨウ化カリウムKIなど）を大量投与し，甲状腺をヨウ素で飽和させるといった防護策がとられるわけである。

　ヨウ化カリウムが登場したので，カリウムの放射性同位体（カリウム40）について紹介しておこう。カリウムは生物にとって**必須元素**[*22]の一つであり，非常に重要な元素である。カリウム40は自然放射線源の一つであり，半減期は約12.5億年である。様々な食品に含まれており，人間は常にカリウムを摂取している。そのため，天然のカリウム中のカリウム40に起因する放射線は内部被曝[*23]の最大要因であるといえる。われわれの健康に重大な被害を及ぼすほどの放射能を有している訳ではないが，自然界に存在する放射性物質にも関心をもつ必要がある。

　化石燃料を用いた火力発電に比べ，原子力発電は二酸化炭素や窒素酸化物，硫黄酸化物を排出しない点でクリーンであり，化石燃料の枯渇を考えれば，原子力発電による安定したエネルギーの供給は将来的にも必要と思われる。しかし，ひとたび重大な事故が起これば，放射性物質による汚染が広範囲に及び，生命や環境に対して甚大な被害を与えることになる。さらに放射性同位体の寿命（半減期）を考えれば，使用済みの核燃料の処理も大きな問題となることは容易に想像できるであろう。

必須元素　essential element
[*22]　必須元素は，生物の生存に必要不可欠で，外部から摂取しなければならない元素である。動物と植物では必須元素の種類が異なる。

[*23]　放射線被曝には外部被曝と内部被曝がある。放射線源が体外にある場合を外部被曝，体内にある場合を内部被曝という。

Drop-in　水　銀

　原子番号80の水銀Hgは，金属の中で唯一，常温で液体の元素である。空気中では安定に存在する一方で，各種の金属と混和してアマルガムと呼ばれる合金を作る。

　水銀は非常に有用な材料で，これまで温度計や気圧計，電池，歯科用アマルガム，そして電球に至るまで，実に幅広く利用されてきた。また，水銀は有機合成の触媒としても，アセチレンを原料にしたアセトアルデヒドや酢酸などの合成に利用されていたが，この製造による工業廃水にはメチル水銀と呼ばれる有機水銀化合物が含まれていた。有機水銀は中毒性の中枢神経疾患を引き起こす，非常に有毒な物質である。この有害物質が食物連鎖により魚介類に蓄積され，さらにそれを食べた人の体に取り込まれ，大規模な有機水銀中毒を引き起こすことになった。すなわち**水俣病**（Minamata disease）である。

　産業活動に伴う有用な製品の製造と同時に，有害物質の生成の可能性を充分に検討したうえで製造プロセスを構築する必要がある。

章 末 問 題

12.1 汎用樹脂であるポリエチレンやポリプロピレンは安定な物質である。原子や分子レベルへの変換（分解）が起こりにくい理由を述べよ。

12.2 クロロエチレン（$CH_2=CHCl$）から得られる汎用樹脂を何というか。またこの樹脂の優れた特性を述べよ。

12.3 ダイオキシンについて説明せよ。

12.4 ポリ塩化ビフェニルの一般的な構造を示し，その有害性について述べよ。

12.5 二酸化炭素が環境汚染物質となる理由を述べよ。

12.6 化石燃料などの燃焼により発生する窒素酸化物や硫黄酸化物の除去方法を述べよ。

12.7 オゾンホールとは何か説明せよ。

12.8 温室効果ガスの具体例を挙げ，それらの物質が温室効果ガスとして働く理由を説明せよ。

12.9 放射性同位体について説明し，放射線が非常に大きなエネルギーをもつ理由を述べよ。

12.10 放射線被曝は人体に甚大な被害を与える。内部被曝の危険性がある事例を調べてまとめよ。

12.11 水銀が有害である理由を述べよ。

第12章

第13章 材料の役割と変遷

物質を開発するための化学の研究は，大別すると二つの方向性がある。一つは新たな物質を合成するための方法論を確立する研究であり，もう一つは合成の方法論を駆使して新たな材料を創出する研究である。これら二つの研究は車の両輪のような関係であるといえる。最終章では，新たな機能性材料がどのようにして作り出されたのかについて学んでいこう。そして後半では，持続可能な社会を維持するために，これからの化学に何が求められているのかについて考えることにしよう。

13.1 総合的な化学の力を修得するために

分析化学 analytical chemistry

無機化学 inorganic chemistry

有機化学 organic chemistry

物理化学 physical chemistry

大学で学ぶ化学は，**分析化学**や**無機化学**，**有機化学**，**物理化学**など，いくつかの分野に分類されている。もしかするとこのような分類は，これらの化学が互いに異なる学問であるかのような誤解を招いているかもしれない。しかしそうではなく，化学の内容が学問の進歩とともにより詳細になるため，いくつかの分野に分類せざるを得ないのである。実際に物質（材料）を理解するためには，これらの分野を有機的に連結させ，総合的な化学の知識を身につけることが重要である。例えば，ある物質（材料）を作りだす（合成する）ためには無機化学や有機化学の知識が必要であり，合成した物質は分析化学の手法を利用して確認（同定）される。さらに，得られた物質の性質を明らかにするためには，物理化学的な手法を駆使した研究が必要になるであろう。大学では主としてある体系に従って分類された化学を個々に学ぶわけであるが，それを柱として総合的な化学の知識を得るよう努めてほしい。

有機金属化学
organometallic chemistry

錯体化学
coordination chemistry
（**配位化学**ともいう。complex chemistry ではない。）

*1 「錯」という字は，込み入った，入り組んだという意味に用いられることが多く，マイナスのイメージをもつ漢字かも知れない。しかし，もとの意味は「象眼」（ぞうがん）ということである。異なる材料を組み合わせて新しい美しさを求めるのが象眼の技術である。錯体は陽イオンや陰イオンに有機分子などが組み合わさってできる化合物であり，「象眼したような塩」ということから「錯塩」と名付けられ，現在の「錯体」（complex）になった。

*2 有機金属化合物または有機金属錯体という。

さて，**有機金属化学**という分野をご存じだろうか。有機金属化学は大別すると無機化学に分類され，無機化学の中の**錯体化学**[*1]を基礎とする学問分野である。錯体化学や有機金属化学の研究対象である金属錯体は，金属元素と有機化合物（配位子）との組合せからなり，有機金属化学は金属と炭素の直接結合をもつ化合物[*2]を対象としている。まさに，無機化学と有機化学にまたがる学問領域である。

有機金属化学はこの半世紀の間に急速に発展した分野である。その理由は，金属と炭素の直接結合をもつ有機金属錯体の研究成果をもとに，私たちの生活を豊かで快適なものにしてくれる数々の物質（材料）の創出が実現できたからである。すなわち，有機金属錯体を触媒として用いることで，これまで合成が困難であった有機化合物や高分子化合物を，選択的かつ効率的に合成することができるようになり，その成果が，新たな医薬品や農薬，さらには新しい機能を発現する材料の創出につながったのである。最終章の本章では，有機金属錯体に視点を据えて，新たな機能性材料がどの

ような経緯で創り出されたのかについて学んでいくことにしよう。

13.2 チーグラー-ナッタ触媒の発見と導電性高分子材料

13.2.1 チーグラー-ナッタ触媒の発見とポリオレフィンの合成

エチレンの重合で合成されるポリエチレンは，私たちの生活に密着した物質である。ポリエチレンは，1930年代にイギリスの企業の研究者らによってその合成法が開発され工業化された。この合成法は，高温・高圧条件下で，酸素などをラジカル開始剤として，エチレンを重合する方法である。これは**ラジカル重合**と呼ばれ，ここで得られたポリエチレンは主鎖にアルキル基が結合した，すなわち分岐の多い柔軟なポリエチレンであった。このようにして合成されたポリエチレンは低密度ポリエチレン[*3]と呼ぶ。一方で，分岐の少ないポリエチレンは高密度ポリエチレン[*4]と呼ばれ，有機金属化合物からなるチーグラー触媒によって初めて合成された。分岐の少ないHDPEは，LDPEとは異なり，結晶性で高い融点を示すポリエチレンである。これらの構造や物性の相違点を**表13.1**に示す。同じポリエチレンでも構造が異なることで，物性等に大きな変化が生じることに注目してほしい[*5]。

ラジカル重合
radical polymerization

[*3] low density polyethylene；LDPE と略称される。

[*4] high density polyethylene；HDPE と略称される。

[*5] 高分子化合物の合成については 8.4 節および 9.4 節を参照。

表13.1 低密度ポリエチレンと高密度ポリエチレンの物性

性質	低密度ポリエチレン（LDPE）	高密度ポリエチレン（HDPE）
密度 $(g\,cm^{-3})$	0.91～0.92	0.94～0.97
融点（℃）	95～130	120～140
結晶化度（%）	42～49	62～79
形状	柔らかくて透明	硬くて不透明
	枝分かれ（側鎖）が多い	枝分かれが少ない（直鎖状の主鎖）
製法	高温・高圧条件，酸素を用いる（酸素によるラジカル重合）	常温・常圧条件，チーグラー触媒（遷移金属化合物による配位重合）

チーグラー触媒の発見の経緯を紹介しよう。ドイツのマックスプランク石炭化学研究所のチーグラーは，1953年，有機アルミニウム化合物の存在下でエチレンの低重合反応の研究を行っていた。この過程で，反応容器内に遷移金属元素であるニッケルが付着したままであったことが幸いし，エチレンの二量化体（ブテン）が選択的に得られることを見出した。この偶然の結果をもとに，各種遷移金属塩と有機アルミニウムとの混合系を触媒として用いたエチレンの反応を系統的に研究した。すなわち，元素周期表上のすべての遷移金属元素を触媒成分として検討したのである。その結果，四塩化チタン $TiCl_4$ とトリエチルアルミニウム $Al(CH_2CH_3)_3$ とを組み合わせた触媒を用いると，次ページの式のように常温・常圧でエチレンの重合が進行することを見出した。

チーグラー Ziegler, K.

第13章

$$n\,\text{H}_2\text{C}=\text{CH}_2 \xrightarrow[\text{（チーグラー触媒）}]{\text{TiCl}_4\,/\,\text{Al}(\text{CH}_2\text{CH}_3)_3} \left(\begin{matrix} \text{H} & \text{H} \\ \text{C}-\text{C} \\ \text{H} & \text{H} \end{matrix}\right)_n$$

エチレンは，炭素原子に水素原子のみが結合した，すなわち置換基をもたないアルケンであり，重合する際に，常に両端の炭素で結合が生成すれば，分岐のない直鎖状のポリエチレンが生成する。ところで，エチレンの一つの水素原子がメチル基に置き換わったプロピレンを用いた重合では，どのような構造をもつポリプロピレンが生成するだろうか。プロピレンのメチル基が結合した炭素と，もう一つのプロピレンのメチル基をもたない炭素が規則正しく結合を形成したとき，立体規則性を有するポリプロピレンが生成する。一つはイソタクチックポリプロピレンであり，もう一つはシンジオタクチックポリプロピレンである。イソタクチックとは置換基であるメチル基が同じ側に位置するポリマーであり，シンジオタクチックとはメチル基が交互に反対側に存在するポリマーである。これらは立体規則性ポリマーと呼ばれる。一方，規則性のないポリマーをアタクチックポリマーと呼ぶ[*6]。

　チーグラー触媒の発見はエチレンの重合に大きく貢献し，高分子化合物の合成法を一変させるほどの大きなインパクトを与えた。しかし，チーグラー触媒はプロピレンの立体規則性重合には適していなかった。イタリアのミラノ工科大学のナッタらは，三塩化チタン TiCl$_3$ と有機アルミニウム化合物 AlR$_3$ を触媒として用いることにより，プロピレンの立体規則性重合が進行し，結晶性のイソタクチックポリプロピレンが合成できることを見出した。ナッタらは，X線回折法をはじめとする分光学的手法を用いてポリプロピレンの立体規則性を明らかにした。チーグラーとナッタの研究業績である「新しい触媒を用いた重合法の発見とその基礎的研究」に対し，1963年にノーベル化学賞が授与された。

　チーグラー–ナッタ触媒は**不均一系触媒**である[*7]。そのため，この触媒の活性種や反応機構を調べる研究は困難であった。そこで**均一系触媒**を開発すべく，4族遷移金属元素を用いた可溶性の重合触媒（**金属錯体触媒**）に関する研究が行われた。その結果，チタンやジルコニウムを中心金属にもつ錯体と，トリメチルアルミニウムが部分的に加水分解したメチルアルミノキサン[*8]からなる触媒系が発見され，触媒活性種や反応機構に関する研究が活発に展開された。五角形のシクロペンタジエニル配位子を二つ有するジルコノセンジクロリド錯体 **I** と，MAO からなる触媒系が溶解した溶液にエチレンガスを導入すると重合反応が起こり，結晶性の高いポリエチレンが得られる。この触媒系は，均一系チーグラー–ナッタ触媒，あるいは発見者にちなんでカミンスキー系触媒と呼ばれる（**図13.1**）。

[*6]　高分子の立体規則性については 9.4.3 項を参照のこと。

ナッタ　Natta, G.

不均一系触媒
　heterogeneous catalyst

[*7]　触媒は，均一系触媒と不均一系触媒に分類される。反応液に溶けた状態で作用する触媒を“均一系”といい，液体や気体の反応基質と作用する固体触媒を“不均一系”という。

均一系触媒
　homogeneous catalyst

金属錯体触媒
　metal complex catalyst

[*8]　メチルアルモキサンともいい，MAO と略される。
$$\text{CH}_3 - \left(\!\text{Al}-\text{O}\!\right)_{\!n} \text{Al}(\text{CH}_3)_2$$
（上に CH$_3$）

カミンスキー　Kaminsky, W.

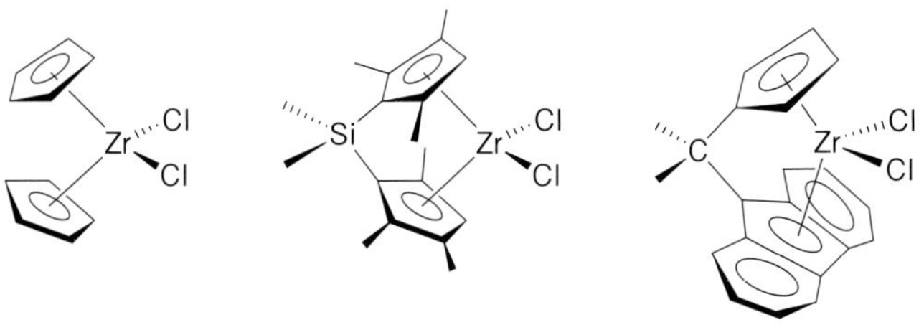

I   II   III

図 13.1 均一系チーグラー–ナッタ触媒として用いられるジルコニウム錯体

　ジルコノセンジクロリド錯体 **I** と MAO からなる触媒系を用いたプロピレンの重合反応では，立体規則性のないアタクチックポリプロピレンが得られる。一方，配位子に修飾を施したジルコニウム錯体 **II** を用いると立体規則性重合が進行し，イソタクチックポリプロピレンが生成する。規則性のないアタクチックポリプロピレンはワックス状のドロっとした形状を有するのに対し，イソタクチックポリプロピレンは高い結晶性を示し固体の形状をとる。ポリエチレンが分岐したアルキル基をもつかもたないかによって，ポリマーの物性に大きな変化が見られたように，ポリマー構造の立体規則性もまた，その物性に大きな影響を与えるのである。

　さらに，ジルコニウム錯体 **III** を用いると，置換基が交互に位置したシンジオタクチックポリプロピレンが生成する。

　このように，可溶性の錯体触媒（均一系触媒）を用いた研究により，反応機構に関する研究が可能となり，新たな事実が明らかにされてきた。そして，これらの結果をもとに，金属錯体をデザインしそれを触媒として用いることで，プロピレンの重合反応が規則正しく進行し，立体規則性を有するポリプロピレンの合成が可能となった。

　シンジオタクチックポリプロピレンは，新規な材料として大いに注目を集めたが，現在までのところ汎用プラスチックとして実用化されるには至っていない。結晶化速度が遅く加工に適していないためである。このように，新たな機能の発現が期待される物質が創り出されても，製品化されないこともある。しかし，シンジオタクチックポリプロピレンの合成法の開発は学術的に非常に価値の高い研究であり，技術開発なくして新しい機能をもつ材料の創出はないということを忘れてはならない。

13.2.2　導電性高分子化合物

　チーグラー–ナッタ触媒による**オレフィン**（アルケン）[*9] の重合の仕組みは，エチレンやプロピレンにとどまらず，各種の不飽和炭化水素分子を高分子化合物に変換することができる。ブタジエンからの *cis*-ポリブタジエン（汎用合成ゴムの一つ）や，アセチレンからのポリアセチレンの合成（**図 13.2**）などが研究されてきた。今日では，ポリアセチレンは**導電性高分**

オレフィン　olefin
＊9　オレフィンという言葉は，もともとは "油を作るもの" という意味であり，アルケンを指す。金属錯体の配位子として作用する場合，「アルケン」ではなく「オレフィン」と呼ばれる。

導電性高分子化合物
　conductive polymer compound

第 **13** 章

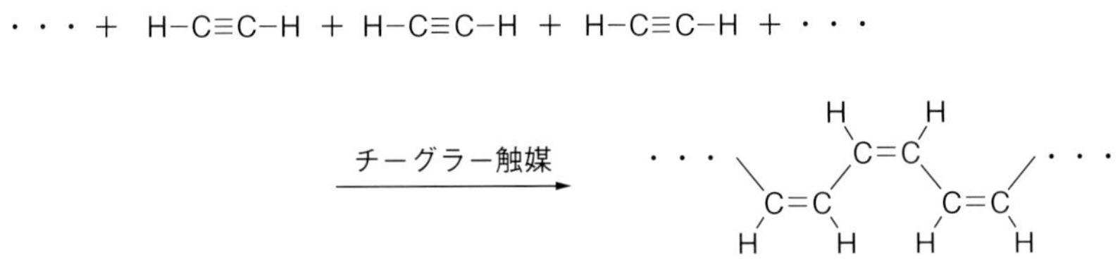

$$\cdots + \text{H-C}\equiv\text{C-H} + \text{H-C}\equiv\text{C-H} + \text{H-C}\equiv\text{C-H} + \cdots$$

チーグラー触媒 →

図13.2 チーグラー触媒を用いたアセチレンの重合

子化合物として利用されている。このポリアセチレンについて紹介しよう。

物質が電気を通すためには，金属のように自由電子をもつ必要がある。そのため，一般的な有機化合物には電気を通す性質はない。しかし，炭素のみからなる黒鉛が電気を通す性質を有するように，不飽和結合が共役したπ電子をもつ化合物であれば，導電性を示すことが期待できる。チーグラー触媒によって得られるポリアセチレンは，直線的に伸長した高分子の主鎖上に，炭素－炭素の二重結合と単結合が交互に連結した**共役系高分子**化合物である。そのため，理論上は導電性高分子化合物として期待される物質である。しかし，実際に得られるポリアセチレンは黒色で不溶・不融[*10]の固体であり成型加工できなかったため，電気特性などの物性を評価するためのポリアセチレン薄膜を作製できなかった。すなわち，導電性が期待される物質でありながら，その物性を評価することができなかったのである。

ポリアセチレンの合成，構造，そして物性に関する研究を行っていた白川英樹（東京工業大学，発見当時）は，ポリアセチレンの薄膜を得ることに成功した[*11]。ポリアセチレンの薄膜にヨウ素をドーピングすることにより，共役している主鎖上のπ電子を奪うことができ，その結果，正電荷をもつ炭素が生じる。ポリアセチレンの主鎖に沿った電荷移動により**結合交**

共役系高分子
conjugated polymer

[*10] 液体には溶けず，加熱による可塑性を示さないこと。

[*11] この開発にまつわる物語は Drop-in を参照されたい。

結合交替 bond alternation

Drop-in ポリアセチレン薄膜の開発秘話

ポリアセチレン薄膜の合成の経緯は非常に興味深いものである。実験を行っていた共同研究者の一人が，うっかり通常の触媒量に比べ数千倍というかなり大量の触媒を用いてアセチレンの重合反応を行い，なおかつ，重合反応中に反応溶液の撹拌が止まった状態になっていたため，アセチレンガスと触媒溶液の界面で重合反応が進行した。その結果，ポリアセチレン薄膜を合成することに成功したのである。金属光沢をもつポリアセチレン薄膜の合成に成功した結果，それまで困難とされていた物性の測定が可能となった。この功績，すなわち「導電性高分子の

発見と発展」に貢献したヒーガー（Heeger, A.），マクダイアミッド（MacDiarmid, A.），そして白川英樹の三氏に対し，2000年にノーベル化学賞が授与された。

大量の触媒を用いた重合反応を行い，しかも反応溶液の撹拌が止まっていたことが，幸運にもポリアセチレン薄膜の合成に結び付いた。その結果，材料としての研究を深化させることで導電性高分子化合物の開発につながったわけである。とはいえ，「幸運にも」という一言では片づけられないような，研究者らの思いが結実した成果であろう。

替が起こるが，エネルギーをほとんど必要としないためスムーズな結合交替が起こり，主鎖上での電子の移動が可能となる。こうして電気を通す高分子化合物が誕生した*12。ドーピング剤を検討することで，金属に匹敵するくらいの電気伝導度を示す物質になることも明らかにされた。

　ポリアセチレンは，有機伝導体として充分な性能をもつものの酸素に対する安定性が低く，ドーピング後も空気中では変質して電気伝導度が低下することが知られていた。この問題を解決するために，高分子化合物や有機化合物の導電材料に関する研究が数多く行われた。その結果，複素環化合物であるチオフェンやピロールなどを用いたポリチオフェンやポリピロールなどの高分子化合物は，ポリアセチレンと同じように π 共役系電子を有しながら，安定性の高い芳香環を主鎖にもつことから，新たな導電性高分子材料として開発され利用されるに至っている（**図 13.3**）。

*12　5.3 節を参照。

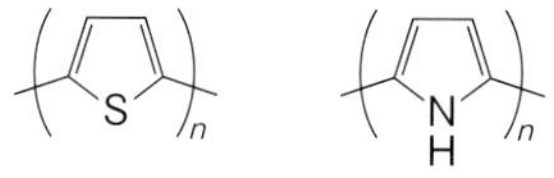

ポリチオフェン　　ポリピロール

図 13.3　π 共役ポリマー

13.3 有機合成に革新をもたらした金属錯体触媒

　金属錯体触媒は，有機化学や高分子化学にブレークスルーをもたらしたといっても過言ではない。すなわち，それまでの合成手法では困難であった数々の有機化合物や高分子化合物の合成を可能にしたのである。現代の有機合成化学において，金属錯体触媒の利用は必要不可欠と認識されるに至っている。ここでは，ノーベル化学賞に輝いた革新的な三つの研究について学んでいくことにしよう。一つ目はキラルな化合物*13 を作り分ける**不斉触媒反応**，二つ目は炭素と炭素の二重結合を組み換える**オレフィンメタセシス反応**，そして最後に炭素と炭素の結合を作る革新的技術である**クロスカップリング反応**を紹介する。

*13　第 4 章 側注 6（p.36）参照。

不斉触媒反応
  asymmetric catalyst reaction

オレフィンメタセシス反応
  olefin metathesis reaction

クロスカップリング反応
  cross-coupling reaction

13.3.1　不斉触媒反応：キラルな化合物を作り分ける

　四面体型構造を有する有機化合物において，その中心炭素に四つの異なる置換基が結合したとき，その炭素原子は不斉炭素原子といい，重ね合わせることができない二種類の異性体が存在する。これらの異性体は鏡像異性体と呼ばれ，天然から得られる糖やアミノ酸はいずれか一方の鏡像異性体である*14。

　一対の鏡像異性体のそれぞれが，私たちヒトに対して異なる生理活性を示す場合も多く知られている。例えば，睡眠薬や胃腸薬として用いられたサリドマイドは，分子中に一つの不斉炭素をもつ化合物であり，R 体*15 が治療作用（催眠作用）をもつのに対し，S 体は生体に深刻な影響（催奇性）を与えることが知られている*16（**図 13.4**）。このような理由から，キラルな化合物が医薬品として用いられる場合には，治療作用のみを示す一方の鏡像異性体だけを得ることが必要となる。

*14　4.1 節参照。なお，天然から得られる糖やアミノ酸の構造については第 10 章を復習してほしい。

*15　R 体，S 体については 4.1.2 項参照。

*16　ヒトに対する毒性は直接試験できないので，疫学的には因果関係が認められるものの病理学的に実証されたわけではない，とする立場もある。

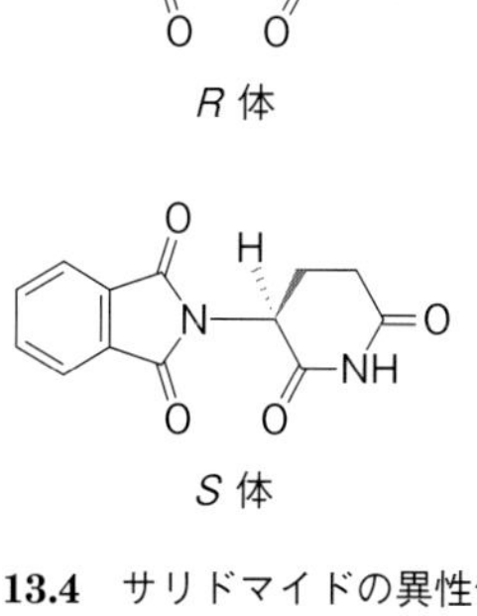

R 体

S 体

図 13.4　サリドマイドの異性体

第13章

　鏡像異性体の一方のみを得る方法を見ていこう。その一つとして，自然界に存在する天然物から取り出す（抽出する）方法を挙げることができるが，希少な天然物で入手が困難な場合や，もともと含まれている量が少ない場合などは，この方法は現実的ではない。しかしながら，天然にはまだ知られていない物質が存在しており，これらの物質を抽出し構造を決定するとともに，生理活性等の調査を行うことは，新たな治療薬などの開発につながる可能性を秘めている。そのため，このような方法も重要な研究のアプローチの一つであることを理解しておいてほしい。新たな物質が見つかれば，現代の有機合成化学を駆使してその物質の合成研究がスタートする。

*17　第4章 側注8（p.37）参照。

　鏡像異性体は旋光性*[17] が互いに逆である以外，溶解度や融点，沸点などの物理的性質は同じである。そのため，これらの性質の差を利用した分離は不可能である。一方，4.1 節で学んだように，ジアステレオマーはこれらの物理的性質が異なるため，例えば，溶解度の差を利用して再結晶などにより分離することが可能となる，この性質を利用して，鏡像異性体にキラルな化合物を反応させ，ジアステレオマーへと誘導できれば，両異性体を分離できる。その後，ジアステレオマー形成のために用いたキラル化合物を除去することにより，鏡像異性体の一方を単離するのである。しかし，この方法では大量の鏡像異性体を分割するにはそれと同量のキラル化合物が必要となる。このような問題点を解決する一つの方法として，遷移金属錯体を触媒として用いた**不斉合成法**がある。

不斉合成法
asymmetric synthesis

　例えば，**図13.5** に示したアルケンに対する水素の付加反応を例に考えてみよう。アルケンの水素化反応では，白金やパラジウムといった触媒が用いられ，一般に，水素はアルケンの面に対して両側から付加することができる。水素が付加することにより不斉炭素をもつ化合物が生成する場合，一対の鏡像異性体が同量生成することになる。鏡像異性体の一方のみを合成するという究極の選択的な反応は，金属錯体を触媒として用いることで達成された。例えば，13.2.1 項の均一系チーグラー–ナッタ触媒（カミンス

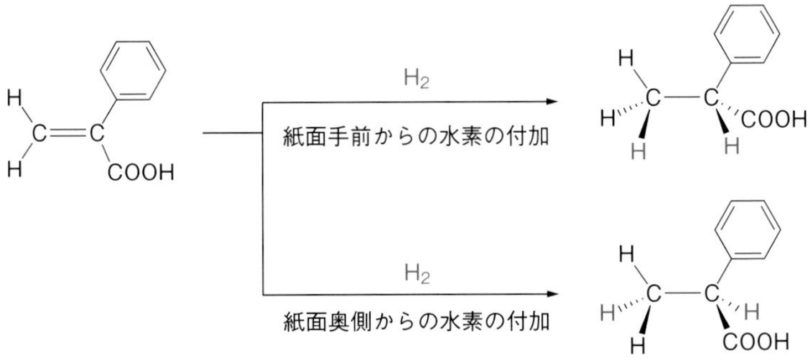

図13.5　アルケンに対する水素の付加反応

キー系触媒）のところでも紹介したように，金属錯体の配位子を工夫することにより，一方の鏡像異性体のみを合成することができるようになった。有機金属化学および均一系触媒の発展が，鏡像異性体の一方を合成する反応，すなわち不斉合成反応の展開に絶大な貢献を果たしたのである。

　1960 年代半ばに，L-3,4-ジヒドロキシフェニルアラニン（L-ドーパ）[*18] がパーキンソン病の治療に効果的であることが見出された。しかしこのアミノ酸は希少であったため，その合成が望まれた。時を同じくして，ウィルキンソン（アメリカ）は，温和な条件下で不飽和炭化水素の選択的な水素化反応を可能にする錯体を開発した[*19]。この錯体はウィルキンソン錯体（[RhCl(PPh₃)₃]）と呼ばれる[*20]。この研究の進展に加え，様々な置換基を有するホスフィン配位子の合成ルートが開発された結果，トリフェニルホスフィン（PPh₃）配位子を光学活性なホスフィン配位子に置き換えるだけで，触媒的不斉水素化の実現が可能となった。

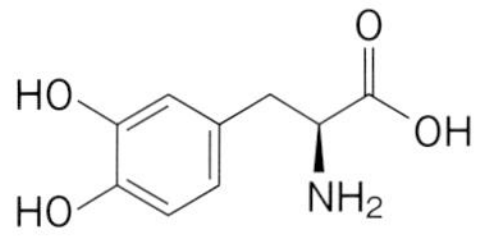

　このような光学活性ホスフィン配位子の一つに，野依良治らにより開発された**BINAP**と呼ばれる光学活性二座リン配位子がある（**図13.6左**）。この配位子は，二つのナフチル環をつなぎ合わせたビナフチル骨格にリン配位子を導入したものである。BINAPの二つのビナフチル環は容易に回転しないので，軸不斉と呼ばれる不斉環境を構築することができる。BINAP が金属に配位すると立体配座の変化の自由度が制限され，オレフィンの片方の面だけを識別し，水素化を可能にする金属錯体触媒として機能する。その結果，不斉水素化反応が達成されたのである。BINAP を有する金属錯体は，現在ではオレフィンの不斉水素化反応以外にも，多彩な触媒反応に用いられている。特有の爽快な香味をもつメントール（**図13.6右**）は，ロジウムの BINAP 錯体を用いて工業的に製造されている。

L-ドーパ

[*18]　L-ドーパ（L-DOPA）はレボドパとも呼ばれる。

ウィルキンソン　Wilkinson, G.

[*19]　ウィルキンソンとフィッシャー（Fischer, E. O.；西ドイツ）の「サンドイッチ構造をもつ有機金属化合物の研究」に対し，1973 年，ノーベル化学賞が授与された。

[*20]　Ph はフェニル基（−C₆H₅）を表す。

BINAP
2,2′-bis (diphenylphosphino) -1,1′-binaphthyl

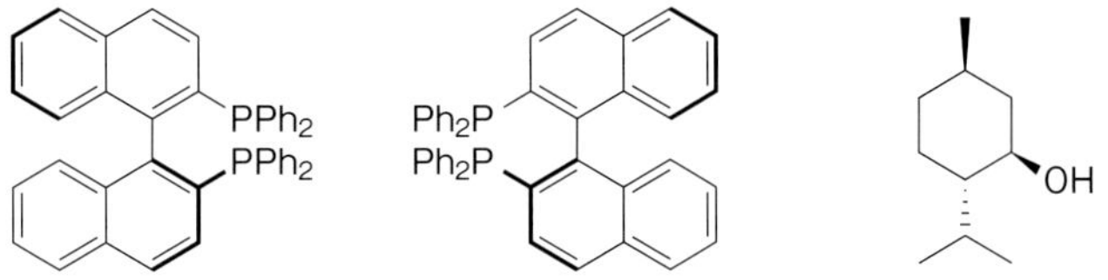

(*S*)-BINAP　　(*R*)-BINAP　　メントール

図13.6　不斉水素化反応に用いられる光学活性二座リン配位子とメントール

　さらに，シャープレス（アメリカ）らは，不斉配位子を有するチタンの錯体を用いて，不斉酸化反応，すなわち，オレフィンの不斉エポキシ化反応の開発に成功した。少量の光学活性触媒を用いて，光学純度の高い有機化合物を合成する反応を開発したノールズ（アメリカ），野依，シャープレスの三氏に，「キラル触媒を用いる不斉水素化および酸化反応の開発」の業績に対し，2001 年，ノーベル化学賞が授与された。

シャープレス　Sharpless, K.B.

ノールズ　Knowles, W.S.

第13章

オレフィンメタセシス
　olefin metathesis

＊21　メタセシス（metathesis）
は日本語では音位転換と訳され，
その語源は"音の並びが入れ替わ
る"ことである。

ショーヴァン　Chauvin, Y.

＊22　カルベン錯体の先駆的な
研究はフィッシャー（側注19参
照）により行われた。

＊23　カルベン錯体とオレフィ
ンの反応により，環状4員環錯体
（メタラシクロブタン錯体）を経由
して結合の組換えが進行する。

13.3.2　オレフィンメタセシス：炭素と炭素の二重結合が組み換わる

　オレフィンメタセシス[*21]とは，オレフィンの置換基が入れ換わる，すなわち，二重結合が組み換わる反応である。

　チーグラー–ナッタ触媒の発見以降，オレフィンの重合研究が精力的に行われるなかで，比較的早い時期に，二重結合の組換え反応が進行していることが見出された。しかし，二重結合が組み換わるというまったく新しい反応は，当時の化学の知識では容易に説明することができなかった。

　ところが1971年，ショーヴァン（フランス）らは，カルベン錯体[*22]と呼ばれる，遷移金属と炭素配位子（カルベン配位子）の間に二重結合をもつ錯体が触媒として機能し，結合の組換えが進行する機構を提案した（**図13.7**）[*23]。

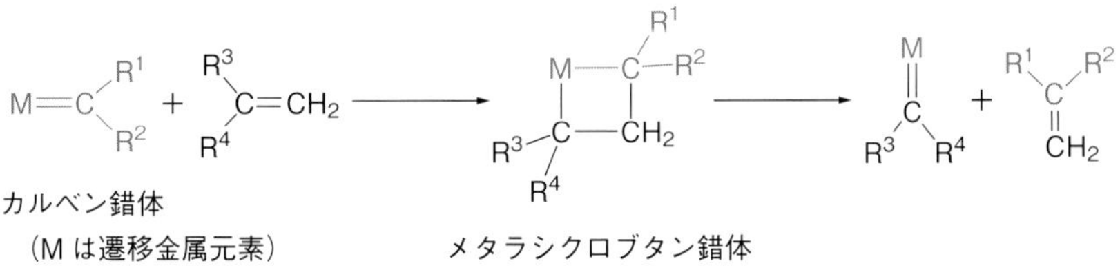

カルベン錯体
（M は遷移金属元素）　　　　　　　　　メタラシクロブタン錯体

図13.7　カルベン錯体によるオレフィンメタセシス反応の機構

　オレフィンメタセシス反応の触媒となるカルベン錯体を**図13.8**に示す。これらの錯体には開発者であるシュロックならびにグラブスの名前を冠した名称が付けられている。

　カルベン錯体を用いたオレフィンメタセシス反応は，有機化合物の効率的な合成法や機能性高分子化合物の合成に利用されている。例えば，これまで困難であった大環状化合物の合成にも適用できる。この反応は**閉環メタセシス反応**といい，天然物合成などに応用されている（**図13.9**）。

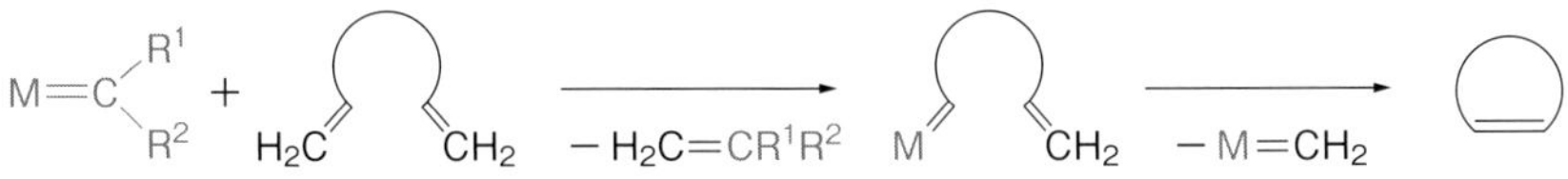

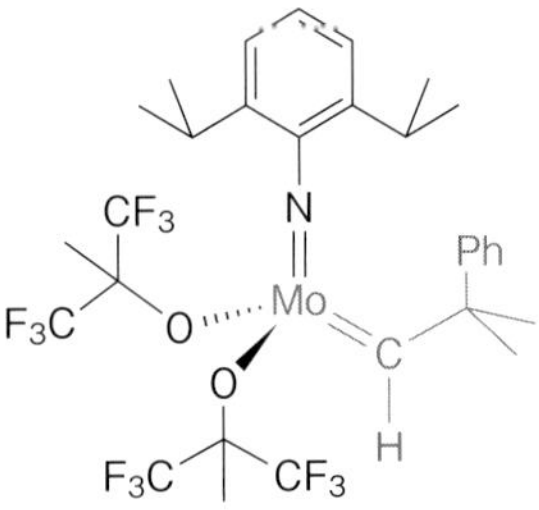

シュロック触媒

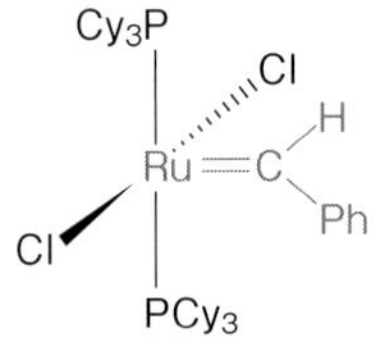

グラブス触媒

Cy ＝ シクロヘキシル基

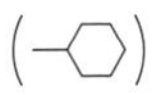

図13.8　オレフィンメタセシス反応の触媒となるカルベン錯体

シュロック　Schrock, R. R.

グラブス　Grubbs, R. H.

閉環メタセシス反応
　ring-closing metathesis reaction

開環メタセシス重合
　ring-opening metathesis
　polymerization

図13.9　閉環メタセシス反応を利用した環状化合物合成

　二環式化合物であるノルボルネンを用いたメタセシス反応は，**開環メタセシス重合**と呼ばれ，主鎖にシクロペンチル基を含む高分子化合物であるポリノルボルネンを与える（**図13.10**）。これらのポリマーはシクロオレフィンポリマーと呼ばれ，高い透明性など優れた光学特性を示すことから，

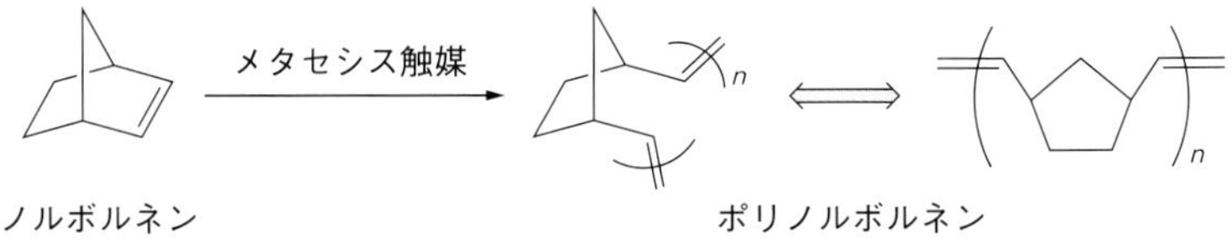

ノルボルネン　　　　　　　　　　　ポリノルボルネン

図13.10　ノルボルネンを用いた開環メタセシス重合

カメラやプリンターなどの光学部品として利用されている。

　オレフィンの組換えという極めてユニークな反応の機構の提案，反応選択性と基質適用範囲の向上，そしてこれらによる有機・高分子合成化学の進展を成し遂げた，ショーヴァン，グラブス，そしてシュロックの「有機合成におけるメタセシス法の開発」に対し，2005 年にノーベル化学賞が授与された。

13.3.3　クロスカップリング反応：炭素と炭素の結合を作る革新的技術

　二つの芳香環が結合した化合物を**ビアリール**という。ビアリール骨格は医薬品や液晶材料などの重要な基本骨格として用いられているが，通常の有機化学では合成が難しい化合物である。6.3 節で学んだベンゼン環の反応を思い出してみよう。ベンゼン環に代表的な反応として芳香族求電子置換反応がある。電子が不足している求電子試薬（E^+）に対して，ベンゼン環の π 電子が攻撃し，ベンゼンの炭素と求電子試薬が結合したカチオン性の中間体が生成する。その後，プロトンを放出することで，ベンゼン環の水素と求電子試薬が置き換わった化合物が生成する（**図 13.11**）。

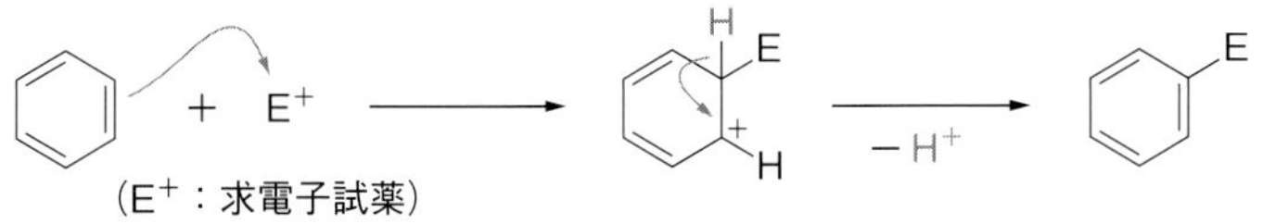

ビアリール　biaryl

（E^+：求電子試薬）

図 13.11　芳香族求電子置換反応

　ここで，図 13.11 に示した求電子試薬に相当するベンゼン誘導体は普通は存在しないため，芳香族求電子置換反応を利用したビアリール合成はできないのである。しかし，金属錯体を触媒として用いると，ビアリール化合物が簡単に合成できる。例えば，パラジウム錯体の存在下，芳香族ハロゲン化物（求電子試薬）と芳香族**グリニャール試薬**[24]などの有機金属試薬（求核試薬）を反応させると，ハロゲン化物の芳香環とグリニャール試薬の芳香環が結合したビアリールが生成する[25]。このように，二つの異なる試薬が互いに結合して一つの化合物が生成するので**クロスカップリング反応**という（**図 13.12**）。

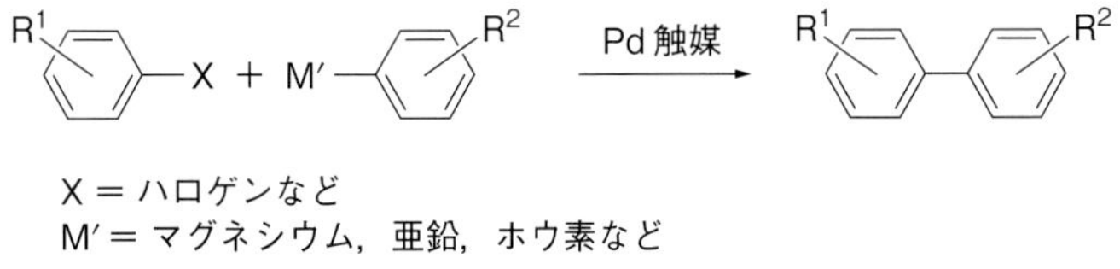

グリニャール　Grignard, V.
グリニャール試薬
　Grignard reagent
*24　グリニャール試薬とは，グリニャールが発見した有機マグネシウムハロゲン化物で，一般式が R–MgX で表される有機金属試薬の一つである。有機ハロゲン化物と金属マグネシウムとの反応により調製（合成）される。

*25　有機化学では極性転換（Umpolung：ドイツ語）という術語がある。極性転換は，その名の通り ＋ を － に，－ を ＋ に変えることを指す。一般に，有機反応では，－（求核試薬）が ＋（求電子試薬）を攻撃する。有機ハロゲン化物は求電子試薬として作用するが，有機ハロゲン化物とマグネシウムとの反応で調製されるグリニャール試薬は求核試薬として作用する。＋（求電子試薬）を －（求核試薬）に転換することで，合成の可能性を拡張することができるのである。

X ＝ ハロゲンなど
M′ ＝ マグネシウム，亜鉛，ホウ素など

図 13.12　パラジウム触媒クロスカップリング反応

　この触媒反応のメカニズムは，有機金属化学の基本的な素反応を組み合わせたものである（**図 13.13**）。まず，パラジウム錯体から反応系内で触媒

クロスカップリング反応
　cross-coupling reaction

第13章

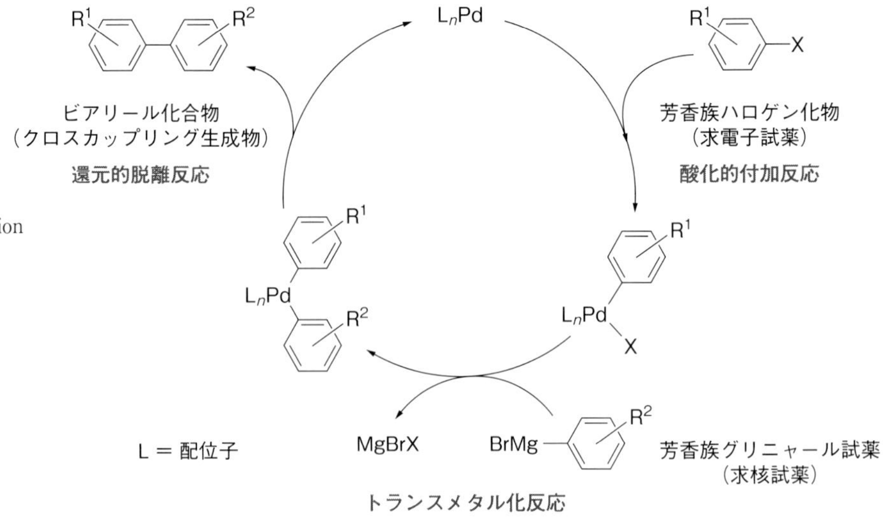

ビアリール化合物
（クロスカップリング生成物）
還元的脱離反応

芳香族ハロゲン化物
（求電子試薬）
酸化的付加反応

酸化的付加 oxidative addition

トランスメタル化
transmetalation

還元的脱離
reductive elimination

L＝配位子

MgBrX   BrMg

芳香族グリニャール試薬
（求核試薬）

トランスメタル化反応

図 13.13 パラジウム触媒クロスカップリング反応の触媒サイクル

活性種が生成し，この錯体に対して芳香族ハロゲン化物が**酸化的付加**と呼ばれる反応により，パラジウムに芳香環とハロゲンが結合した錯体が生成する。次に，芳香族グリニャール試薬の芳香環と，パラジウムに結合しているハロゲンとの交換反応（**トランスメタル化反応**という）が起こり，パラジウムに異なる芳香環が結合した錯体が生成する。その後，**還元的脱離**と呼ばれる芳香環どうしの結合が生成する反応が進行し，ビアリールができるとともに，触媒活性種であるパラジウム錯体が再生する。

　求核試薬（有機金属試薬）としてグリニャール試薬を用いるクロスカップリング反応を，熊田-玉尾-コリュー反応と呼ぶ。この反応では，グリニャール試薬の高い反応性のために官能基許容性（共存できる官能基の種類）が低いといった問題点があったが，有機亜鉛試薬（根岸反応という）や有機ホウ素試薬*26 を求核試薬として用いることで改善がなされ，その結果，様々な官能基を有するカップリング生成物を効率的に合成することができるようになった。

　クロスカップリング反応の発見は，有機合成化学を飛躍的に発展させたとともに，多くの機能性材料の開発につながった。クロスカップリング反応は有機金属化学の基本的な反応を組み合わせたものであり，これらの研究は有機金属化学の範疇で展開されてきた。しかし，今日では，一般的な有機化学の教科書に記載されるほど，汎用的な合成法として利用されている。さらに，クロスカップリング反応の開発には多くの日本人研究者がかかわっている。このことは，日本人のモノづくりに対する挑戦への強い意欲の現れと考えられる。2010年，「有機合成におけるパラジウム触媒クロスカップリング」の功績に対し，ヘック（アメリカ），根岸英一そして鈴木

*26　鈴木-宮浦反応という。

ヘック　Heck, R. F.

章の三氏にノーベル化学賞が授与された。

13.4 元素戦略

　石油や石炭，天然ガスといった化石燃料の枯渇がクローズアップされて
から，すでにかなりの時間が経過した。この間，これらの化石燃料の代替
エネルギー資源の探索や，化石燃料の消費を低減するようなプロセスへの
移行が検討され実施されてきた。

　化石燃料の枯渇も深刻な問題であるが，近年では，元素の枯渇問題が大
きな話題として取り上げられるようになった。

　元素は，言うまでもなく，私たちの身の回りにあるあらゆる物質の基本
構成要素である。もし今，私たちの生活に必要不可欠な物質を構成する元
素が枯渇してしまい，入手することができなくなったとしよう。そのとき，
私たちの生活はかなり深刻な問題に直面することになるだろう。酸素や窒
素，アルゴンといった気体は大気中から得ることができるが，多くの元素
は地球の表面を覆っている地表から採掘し，製錬することにより様々な物
質の原料として利用されている。しかし，日本の地表にはほとんど存在し
ていない元素が数多くあり，これらの元素は鉱石として海外からの輸入に
頼らなくてはならないのである。

　すでに 11.3 節で学んだが，地球上の表面付近に存在する元素の割合はク
ラーク数として知られている。中でも，酸素とケイ素の二つの元素で地表
面の約 75% を占めている。存在量が 3 番目のアルミニウムは約 7.6% であ
り，4 番目の鉄は 4.7% である。鉄は地表面に最も多く存在する遷移金属元
素であり，資源の乏しい日本でも鉄鉱石として採掘することができる[27]。
鉄は古くから私たちの生活に密着した元素であり，さらに私たちの生体内
にも血液中にヘモグロビンとして存在する[28] など，安全性の高い元素で
あるといえる。しかし，すべての元素が鉄のように毒性の低い元素である
とは限らない。例えば，水銀 Hg やオスミウム Os など毒性の高い元素を触
媒として用いた有機合成反応[29] を考えた場合，より毒性の低い元素に置
き換えることは重要な研究課題である。さらに，元素の枯渇問題は科学技
術の発展にも深刻な影響を与える。

　このような背景のもと，2004 年に国内の第一線の研究者が会して開催さ
れた科学技術未来戦略 (物質科学) ワークショップにおいて，「**元素戦略**」
という日本発のコンセプトが生み出された。元素戦略のコンセプトは，
「持続可能な社会の構築のための元素活用戦略」であり，「元素の特性を深
く理解し活用する元素多様性の発掘と物質創造」，「元素に焦点を当て，サ
イエンスに基づき，新たな物質材料科学の基礎を築く戦略」，そして「材料
科学のパラダイムを変革し，新しい材料の創製につなげる研究を行う」こ

[27] 9.2.2 項を参照されたい。

[28] 10.2.3 項を参照されたい。

[29] Hg は，たとえばアルケン
の水和反応の触媒として (148
ページ Drop-in の水俣病につ
いての記載参照)，また Os は，アル
ケンの酸化反応 (ジオールの合成)
の触媒として利用されている。

元素戦略　element strategy

第**13**章

とを目的としている。元素戦略は次の五つの戦略により構成されている。

(1) **代替戦略**：特定の元素に依存することなく，豊富で無害な元素により目的機能を代替する。
(2) **減量戦略**：希少元素・有害元素の使用量を極限まで低減する。
(3) **循環戦略**：希少元素の循環利用や再生を促進する。
(4) **規制戦略**：有害物質等の使用量規制や基準に対応する高い技術を戦略的に開発する。
(5) **新機能戦略**：元素に秘められた力を引き出すことで新たな機能を生み出す。

　一般に，「元素戦略」とは「希少元素や有害元素を無害かつありふれた元素に置き換えること」と解釈されがちだが，これは上記の (1) にのみ対応したものにすぎない。真の意味は，希少か有害か，ありふれた元素であるかというようなことよりも，「元素が物質・材料の中でどのような役割を担っているのかを正しく理解し，希少元素や有害元素の使用量を減らし，循環させ，そして規制を乗り越えることにより，新しい未知の機能を生み出すこと」を目標としており，「元素戦略」にはこれらの様々な思いが込められている。

　元素戦略の五つの柱を念頭に置いて，すべての元素が効果的かつ効率的に活用できる持続可能社会の実現に向けて，元素戦略研究をさらに発展させていくことが必要である。物質（材料）にかかわるすべての人に共通する普遍的な概念として，元素戦略は重要な指針を示しているのである。

13.5　材料の過去・現在・そして未来

　新しい材料の開発は新しい時代を切り開いたといっても過言ではない。新しい材料の開発が，豊かな文明社会の構築に重要な役割を果たしてきたことは，本書を通してすでに理解しているであろう。最後に，材料の過去・現在・そして未来を考えてみたい。

　火をつけることで明りをとることができる。ろうそくは過去から存在している代表的な材料であろう。現在でも，停電などの場合にろうそくを用いて明りをとることもあるが，火災の心配が付きまとう。より安全で快適な明りは電灯であろう。各家庭で電気を使うことができるようになり，フィラメントを用いた電球が使えるようになった。最近では，発光ダイオード（LED）を用いた照明器具が開発され，より少ない消費電力で明りをとることができるようになった。では，未来の明りはどのようなものになるのであろうか。現在利用されている LED には，半導体材料としてガリウムが用いられている。元素としてのガリウムは近い将来に枯渇する心配はないとされているが，大部分を海外からの輸入に頼っている。元素戦略の観点

から考えると，ガリウムの使用量を減らすこと（低減戦略）や，別の元素を用いて新たな LED を開発することが必要になるであろう（代替戦略）。

　プラスチック製品について考えてみよう。12.1節でも取り上げたように，プラスチック製品はいつまでも分解されることなく自然界に存在し続ける。一人ひとりが，例えばレジ袋の使用を控えるために繰り返し使用できる袋を持ち歩く習慣を身につけることや，プラスチック製品を正しく廃棄することが必要であることは言うまでもない。しかし，ここで考えなくてはならないのは，これらのプラスチック製品に換わる物質はあるのかということである。

　自然界で分解されるプラスチック製品であれば，環境汚染などの問題を解決することが可能になるであろう。実際に，生物資源（バイオマス）から作り出される**バイオプラスチック**と呼ばれる物質がある。これは，糖質の含有量が多いトウモロコシやサトウキビなどを原料として製造され，天然に存在する微生物により水と二酸化炭素に分解される性質を有している。そのため，**生分解性プラスチック**と呼ばれ，現在までに多くの製品が開発され利用されている。

バイオプラスチック bioplastics

生分解性プラスチック biodegradable plastics

　バイオプラスチックの開発には，合成のための化学の知識が必要であるが，さらに，微生物による分解作用に関する知識，すなわち生命科学の知識も必要である。材料の開発のためには，化学をとりまく「広範な科学の分野」との連携を強化し進めていく必要がある。さらに，より良い機能を発現する物質の合成だけでなく，その材料を破棄する際に環境への負荷が少ないことも要求される。製造から廃棄までの一連の過程を，生き物の一生になぞらえて製品の**ライフサイクル**という。ライフサイクルの考え方を取り入れた製品開発が求められている。

ライフサイクル life cycle

　最後に，飲料用のボトル（容器）について考えてみたい。古くは焼物（セラミックス）などが用いられていたが，ガラス瓶や紙パック，アルミ缶などが用いられるようになった。さらに，ペットボトルなどのプラスチック製品が使われている。ペットボトルは便利な容器であるが，廃棄に伴う環境汚染の問題を考える必要がある。生分解性プラスチックを食品等の容器に利用することも考えられるが，食品に含まれる微生物による容器の分解（腐敗）が起こるとすれば，食品の安全性が確保できなくなる。すべての問題を解決できるような（容器の）材料開発を目指すことは，未来の材料につながる重要な課題である。これは「進化する材料」の開発といえるであろう。一方で，未来の材料としてガラス瓶を用いることはできないだろうか。「進化する材料」に対し，「回帰する材料」といえるだろう。発想を逆転してみることで，これまで見えなかったものが見えてくることもあるのではないだろうか。

第**13**章

Drop-in セレンディピティ

セレンディピティ（serendipity）という言葉がある。『英辞郎』（第5版）によると，「別のものを探しているときに，偶然に素晴らしい幸運に巡り合ったり，素晴らしいものを発見したりすることのできる，その人の持つ才能」とある。科学者にはなじみのある言葉である。すなわち，ある目的を定め研究を始める訳であるが，最初に考えていた結果とは異なる，しかし面白い結果が得られることがある。本章で紹介したチーグラー触媒の発見や導電性高分子の合成は，セレンディピティのおかげである。

しかし，セレンディピティは誰にでもやってくるものではない。辞書の説明にあるように「その人の持つ才能」なのだ。研究を行うにあたり，常に準備を怠らずまじめに取り組むのは言うまでもないことである。しかし，結果に一喜一憂することなく，多方面から結果を解釈しながら問題解決のための研究を継続できることこそが，「その人の持つ才能 ＝ セレンディピティ」となるのかもしれない。

章末問題

13.1 ポリエチレンの合成法と物性の関係について説明せよ。

13.2 チーグラー–ナッタ触媒の発見とその意義について述べよ。

13.3 ポリアセチレンが導電性高分子として機能するメカニズムを述べよ。

13.4 不斉触媒反応が重要である理由を述べよ。

13.5 新たな有機合成手法の開発が重要である理由を述べよ。

13.6 元素戦略とは何か説明せよ。

13.7 これからの材料開発に必要なことは何か考察せよ。

13.8 なんのために化学を学ぶのか。化学を学ぶ重要性について述べよ。

章末問題解答

序章　化学と物質・材料

　序章の章末問題の解答例は省略する。インターネットや新聞，テレビのニュースや科学系雑誌，書籍などの情報を参考にして各自の考えをまとめてほしい。

第1章　物質の根源：粒子の概念

1.1　元素周期表は，物質を構成する基本単位である元素を，それぞれがもつ物理的・化学的性質が似たものどうしが並ぶように，決められた規則に従って配列した表である。その元素の属する族ごとに元素としての共通の物理的・化学的性質が発現する。元素の基本的な性質を把握するうえで極めて重要である。

1.2　元素周期表からは，まずその元素の元素記号，原子核や電子配置，質量数といった基礎情報が得られる。そのほかにどんな情報が得られるか考えてみてほしい。

1.3　原子は「これ以上分割できないもの」を語源とし，その個々の粒子を表す用語である。元素は「その原子の特性を決定する包括的な概念」を示す用語として用いられる。

1.4

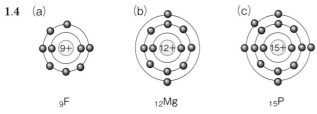

1.5　(a) F^-　　(b) Mg^{2+}　　(c) K^+

1.6　同一の族の中では，主量子数が増加するに従ってイオン化エネルギーは減少する。これは主量子数の増加に伴って軌道が大きくなる分，原子核との静電引力が低下するためである。

第2章　物質の根源：軌道の概念

2.1　(a) $1s^2 2s^2$（あるいは $[He] 2s^2$）　　(b) $[He] 2s^2 2p^5$　　(c) $[Ne] 3s^2 3p^1$　　(d) $[Ar] 3d^6 4s^2$

2.2　パウリの排他原理は，一つの軌道に2個の電子が収容される場合，これらの電子は互いに異なるスピン量子数，すなわち逆向きのスピンをもつというものである。フントの規則は，同じエネルギーをもつ複数の軌道があるとき，電子はそれらの軌道に1個ずつスピンを同じ向きに揃えて収容されるというものである。

2.3　中心炭素がsp^3混成軌道をとることにより，メタンは四面体型構造となる。

2.4　sp^2混成軌道は，一つのs軌道と二つのp軌道の混成により，三方向に張り出す三角形の構造をしており，この三角形平面に直交するp軌道をもつ。このp軌道を用いてπ結合を形成する。sp混成軌道は，s軌道と一つのp軌道から直線型の新たな軌道を形成し，混成に加わらなかった二つのp軌道がsp混成軌道に対して直交する形で存在する。これらの混成に参加しなかったp軌道を用いてπ結合を形成する。

2.5　いずれの分子も中心元素はsp^3混成軌道を用いて水素と結合する。メタンは四面体構造の頂点に四つの水素が配置した構造であり，アンモニアは，メタンの一つの水素の代わりに，非共有電子対をもつ。水はメタンの二つの水素の代わりに，二つの非共有電子対をもつ。非共有電子対が存在するため，原子価殻電子対反発則により結合角に変化がみられる。それぞれの結合角はメタン$109.5°$，アンモニア$106.7°$，水$104.5°$となる。

第3章 ナノからミクロへ：原子と原子をつなぐ化学結合

3.1 共有結合は，互いに電子を出し合い共有することにより形成された結合である。イオン結合は陽イオンと陰イオンの間の静電引力（クーロン力）による結合である。二つの元素の電気陰性度の差が0.5以下の原子間の結合は非極性の共有結合，0.5～2の結合は極性共有結合，2以上の結合はイオン結合に分類される。

3.2 化学結合の形成には電子が重要な役割を果たしている。

3.3 (a) 2　　(b) 3　　(c) 1（1のときは数字は書かない）　　(d) 2　　(e) 4

3.4 分子量は，その分子を構成する原子の原子量の総和である。式量は，組成式に含まれる原子の原子量の総和である。イオン性の化合物や金属では，その物質の構成単位が分子ではないので，その物質の質量を表すために式量を用いる。

3.5 金属結合は，規則正しく配列した陽イオンの間を自由電子が動き回り，これらの間に働くクーロン力で結びつけられている。このような結合は金属の特性に深くかかわっている。

3.6 sp^2炭素を有する化合物：エチレン，プロピレン，アルデヒド，ケトン　など。

sp炭素を有する化合物：アセチレン，二酸化炭素，一酸化炭素　など。

第4章 ミクロからマクロへ：分子の構造と分子間の相互作用

4.1 (a)　　　　　(b)

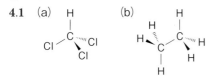

4.2 (a)

CH₃CH₂CH₂CH₃　　　　CH₃CHCH₃
ブタン　　　　　　　　2-メチルプロパン
　　　　　　　　　　　（イソブタン）

(b)

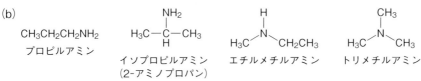

CH₃CH₂CH₂NH₂　　　　イソプロピルアミン　　エチルメチルアミン　　トリメチルアミン
プロピルアミン　　　　（2-アミノプロパン）

4.3 CH₃CH₂CH₂CH₂CH₂CH₃　　CH₃CHCH₂CH₂CH₃　　CH₃CH₂CHCH₂CH₃
　　　　ヘキサン　　　　　　　　　CH₃　　　　　　　　　CH₃
　　　　　　　　　　　　　　　2-メチルペンタン　　　3-メチルペンタン

CH₃CCH₂CH₃　　　　CH₃CHCHCH₃
CH₃　　　　　　　　H₃C CH₃

2,2-ジメチルブタン　　2,3-ジメチルブタン

4.4 ねじ，靴，グローブ　など

4.5 (a) −Br　　(b) −CH₂OH　　(c) −OH　　(d) −CHO

4.6 (a) S　　(b) R　　(c) R

4.7 ビタミンAは疎水性を示し，ビタミンCは親水性を示す。ビタミンCは複数のヒドロキシ基をもつため水によく溶ける。

4.8 (a) CH₃OH ＋ HCl ⟶ CH₃Cl ＋ H₂O

(b) CH₃OH ＋ Na⁺NH₂⁻ ⟶ CH₃O⁻Na⁺ ＋ NH₃

4.9 ポリプロピレンの立体規則性により，大きく分けて三種類の構造（イソタクチック，シンジオタクチック，アタクチック）を有する高分子が得られる（9.4.3 項および 13.2.1 項参照）。

4.10 ポリアセチレンは主鎖に二重結合と単結合を交互にもつ高分子である（13.2.2 項および解答 13.3 参照）。

【補足説明】

分岐アルカンの命名法について簡単に紹介しておく。詳細は有機化学の教科書を参照されたい。

1. 炭素骨格の中から最も長い連続した炭素鎖（主鎖）を見つける。この主鎖に対応するアルカン名がその化合物の母体の名称となる（直鎖アルカンの名称は下記の表参照）。
2. 最初の分岐点に最も近い端から始めて，母体の炭素鎖の炭素原子に番号を付ける。最初の分岐点で決まらないときは 2 番目の分岐点で決める。
3. 置換基のついている炭素の番号（母体に付けた番号）とハイフンを用いてアルキル基名をつける。
   同じ置換基が複数あるときは炭素の番号をカンマでつなぎ，ジ-（di-，2 個），トリ-（tri-，3 個），テトラ-（tetra-，4 個）などの接頭語を置換基名の前に置く。
4. 置換基をアルファベット順に並べ，最後に主鎖のアルカン名をつけて命名を完成させる。置換基をアルファベット順に並べるときには，複数の置換基を示す接頭語は考慮に入れない。
5. IUPAC 名は 1 語で記載する。途中でスペースなどは使わない。

解答 4.3 を参考に命名法を確認してほしい。

直鎖アルカン C_nH_{2n+2} の名称

n	分子式	名　称	構造異性体の数	n	分子式	名　称	構造異性体の数
1	CH_4	メタン（methane）	—	9	C_9H_{20}	ノナン（nonane）	35
2	C_2H_6	エタン（ethane）	—	10	$C_{10}H_{22}$	デカン（decane）	75
3	C_3H_8	プロパン（propane）	—	11	$C_{11}H_{24}$	ウンデカン（undecane）	159
4	C_4H_{10}	ブタン（butane）	2	12	$C_{12}H_{26}$	ドデカン（dodecane）	355
5	C_5H_{12}	ペンタン（pentane）	3	13	$C_{13}H_{28}$	トリデカン（tridecane）	802
6	C_6H_{14}	ヘキサン（hexane）	5	14	$C_{14}H_{30}$	テトラデカン（tetradecane）	1,858
7	C_7H_{16}	ヘプタン（heptane）	9	15	$C_{15}H_{32}$	ペンタデカン（pentadecane）	4,347
8	C_8H_{18}	オクタン（octane）	18	20	$C_{20}H_{42}$	イコサン（icosane）	366,319

第 5 章　物質の性質

5.1 分子が規則正しく周期的に配列した固体を結晶といい，周期構造をとらない固体を非晶質という。非晶質はガラス状態ともいう。

5.2 ドライアイス（二酸化炭素），ナフタレン，樟脳，ヨウ素　など

5.3 水銀，臭素

5.4 三重点は，固体，液体，気体の三つの状態が存在する平衡状態を指す。臨界点は，気体と液体の相平衡が起こりうる温度および圧力の上限を指す。

5.5 水は固体から液体に変化すると体積は少し減少する。液体の水から気体になると体積は約 1700 倍に増大する。

5.6 光の波長とエネルギーは，52 ページ側注に式を示したように，反比例の関係にある。波長が長く（値が大きく）なればエネルギーは小さくなる。

5.7 ある物質に白色光が当たったとき，ある特定の波長の光がその物体に含まれる物質に吸収され，吸収されずに残った波長の光が反射されて目に入ることにより，その物質の色として認識することになる（5.2 節参照）。この物質では，590 cm^{-1} 付近の可視光線（黄色）を吸収することから，その補色である青色を呈する。

5.8 黒鉛と同じ構造をもつ窒化ホウ素は窒素上に非共有電子対をもつが，黒鉛の π 電子のように自由に動くことはで

きないため，電気絶縁体である。

5.9 ダイヤモンドは sp^3 混成した炭素が三次元的に結合しているため，π 電子をもたないから。

5.10 5.4 節を参照のこと。

第 6 章　物質を作る：物質合成デザイン

6.1 （a）脱離　　（b）置換　　（c）付加

6.2

H$_3$C、C＝CH$_2$　H−Br　→　$^+$C−C $\begin{smallmatrix} H \\ CH_2 \end{smallmatrix}$　Br$^-$　→　H$_3$C−C−CH$_3$（CH$_3$, Br）

2-メチルプロペン　　　　　　　　　　　　　　　　　　　2-ブロモ-2-メチルプロパン

6.3

CH$_3$CH−CHCH$_3$（Br, H）　$\xrightarrow[\text{エタノール}]{\text{CH}_3\text{CH}_2\text{O}^-\text{Na}^+（塩基）}$　CH$_3$CH＝CHCH$_3$

2-ブロモブタン　　　　　　　　　　　　　　　　　　　2-ブテン

　2-ブロモブタンと塩基との反応による脱離反応では，二置換アルケンである 2-ブテンが主生成物であるが，下の反応式のように，一置換アルケンである 1-ブテンも副生成物として得られる。脱離反応によりアルケンが生成する場合，置換基の多い二重結合をもつ化合物が主生成物となる。この現象をザイツェフ（Zaitsev, A.）則と呼ぶ。この反応では，エタノール（CH$_3$CH$_2$OH）と臭化ナトリウム（NaBr）が副生する。

CH$_3$CHCCH$_2$（Br, H, H, H）　$\xrightarrow[\text{エタノール}]{\text{CH}_3\text{CH}_2\text{O}^-\text{Na}^+（塩基）}$　CH$_3$CH＝C−CH$_2$（H, H）　＋　CH$_3$CH−C＝CH$_2$（H, H）

2-ブロモブタン　　　　　　　　　　　　　　　　　2-ブテン　　　　　　　1-ブテン
　　　　　　　　　　　　　　　　　　　　　　　　（81%）　　　　　　　（19%）

6.4 E2 脱離反応は，塩基が攻撃する水素と脱離基（ここでは臭素）が 180° の位置関係にあるアンチペリプラナー形配座をとる必要がある。そのため，遷移状態の配座を反映したアルケンが生成する。さらに，この反応では，水（H$_2$O）と臭化カリウム（KBr）が副生する。

（構造式）　≡　（構造式）　$\xrightarrow[\text{エタノール}]{\text{K}^+\text{OH}^-（塩基）}$　（構造式）

6.5 （a）S　　（b）R, 2-ブタノール

（S）-2-ブロモブタン　＋　OH$^-$　→　（R）-2-ブタノール

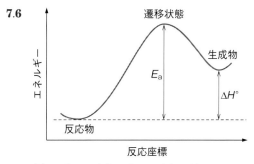

6.6

四角で囲った中間体が最も安定である。

6.7 人体に対して無毒・無害であり，環境に対する影響の少ない溶媒として水を挙げることができる。

第7章 物質を作る：化学平衡と反応速度

7.1 $CH_3CH_2CH_3 + 5O_2 \longrightarrow 4H_2O + 3CO_2$

7.2 (a) $+13\,kJ\,mol^{-1}$，吸熱的 (b) $-105\,kJ\,mol^{-1}$，発熱的

7.3 自由エネルギー変化が負の値を示す反応の方がエネルギー的に有利である。

7.4 $\Delta G^\circ = -75\,kJ\,mol^{-1} - (298\,K)(0.054\,kJ\,K^{-1}\,mol^{-1}) = -91\,kJ\,mol^{-1}$

7.5 活性化エネルギーが小さい方が反応速度は大きい。

7.6

（縦軸：エネルギー，横軸：反応座標）

遷移状態

生成物

反応物

E_a

ΔH°

7.7 (a) 3倍 (b) 3倍 (c) 9倍

7.8 触媒とは，化学反応の反応速度を高める物質で，反応の前後でその組成が変化しないものをいう。また，反応によって消費されても，反応の完了と同時に再生し，変化していないように見えるものも触媒とされる（7.5節参照）。

第8章 物質の種類

8.1 酸化アルミニウム（アルミナ），二酸化ケイ素（シリカ） など

8.2 酸化アルミニウムは，酸素イオンが六方最密充填の位置を占め，酸素イオンが作る八面体空隙（6配位）の2/3をアルミニウムイオンが占める構造をとっている（図8.2参照）。二酸化ケイ素はダイヤモンドに似た構造をとっている。すなわち，ケイ素は炭素と同族の14族元素であることから，sp^3 混成した軌道を用いて結合を形成する。このケイ素原子と酸素が交互に結合することにより，三次元方向に無限に繰り返された構造をとる（図8.3参照）。

8.3 リチウムイオン二次電池の正極材料として用いられるコバルト酸リチウムやマンガン酸リチウム，光触媒として利用されている酸化チタンなどを挙げることができる（8.2.2項参照）。

8.4 官能基とは，有機化合物の中にある特定の構造をもつ基で，その化合物の特徴的な反応性を示す原子や原子団の

ことである。

8.5 炭素−ハロゲン間に σ 結合をもつハロゲン化アルキルは，ハロゲンの電気陰性度により $C^{\delta+}\cdots X^{\delta-}$ に分極している。そのため，6.2.2 項で述べた脱離反応や 6.2.3 項で述べた求核置換反応が期待される。

8.6 8.3.3 項を参照のこと。

8.7 ピロールは平面構造を有する化合物で，窒素は sp^2 混成軌道をとっている。窒素上の非共有電子対は混成に参加していない p 軌道に収容されており，この 2 電子 (非共有電子対) は二つの二重結合の π 電子 (4 電子分) と共鳴することにより，6π 電子系を構築する。そのため，ピロールの窒素上の非共有電子対は塩基として機能することができない。

8.8 図 8.11 を参照のこと。

8.9 リビング重合とは，重合反応の中の連鎖重合において，移動反応や停止反応などの副反応を伴わない重合のことである。そのため，主鎖の長さや形が揃った高分子が得られる。

第 9 章　物質と材料

9.1 三大材料とは金属，セラミックス，高分子を指す。それぞれの材料の特性については表 9.1 を参照のこと。

9.2 イオン化傾向とは，金属が水溶液中で電子を放出して陽イオンになろうとする性質のことであり，この傾向は金属の種類によって大きく異なる (9.2.1 項参照)。

9.3 亜鉛めっきされた鋼板やステンレス鋼などの合金を挙げることができる。

9.4 汎用金属元素とは自然界に豊富に存在している金属元素を指す。

9.5 9.3.1 項を参照のこと。

9.6 高い硬度，耐熱性，耐蝕性，電気絶縁性などのセラミックスの一般的特性に加え，機械的，電気的，電子的，光学的，化学的，あるいは生化学的に優れた機能をもつものをファインセラミックスという。

9.7 ナイロン 66 やケブラーを挙げることができる (9.4.1 項参照)。

9.8 高温溶融させた高分子化合物が冷却により固体になるときに，高分子鎖が規則正しく配列するように折りたたまれ結晶性を示す高分子を結晶性高分子という。規則的な配列をとらないまま固体になった高分子を非晶性高分子という。

9.9 合成樹脂は，その物理的性質によって熱可塑性樹脂と熱硬化性樹脂に分類できる。それぞれの樹脂の特性については 9.4.3 項を参照のこと。

9.10 複合材料とは，二つ以上の異なる材料を組み合わせることにより一体化させ，それぞれの材料の特性を生かしながらさらなる機能を付与した材料のことである。9.2.2 項で説明した合金は複合材料である。ハイブリッド材料とは，もとの材料の特性を単に引き継ぐのではなく，原子・分子レベルで精密に制御して合成することにより，まったく新しい機能を発現するような材料を指す (9.5 節参照)。

第 10 章　生命体を構成する物質

10.1　(a)　(b)

10.2 D-アルドヘキソース

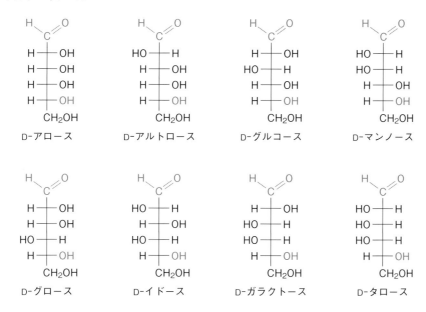

D-アロース   D-アルトロース   D-グルコース   D-マンノース

D-グロース   D-イドース   D-ガラクトース   D-タロース

D-ケトヘキソース

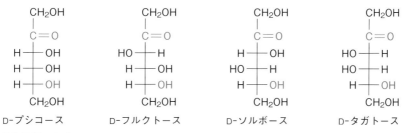

D-プシコース   D-フルクトース   D-ソルボース   D-タガトース

10.3 10.1.2 項を参照のこと。

10.4 10.1.3 項を参照のこと。

10.5 双性イオン状態のアミノ酸は塩とみなすことができる。そのため，融点が高く，水に溶けやすい性質をもつ。

10.6 L-アミノ酸のキラル中心は α 炭素である。システイン以外の L-アミノ酸の α 炭素の立体中心は S 配置である。

10.7 図 10.17 とその解説を参照のこと。

10.8 10.2.3 項で紹介した髪の毛のパーマを挙げることができる。ゆで卵や火傷なども，加熱によってタンパク質が反応したことによる変化である。

10.9 10.3 節を参照のこと。

10.10 インターネットなどを利用して検索し，得られた結果をまとめてほしい。

10.11 インターネットなどを利用して検索し，得られた結果をまとめてほしい。

第 11 章　生態系を構成する物質

11.1 水分子は，酸素の sp³ 混成軌道を用いて二つの水素と結合し，二組の非共有電子対をもつ折れ曲がった構造である。水は大きな双極子モーメントをもち，複数の水分子との間で水素結合を形成する。そのため，同程度の分子量をもつメタンやアンモニアに比べ，融点や沸点が高い性質を示す。水の性質は 11.1.2 項を参照のこと。

11.2 溶け込んでいるカルシウムイオンやマグネシウムイオンの含有量が多い水を硬水，少ない水を軟水と分類する（11.1.3 項参照）。

11.3 酸素分子のルイス構造および分子軌道は図 11.6 および図 11.9 を参照のこと。分子軌道からは酸素分子が 2 個の不対電子を有することがわかる。そのため，酸素が常磁性を示すことが理解できるが，ルイス構造からはこの性質を理解することはできない。

11.4 酸素は生命活動に必要不可欠な物質であるが，2 個の不対電子に由来する高い反応性を示す。そのため，酸素濃度が高くなれば，逆に人体に対して害を及ぼすことになる。

11.5 第 11 章の Drop-in を参照のこと。

11.6 5.4.1 項を参照のこと

11.7 レアアースは希土類元素を指し，レアメタルは希少な金属元素を指す（11.3 節参照）。

第 12 章　環境と物質

12.1 ポリエチレンやポリプロピレンは分子量の大きなアルカンである。官能基をもたないアルカンは非常に過酷な条件でなりれば反応しない（8.3.1 項参照）。

12.2 ポリ塩化ビニルまたは塩ビという。耐薬品性や耐水性が高く，燃えにくく（難燃性），強度や電気絶縁性に優れ，さらに加工性の良さも併せもつ。

12.3 ダイオキシンとは，75 種類の異性体をもつポリ塩化ジベンゾパラジオキシン（PCDDs）および 135 種類の異性体をもつポリ塩化ジベンゾフラン（PCDFs）の総称であり，これらをまとめてダイオキシンと呼んでいる。

12.4 図 12.2 を参照のこと。ポリ塩化ビフェニルは生体内に取り込まれやすく残留性が高いことから，人体に対して強い毒性を示す。かつて「カネミ油症事件」という食中毒事件があった。興味のある方は調べてみてほしい。

12.5 二酸化炭素は酸性雨の原因物質である（12.2.1 項参照）。また温室効果ガスとして地球温暖化の原因にもなっている（解答 12.8 参照）。

12.6 窒素酸化物や硫黄酸化物もまた，酸性雨の原因物質である。これらの除去方法については 12.2.1 項を参照のこと。

12.7 12.2.2 項の側注 12（p.142）を参照のこと。

12.8 温室効果ガスとして，二酸化炭素やメタンなどを挙げることができる。分子運動により双極子モーメントがゼロでなくなる分子は赤外線を吸収するため，温室効果ガスとして作用する（12.2.3 項参照）。

12.9 放射性同位体とは，放射線を放出して異なる核種に変化する同位体のことである。放射線のエネルギーは通常の化学反応に比べ，100 万倍もの大きさになる（12.3.1 項参照）。

12.10 インターネットなどを利用して調べてほしい。

12.11 第 12 章の Drop-in を参照のこと。

第 13 章　材料の役割と変遷

13.1 高温・高圧条件下でのラジカル重合法により低密度ポリエチレン（LDPE）が得られる。また，有機金属化合物からなるチーグラー触媒を用いた重合法により高密度ポリエチレン（HDPE）が得られる。これらの物性については表 13.1 を参照してほしい。

13.2 チーグラー‐ナッタ触媒の発見は高分子化合物の合成を一変させるほどの大きなインパクトを与え，立体規則性重合による結晶性のイソタクチックポリプロピレンの開発が達成された。新しい機能をもつ材料の創出につながる技術が開発された点で大きな意義のある研究成果である。

13.3 ポリアセチレンは，直線的に伸長した高分子の主鎖上に，炭素－炭素の二重結合と単結合が交互に連結した共役系高分子化合物である。ヨウ素などのドーピングにより，共役している主鎖上に正電荷をもつ炭素が生じ，ポリ

アセチレンの主鎖に沿った電荷移動が容易に起こるようになるため，導電性高分子としての機能が発現する。

13.4　不斉触媒反応は，鏡像異性体の一方のみを合成するという究極の選択的な反応を実現することができる（13.3.1項参照）。

13.5　新たな有機合成手法の開発は，効率的で高選択的な化合物の合成や，新規材料の開発につながることが期待できる。

13.6　13.4節を参照されたい。さらに，インターネットなどを活用して，元素戦略について理解を深めてほしい。

13.7　製品のライフサイクルの考え方を取り入れた材料開発が必要である（13.5節参照）。

13.8　化学の力によってさまざまな物質を合成することができる。物質は科学技術を支え，発展させるために重要である。化学を学ぶ重要性について各自考えてみてほしい。また，序章の章末問題に対する各自の解答を見返すことで，化学を学ぶ重要性を再考するきっかけにしてほしい。

索　引

ア

IUPAC　10
アインシュタインの方程式　146
亜鉛めっき　101
アキシアル　113
アキラル　36
アスパルテーム　115
アセチレン　29
アタクチック　152
アドバンストセラミックス　104
アノマー　112
アノマー炭素　112
油　122
アボガドロ数　32
アボガドロ定数　32,84
アミド　93
アミド結合　104,119
アミノ酸　117
アミロース　116
アミロペクチン　116
アミン　93
アモルファス　49
R/S 表示法　37
アルカリ金属　9
アルカリ土類金属　9
アルカン　28,90
　　──の命名法　167
アルキン　28,90
アルケン　28,90,153
アルコキシド　90
アルデヒド　93
アルドース　110
アルドール反応　71
α-アミノ酸　117
α-ケラチン　121
α 線　145
α 炭素　70
α 置換反応　70
α,β-不飽和化合物　71
α-ヘリックス　120
α 崩壊　145
アルマイト　101
アルミナ　88

イ

アレニウス, S.　43
アンチペリプラナー配座　65
安定同位体　7
アンモニア　21
アンモニウムイオン　27, 93,94

E1 反応　64
E2 反応　64
硫黄酸化物　141
イオン化エネルギー　11
　　第一──　11
　　第二──　12
イオン化列　100
イオン結合　25
イオン結晶　25
異性体　36
　　幾何──　36
　　鏡像──　37,155
　　光学──　37
　　構造──　36
　　シス-トランス──　36
　　立体──　36,38
イソタクチック　108,152
一次構造　119
一次反応　82
一分子反応　83
一酸化炭素　125
イミン　69
インゴールド, C.K.　37
引力　24

ウ

ウィルキンソン, G.　157
ウィルキンソン錯体　157
ウラン　147

エ

液化窒素　134
液体　49
液体酸素　134
液体窒素　134
エクアトリアル　114

S_N2 反応　65
S_N1 反応　65
s 軌道　14
エステル　61,93
sp 混成軌道　21
sp^2 混成軌道　21
sp^3 混成軌道　21
エチレン　28,46
エチン　29
X 線　52,145
エーテル　92
エテン　28
エナンチオマー　37
エネルギー準位　17
エネルギー図　80
エノラート　70
f 軌道　14
エポキシド　92
LED　162
L-ドーパ　157
塩　25
塩化ナトリウム　11
塩基　43
塩基解離定数　93
塩基性度定数　93
エンジニアリングプラスチック（エンプラ）　107
エンタルピー変化　75
エントロピー　79
塩ビ　139

オ

王水　99
オキソニウムイオン　27, 91
オクテット　24
オクテット則　12,131
オゾン　142
オゾン層　142
オービタル　8
オリゴ糖　115
オルト（ortho）　67
オレフィン　153
オレフィンメタセシス　158

オレフィンメタセシス反応　155
温室効果ガス　128,143

カ

開環メタセシス反応　158
回転障壁　36
界面活性剤　129
海洋プラスチック汚染　138
科学技術白書　2
化学結合　24
化学式　34
化学種　80
化学当量　64
化学の日　84
化学反応式　74
化学物質　1
化学平衡　77
化学量論　41
核子　6
角度ひずみ　92
核分裂　146
可視光線　52
仮想原子　38
活性化エネルギー　81
活性化基　68
価標　26,34
カーボンナノチューブ　87
カミンスキー, W.　152
カミンスキー系触媒　152
カラーサークル　53
ガラス状態　49
ガラス転移　106
カルベン錯体　158
カルボカチオン　63
カルボカチオン中間体　63
カルボニル基　92
カルボニル縮合反応　71
カルボン酸　93
カロザース, W.　109
カーン, R.S.　37
カーン-インゴールド-プレローグ則　37
環境ホルモン　139,140

還元　56
還元剤　57
還元的脱離反応　160
官能基　34, 69, 89
γ線　52, 145

キ

幾何異性体　36
貴ガス（希ガス）　8, 9
貴金属元素　102
希少金属　135
規制戦略　162
気体　49
軌道　8, 14
希土類元素　135
ギブズ, W.　78
ギブズの自由エネルギ
　　78
求核アシル置換反応　69
求核試薬　65
求核置換反応　65
求核付加反応　69
求電子試薬　66
吸熱反応　75
凝華　49
凝固　49
凝固点降下　50
凝縮　49
鏡像異性体　37, 155
共鳴　29, 69
共役エノン　71
共役塩基　44
共役系高分子　154
共役酸　44
共有結合　26
共有電子対　26
極性　30
極性共有結合　126
極性転換　159
極性反応　62
極性分子　30
キラリティ　36
キラル　36
キラル炭素　37
均一開裂　61
均一系触媒　152
均一系チーグラー-
　　ナッタ触媒　152
均一結合生成　62
金属　86

金属アルコキシド　90
金属結合　31, 86
金属材料　99
金属錯体　53
金属錯体触媒　152

ク

クォーク　6
クォーツ　88
熊田-玉尾-コリュー反応
　　160
クラウンエーテル　33
クラーク数　135, 161
グラファイト　54, 86
グラフェン　87
グラブス, R. H.　158
グラブス触媒　158
グリコーゲン　116
グリコシド　114
グリコシド結合　114
グリニャール, V.　159
グリニャール試薬　69, 159
グリーンケミストリー　71
グリーン・サスティナブ
　　ル・ケミストリー　71
D-グルコース　47, 110
α-グルコシダーゼ　116
β-グルコシダーゼ　116
クロスカップリング反応
　　155, 159
クロロフルオロカーボン
　　142
クーロン力　12

ケ

結合解離エネルギー　75
結合距離　76
結合交替　154
結合次数　133
結合性分子軌道　131
結合長　76
結晶　49
結晶格子　31
結晶性高分子　106
ケトース　110
ケトン　93
ケブラー　105
ケラチン　121
けん化　129
原子　6

原子価殻電子対反発則　21
原子核　6
原子爆弾　147
原子番号　6
原子モデル　7, 22
原子量　6, 32
原子力発電所　147
元素　6, 8
元素記号　8
元素戦略　136, 161
元素の周期律　9
減量戦略　162

コ

光学異性体　37
光学活性二座リン配位子
　　157
合金　101
光合成　110
硬水　128
構成原理　19
合成高分子　94, 95
合成樹脂　107
酵素　85
構造異性体　36
構造式　34
（水の）硬度　128
高分子化合物　32, 94
高分子材料　99
高密度ポリエチレン　151
黒鉛　54, 86
固体　49
コバルト・リッチ・
　　クラスト　136
コモンメタル　136
コラーゲン　121
孤立電子対　21
混成軌道　20

サ

ザイツェフ, A.　168
ザイツェフ則　168
錯イオン　44, 53
錯体　44, 53
錯体化学　150
酸　43
酸化　55
酸解離定数　45
酸化還元反応　56, 100
酸化剤　57

酸化数　57
酸化チタン　89
酸化的付加反応　160
三元触媒　102, 142
三次構造　120
三重結合　29
三重項酸素分子　134
三重水素　7
三重点　51
酸性雨　128, 141
酸性度定数　45
酸素分子　133
三態　49
三大材料　98
酸ハロゲン化物　93

シ

CIP則　37
ジアステレオマー　38, 156
紫外光　52
紫外線　52
式量　32
磁気量子数　14
σ結合　27, 132
脂質　121
シス　36
シス-トランス異性体　36
示性式　34
自然分晶　40
質量数　6
脂肪　122
脂肪族炭化水素　28, 90
シャープレス, K. B.　157
自由エネルギー　78
　　ギブズの──　78
　　ヘルムホルツの──
　　78
周期　9
周期表　9
周期律　9
重合反応　95
重縮合反応　104
重水素　7
自由電子　31, 86
重付加反応　105
酒石酸　39
主要族元素　9
ジュラルミン　101
主量子数　14
シュロック, R. R.　158

シュロック触媒　158
循環戦略　162
ショーヴァン, Y.　158
昇華　49
昇華曲線　51
蒸気圧曲線　51
常磁性　134
状態図　51
蒸発　49
触媒　41, 84
ショ糖　115
白川英樹　154
シリカ　88
シリカゲル　88, 96
シリコーン　95
新機能戦略　162
シンジオタクチック　108,
　152
伸縮振動　128
シンペリプラナー配座　65

ス

水晶　88
水素結合　42, 127
　分子間——　42
　分子内——　42
水和　42
スクロース　115
鈴木章　160
鈴木-宮浦反応　160
ステロイド　123
ステンレス鋼　101
スピン量子数　14

セ

成層圏　142
生物資源　163
生分解性プラスチック
　163
ゼオライト　95
石英　88
赤外活性分子　143
赤外光　52
赤外線　52
斥力　24
セッケン（石鹸）　129
絶対温度　51
絶対零度　51
セラミックス　87, 98
セラミックス材料　102

セルシウス温度　51
セルロース　5, 115
遷移金属元素　9
遷移状態　65, 80
旋光　37

ソ

双極子　126
双極子モーメント　126
双性イオン　117
相転移　49
相変化　49
族　9
側鎖　117
速度式　81
速度定数　81
速度論　77, 81
組成式　25, 34
素粒子　6

タ

第一イオン化エネルギー
　11
ダイオキシン　52, 139, 140
対掌性　36
体心立方格子　31
代替戦略　162
代替フロン　142
第二イオン化エネルギー
　12
ダイヤモンド　54, 86
対流圏　129, 142
多形　87
多原子イオン　26, 57
脱水縮合反応　104
脱離基　64
脱離反応　60, 64
多糖　115
ダミー原子　38
炭化ケイ素　103
炭化水素　90
炭化ホウ素　103
単結合　26
単原子分子　6, 31
炭水化物　110
単体　9
単糖　110
タンパク質　116, 119
単量体　32, 94

チ, ツ

置換基　38
置換反応　60, 65
地球温暖化　128, 143
逐次重合　95
チーグラー, K.　151
チーグラー触媒　151
チーグラー-ナッタ触媒
　151
窒化ホウ素　102
窒素固定　137
窒素酸化物　141
窒素循環　130
窒素分子　134
中性子　6
中和反応　57
超分子　33
超臨界流体　51
積み上げ原理　19

テ

D/L 表示法　111
d 軌道　14
低分子化合物　32
低密度ポリエチレン　151
転位反応　61
電気陰性度　11, 30
電気伝導性　54
典型元素　9
電子　6
電子移動反応　56
電子殻　7
電子軌道　7
電子供与体　57
電子受容体　57
電子親和力　11
電磁波　52
電子配置　15
点電子構造（式）　34, 130
天然高分子　94, 95
デンプン　116

ト

同位体　7
等核二原子分子　131
凍結乾燥　58
陶磁器　87
糖質　110
同質異像　87
同素体　9, 86

導電性高分子化合物　153
トランス　36
トランスメタル化反応
　160
トリアシルグリセロール
　122
トリグリセリド　122, 129
ドルトン, J.　6

ナ

ナイロン66　104, 109
ナッタ, G.　152
ナトリウム　10
軟水　128

ニ, ヌ

二酸化ケイ素　88
二酸化炭素　143
二次構造　119
二次反応　82
二重結合　27
ニッポニウム　13
二糖　114
ニトロゲナーゼ　137
二分子反応　82
ニホニウム　10, 13
乳酸　37
乳糖　115
ヌープ硬度　102, 103

ネ

根岸英一　160
根岸反応　160
熱可塑性樹脂　107
熱硬化性樹脂　107
熱力学　77

ノ

野依良治　157
ノールズ, W.S.　157

ハ

配位化学　150
配位結合　27
配位子　53
バイオプラスチック　163
バイオマス　110, 163
バイオミメティクス　107
π結合　27, 132
配向性　68

排他原理　17
ハイドロフルオロカーボン　143
ハイブリッド材料　108
パウリ, W.　17
パウリの排他原理　17
麦芽糖　114
破線−くさび形表記法　35
波長　52
発光ダイオード　162
発熱反応　75
ハーバー, F.　137
ハーバー−ボッシュ法　137
パラ (para)　67
ハロゲン　9
反結合性分子軌道　131
半減期　146
半導体　89
反応座標　80
反応速度　80
反応中間体　82
反応熱　75
汎用金属元素　102, 136

ヒ

ビアリール　159
ヒーガー, A.　154
光　52
光触媒　89
光の三原色　53
p 軌道　14
非共有電子対　21
非局在化　54
非結晶性高分子　106
PCDFs　140
PCDDs　140
PCB　140
非晶質　49
ビタミン　122
必須アミノ酸　118
必須元素　148
ヒドロニウムイオン　27
ピナコール転位　61
ピナコール−ピナコロン転位　61
ヒュッケル, E.　67
ヒュッケルの 4n + 2 則　67
表面張力　50

ピラノース環　112

フ

ファインセラミックス　104
ファンデルワールス, J.　103
ファンデルワールス力　103
フィッシャー, E.　111
フィッシャー投影式　111
フィッシャー, E. O.　157
フェノール　91
不活性化基　68
不活性ガス　8
付加反応　60
不均一開裂　61
不均一系触媒　152
不均一結合生成　62
複合材料　108
複合タンパク質　121
不斉合成反応　41
不斉合成法　156
不斉触媒反応　155
不斉炭素原子　37
不対電子　133
物質の三態　49
物質量　32
沸点　51
物理化学　150
不動態　100
不飽和化合物　71
不飽和脂肪酸　122
プラスチック　107, 138
プラズマ　52
フラノース環　112
フラーレン　86
D-フルクトース　110
プレローグ, V.　37
ブレンステッド, J.　43
プロチウム　7
プロトン　7
フロン　142
分割　40
分極　30
分子　6
分子間水素結合　42
分子間力　49
分子軌道法　131
分子式　34

分子内水素結合　42
分子量　32
分子量分布　96
分析化学　150
フント, F.　17
フントの規則（法則）　17

ヘ

閉殻構造　11
閉環メタセシス反応　158
平衡定数　78
ベースメタル　136
β 線　145
β- (プリーツ) シート　120
β 崩壊　146
ヘック, R. F.　160
PET　105
ヘテロリシス　61
ペプチド　117
ペプチド結合　117, 119
ヘミアセタール　112
ヘム　121
ヘモグロビン　121, 125
ペルフルオロカーボン　143
ヘルムホルツ, H. von　78
ヘルムホルツの自由エネルギー　78
変角振動　128
偏光　37
ベンゼン　28, 90
変旋光　113

ホ

ボーア, N.　7
ボーアの原子モデル　7, 22
方位量子数　14
芳香族求電子置換反応　66, 90, 159
芳香族炭化水素　90
放射性同位体　7, 144
放射性物質　144
放射性崩壊　144
放射線　144
放射線被曝　148
飽和脂肪酸　122
飽和炭化水素　58
保護基　72
補色　53
ボッシュ, C.　137

ホモリシス　61
ポリアセチレン　155
ポリウレタン　105
ポリエチレン　46, 151
　　高密度——　151
　　低密度——　151
ポリエチレンテレフタラート　105
ポリ塩化ジベンゾパラジオキシン　140
ポリ塩化ジベンゾフラン　140
ポリ塩化ビニル　139
ポリ塩化ビフェニル　140
ポリオレフィン　104
ポリスチレン　107
ポリペプチド　119
ポリマー　32, 94
ホルモン　124

マ

マイクロ波　52
マイクロプラスチック　138
マクダイアミッド, A.　154
マグネシウム　12
マルトース　114
マンガン団塊　136

ミ

ミオグロビン　121
水　19
水循環　128
水の硬度　128
水俣病　148

ム

無機化学　150
無機高分子　94
無極性分子　30
無定形高分子　106

メ

命名法　167
メスシリンダー　50
メソ化合物　40
メソ体　40
メタ (meta)　67
メタセシス　158
メタン　19

メタンハイドレート　136,
　144
めっき　101
メニスカス　50
面心立方格子　31
メンデレーエフ, D.　9

モ

モノマー　32,94
モル mol　32

ユ

融解　49
融解曲線　51
有機化学　150
有機金属化学　150
誘起効果　69,126

有機高分子　94
融点　51
油脂　122,129

ヨ

溶解　42
窯業製品　87
陽子　6
四次構造　121
4n＋2則　67

ラ

ライフサイクル　163
ラクターゼ　115
ラクトース　115
ラジカル　62
ラジカル重合　151

ラジカル反応　62
ラジカル付加反応　62
ラセミ体　40

リ

リチウムイオン二次電池
　89
律速段階　64,82
立体異性体　36,38
立体規則性ポリマー　152
立体配座　36,119
立体配置　36
立体反転　65,66
立体保持　66
リビング重合　96
量子化　7
量子力学　7

臨界点　51

ル

ルイス, G.　43
ルイス塩基　44
ルイス構造（式）　34,130
ルイス酸　44

レ

レアアース　135
レアメタル　135,136
励起　54
連鎖重合　95

ロ

ろう（蝋）　121
六方最密構造　31,88

著者略歴

<ruby>山口<rt>やまぐち</rt></ruby> <ruby>佳隆<rt>よしたか</rt></ruby>

1968 年　京都府に生まれる
1991 年　広島大学理学部化学科卒業
1996 年　広島大学大学院理学研究科博士課程後期化学専攻修了
1996 年　理化学研究所基礎科学特別研究員
1998 年　科学技術振興事業団派遣研究員（九州大学機能物質科学研究所）
1999 年　横浜国立大学工学部助手
2005 年　横浜国立大学大学院工学研究院助教授・准教授
2015 年　横浜国立大学大学院工学研究院教授
専門　錯体化学, 有機金属化学　博士（理学）

<ruby>伊藤<rt>いとう</rt></ruby> <ruby>卓<rt>たかし</rt></ruby>

1939 年　岐阜県に生まれる
1962 年　東京工業大学理工学部化学工学課程卒業
1967 年　東京大学大学院工学系研究科合成化学専攻博士課程修了
1968 年　東京工業大学資源化学研究所助手
1970 年　英国サセックス大学（文部省在外研究員）-1972 年
1980 年　横浜国立大学工学部材料化学科助教授
1989 年　横浜国立大学工学部物質工学科教授
2004 年　横浜国立大学名誉教授
2004 年　株式会社アド技術顧問-2012 年
専門　高分子化学, 有機金属化学　工学博士

物質・材料をまなぶ 化学

2020 年 11 月 15 日　第 1 版 1 刷発行

検印省略

定価はカバーに表示してあります.

著作者	山口佳隆 伊藤　卓
発行者	吉野和浩
発行所	東京都千代田区四番町 8-1
	電話　03-3262-9166 (代)
	郵便番号 102-0081
	株式会社　裳華房
印刷所	中央印刷株式会社
製本所	株式会社　松岳社

一般社団法人
自然科学書協会会員

JCOPY 〈出版者著作権管理機構 委託出版物〉
本書の無断複製は著作権法上での例外を除き禁じられています. 複製される場合は, そのつど事前に, 出版者著作権管理機構（電話 03-5244-5088, FAX 03-5244-5089, e-mail: info@jcopy.or.jp）の許諾を得てください.

ISBN 978-4-7853-3518-2

Ⓒ 山口佳隆・伊藤　卓, 2020　Printed in Japan

SI 基本物理量と SI 基本単位

基本物理量	量の記号	SI 単位の名称	SI 単位の記号
長さ	l	メートル	m
質量	m	キログラム	kg
時間	t	秒	s
電流	I	アンペア	A
熱力学温度	T	ケルビン	K
物質量	n	モル	mol
光度	I_v	カンデラ	cd

＊ 本文中ではとくに解説していないが，これらは化学を学ぶうえで基本となる物理量である。

SI 接頭語

倍数	接頭語		記号	倍数	接頭語		記号
10^{-1}	deci	デシ	d	10^{24}	yotta	ヨタ	Y
10^{-2}	centi	センチ	c	10^{21}	zetta	ゼタ	Z
10^{-3}	milli	ミリ	m	10^{18}	exa	エクサ	E
10^{-6}	micro	マイクロ	μ	10^{15}	peta	ペタ	P
10^{-9}	nano	ナノ	n	10^{12}	tera	テラ	T
10^{-12}	pico	ピコ	p	10^{9}	giga	ギガ	G
10^{-15}	femto	フェムト	f	10^{6}	mega	メガ	M
10^{-18}	atto	アト	a	10^{3}	kilo	キロ	k
10^{-21}	zepto	ゼプト	z	10^{2}	hecto	ヘクト	h
10^{-24}	yocto	ヨクト	y	10^{1}	deca	デカ	da

ギリシャ文字

文字		英語	読み方	文字		英語	読み方
A	α	alpha	アルファ	N	ν	nu	ニュー
B	β	beta	ベータ	Ξ	ξ	xi	グザイ
Γ	γ	gamma	ガンマ	O	o	omicron	オミクロン
Δ	δ	delta	デルタ	Π	π	pi	パイ
E	ε	epsilon	イプシロン	P	ρ	rho	ロー
Z	ζ	zeta	ゼータ	Σ	σ	sigma	シグマ
H	η	eta	イータ	T	τ	tau	タウ
Θ	θ	theta	シータ	Υ	υ	upsilon	ウプシロン
I	ι	iota	イオタ	Φ	φ, ϕ	phi	ファイ
K	κ	kappa	カッパ	X	χ	chi	カイ
Λ	λ	lambda	ラムダ	Ψ	ψ	psi	プサイ
M	μ	mu	ミュー	Ω	ω	omega	オメガ